KB095150

미사일
α부터 ω까지

K 방산의 핵심

미사일 α부터 ω까지

알파 오메가

손승찬 지음

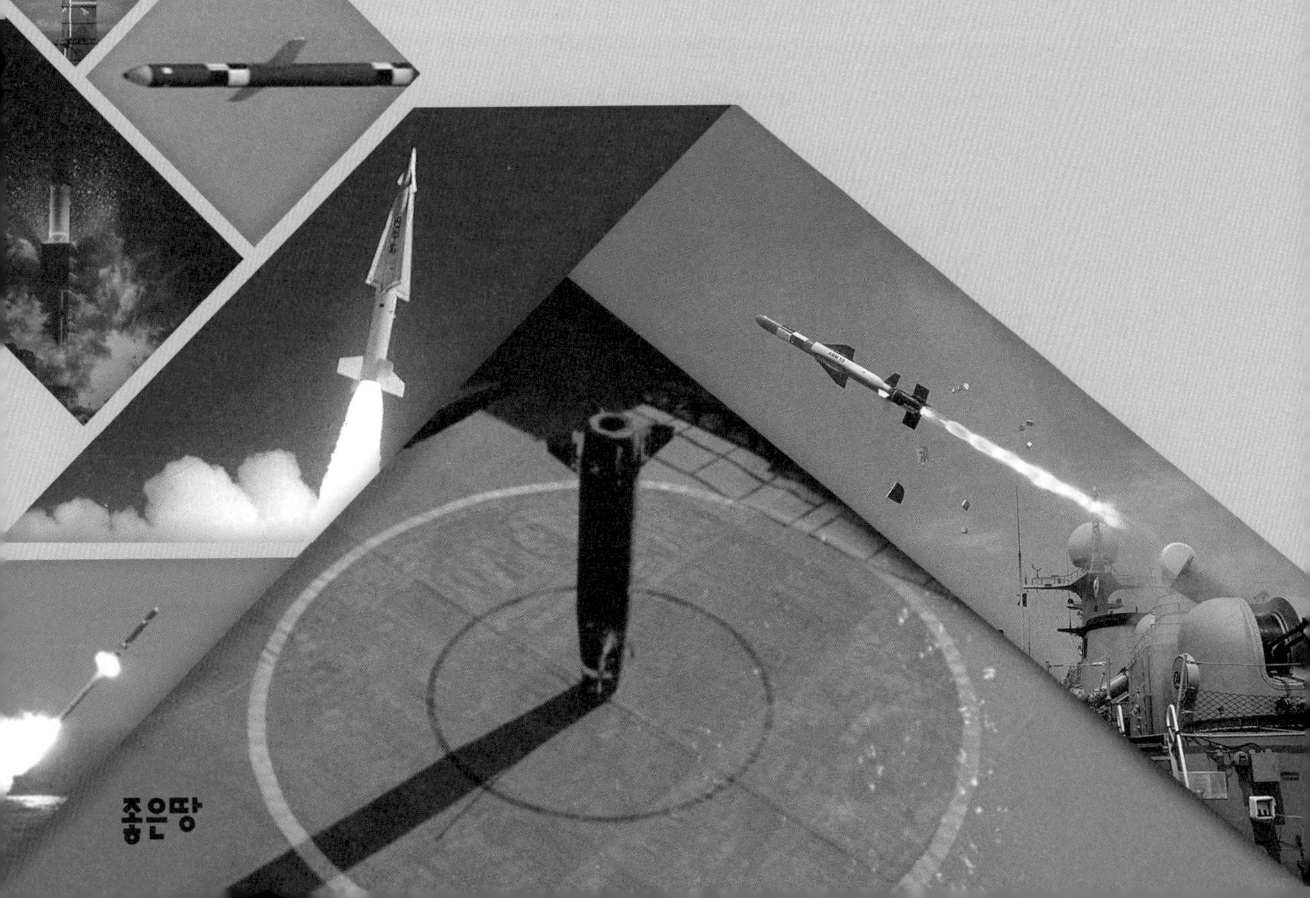

추천의 글

김인호 KAIST 초빙교수, 전 국방과학연구소장

제2차 세계대전 종전을 일 년 정도 앞둔 1944년 9월 6일, 독일의 V2 로켓이 날아올랐다. 바로 이 날 프랑스 파리를 향해 발사된 초음속 액체로켓 V2가 전쟁에 사용된 미사일의 시초가 되었다. 미국과 소련은 종전 직후 독일 내에 남아 있던 V2 로켓 실물과 관련 과학기술자를 경쟁적으로 확보하여 미사일 개발에 착수하였다. 소련 최초의 탄도탄 R-1은 미국에 앞서 1950년 전력화되었으며, 미국 최초의 탄도탄 REDSTONE은 1953년에 첫 발사 시험이 진행되었다. 두 탄도탄 모두 독일의 V2를 모방 개발하였기에 사거리가 300 km 정도에 그쳤다.

그 후 미사일 기술은 비약적으로 발전하여 대륙간탄도탄(ICBM), 기동형 재진입 다탄두(MARV), 극초음속 비행체(HGV), 대함탄도미사일(ASBM), 잠수함 발사 순항미사일(SLCM), 탄도탄 요격 미사일(ABM) 등으로 다양화되었다. 또한 미사일 기술은 많은 나라에 확산되어 국방력 강화의 게임 체인저 기술로 활용되고 있을 뿐만 아니라 누가 더 사거리가 긴 미사일을 보유하고 있는지, 누가 더 정밀한 타격을 할 수 있는지, 누가 더 촘촘한 요격미사일 방어망을 갖추었는지, 누가 더 상대방의 방어망을 무력화할 수 있는지가 국가 간의 자존심 경쟁이 되고 있다.

1978년 9월 박정희 대통령이 참석한 공개 시사회에서 백곰 탄도탄 비행 시험이 성공하면서 우리나라도 미사일 시대를 열었다. 역사적인 그날 이후 우리나라는 국방과학연구소를 중심으로 탄도탄, 순항미사일, 요격미사일, 대전차미사일 등 다양한 종류의 미사일 개발에 힘을 쏟으며 국방 선진국 대열에 합류하였다. 특히, 2016년 3월에 언론 보도된 중거리 지대공 유도무기, 천궁-II의 탄도탄 요격 성공은 1978년 탄도탄을 성공적으로 발사한 것에 버금가는 우리나라 탄도탄 역사의 중요한 이벤트라 할 수 있다.

미사일 안보 이슈가 대두되는 시점에 미사일 관련 역사와 과학기술, 그리고 개발과정을 한눈에 살펴볼 수 있는 책이 출간되었기에 추천한다. 이 책은 미사일 관련 서적을 처음 접하는 분들에게는 입문서 역할을 하겠고 군사 마니아에게는 정리가 잘되어 있는 참고서 역할을 할 수 있겠다고 생각한다.

황호경 건양대 전임교수, 전 방위사업청 사업관리본부 연구개발사업팀장

대한민국에서 미사일을 직접 개발하는 과학자가 미사일에 관련하여 글을 쓰기란 쉽지 않다. 왜냐하면 대부분의 미사일들이 전략/비닉무기로 분류되어 그들에 대한 정보가 엄격히 통제되기 때문이다. 본인은 약 8년간 방위사업청에서 전략/비닉무기로 분류된 대지 및 대함 미사일(탄도 및 순항) 개발 사업을 관리하는 팀장으로 근무한 경험이 있어 그런 사실을 누구보다 잘 알고 있다.

저자는 인터넷 등에 공개된 자료들을 활용하여 알기 쉽고 재미있게 책을 엮어 나갔다. 저자는 미사일 개발이라는 바쁜 업무를 하면서 어떻게 그렇게 많은 관련 자료를 모으고 글 쓸 준비를 했는지 먼저 칭찬이 앞선다.

『미사일 α에서 ω까지』라는 제하의 책은 초보자라고 하더라도 알기 쉽고 이해하기 좋게 작성되었다. 본인은 군에서 전역한 후 건양대학교에서 군 후배들에게 국방 및 무기체계 획득과 관련하여 강의하고 있는데 유도무기체계 관련 과목을 신설하여 교재로 선정하고 싶은 심정이다.

대한민국의 미사일 관련 기술은 극히 짧은 기간에 저자인 손승찬 박사처럼 국방과학연구소 과학자들의 사명감과 자주국방 및 미사일 강국을 달성하려는 의지로 말미암아 자타가 공인하는 성공 신화를 만들어 냈다. 작년에 지난 40여 년간 대한민국 미사일 개발의 족쇄가 되어 왔던 한·미 미사일 지침이 종료됨에 따라 현시점에서 멈추지 않고 독수리가 날개 치며 하늘로 오르듯 더 비상할 것으로 확신한다.

이 책이 대한민국의 자주국방 그리고 안보를 튼튼히 하는 밑거름이 되고 미래 미사일 기술을 더 발전시켜 과학기술 강군을 건설하는 데 크게 기여할 수 있기를 소망한다. 특히 군의 후배 장교들이 전력발전에 더욱 관심과 노력을 기울임으로써 대한민국 국민들이 안심하고 평안하고 행복한 삶을 이어 갈 수 있게 되길 바란다.

독자에게 안내

필자는 국방과학연구소에서 35년간 근무하면서 순항미사일, 탄도미사일, 대전차미사일 등 다양한 무기체계 개발에 참여했다.

다양한 미사일 개발 경험을 바탕으로 초보부터 밀리터리 마니아, 군사학과 학생, 일반인뿐만 아니라 군 미사일 부대 요원 교육을 위한 군사적 목적으로까지도 사용할 수 있도록 미사일에 관련한 기본 개념과 관련 기술적인 내용을 쉽게 전달하는 목적으로 정리하였다.

복잡한 수식 없이 개념이나 동작 원리 위주로 설명하였고, 미사일 관련 용어를 가능한 한 많이 포함하도록 하였으며 실무에서 사용하는 영어도 병행하여 표기하였다.

본 책에 있는 데이터, 명칭, 지명 등은 보안 문제로 일부러 실제와 다르게 표현한 경우도 있고, 필자의 오래전 기억을 살려 작성했기에 오류가 있을 수 있음을 참고 바란다.

또 같은 항목이라도 인용하려는 자료마다 서로 다른 부분이 있어서 정확한 자료가 필요한 경우는 자료 활용에 신중할 필요가 있다. 따라서 이 책에 나와 있는 자료를 모두 정확하다고 믿고 사용하기보다는 전체 시스템을 이해하는 용도로 활용했으면 하며, 정확한 자료를 구하려면 다른 곳을 이용해 주기를 바란다.

예: 독일 V2 미사일의 사거리

- V2 사거리는 자료에 따라 200 mile(320 km), 230 mile(368 km)이다.

무기체계 관련 자료는 특성상 민감한 부분이 있어 가능한 한 숫자 없이 인터넷 자료를 활용하였다. 대공, 대지, 대함 등 무기체계별 특성에 따라 일부 서로 다른 부분이 있지만 본 책의 내용만 이해한다면 다른 무기체계도 쉽게 이해할 수 있으리라 생각한다.

본 책의 내용 중에 유도탄이나 미사일(Missile), 국방과학연구소나 국과연, ADD 등 다양한 용어가 같이 나온다. 이들은 서로 다른 것이 아닌 같은 것으로 사람에 따라서, 상황에 따라서 사용하는 단어의 선호도가 다를 수 있는 것으로 틀린 것이 아님을 이해 바란다.

자료의 출처는 [ ] 안에 국방과학연구소 국방과학기술 아카데미 자료는 [아카데미]로, Wiki Encyclopedia는 Wiki로, 위키백과는 위키 등으로 표시했다.

책 발간에 도움 주신 분들

이 책이 나오기까지 물심양면으로 자료 인용, 검토, 전문가 자문, 기타 조언을 주신 국방과학연구소 선후배 동료 박사님들, 관련 회사 대표 및 관계자 여러분들뿐만 아니라 사진과 관련하여 조언을 주신 분에게도 감사드린다.

무순

김홍선　한상선　유창열　임일순　홍기오　김영만　이성기　이건필　임헌우
최덕진　정재훈　김영수　진정태　임완권　권성하　한진수　김종오　복현숙
문세환　강석봉　이덕성　김순자　문영미　오성순　이영길　이옥자　조경래
전인호　이종우　김진용　조명숙　박경순　연인미　김기갑　김형기　전중열
조순철　김정희　임철균　윤수원　손남수　구본란　노준래　문명국　조성배
이희자　송명숙　이옥재　황용구　장성자　송점영　이정의　한광수　이경우
정해숙　이상진　정윤섭　서승민　이한배　이미영

LIG 넥스원　김지찬 대표
원텍　이길래 대표
I3 System　정한 대표
퍼스텍　손경석 대표
비츠로밀텍　변영철 대표

쎄크(SEC)　김종현 대표
에프에스　최명화 대표
아이블포토닉스　이상구 대표
블루웨이브텔　하재권 대표
와이즈웍스　송치영 대표
덕산넵코어스　김세환 기획본부장

한밭대학교　이세현 교수
(사)한국디지털 사진가협회(DPAK)[1]　김홍석 협회장
(사)한국디지털 사진가협회　조무재 대전지부장
들꽃과 사람들　이윤구 회장

1) DPAK: Digital Photographer's Association of Korea

제목 차례

III. 미사일 구성 장비 및 소요 기술

IV. 미사일 시험평가와 정비

V. 누가 전쟁에서 승리하는가

부록 국방과학연구소

물총새의 One Shot One Kill

카이스트의 봄 꽃비

미사일 개론

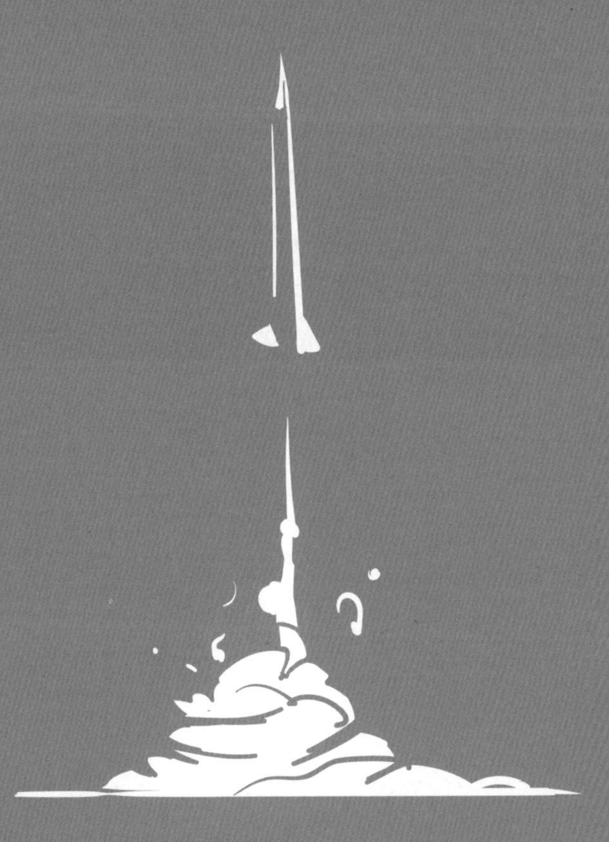

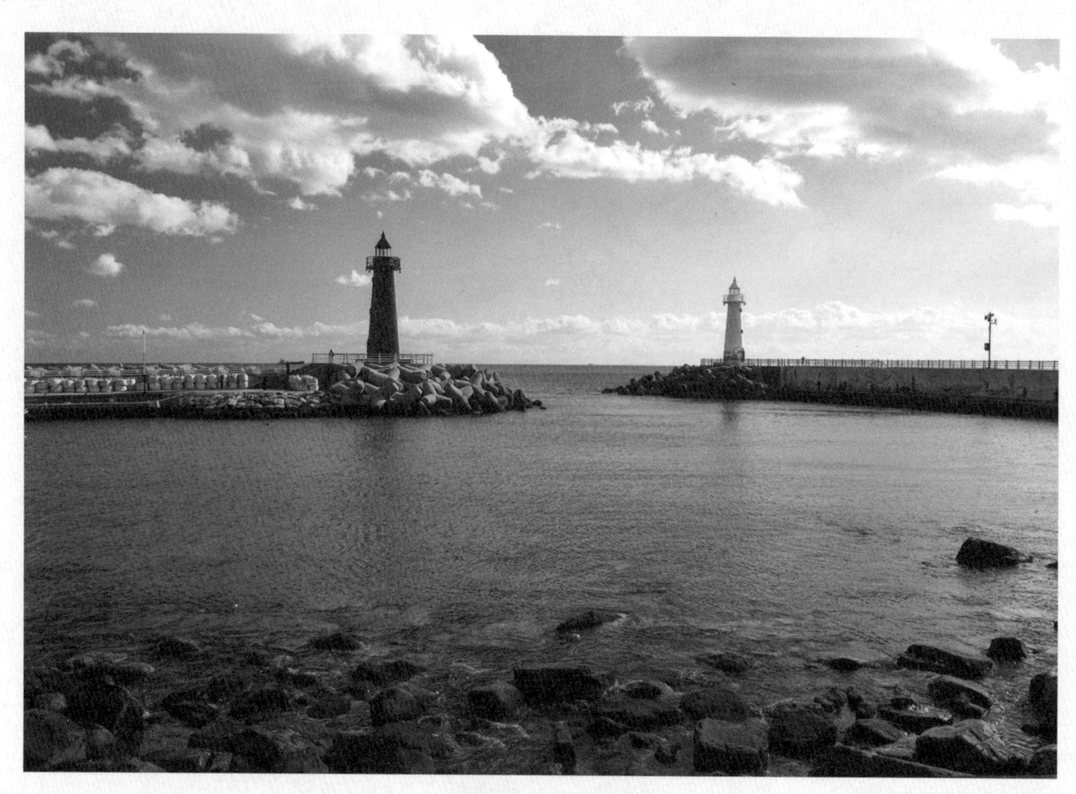

만선의 꿈을 기다리며

1 무기체계의 분류

군에서 사용하는 물품을 군수품이라 한다. 군수품에는 어떤 것이 있을까? 군수품은 무기체계(Weapon System)와 전력지원체계(Force Support System)로 구분할 수 있다.

방위사업법 제3조(정의)에 군수품 등에 대한 용어의 정의가 있다.

군수품	
국방부 및 그 직할부대·직할기관과 육·해·공군(이하 "각 군"이라 한다)이 사용·관리하기 위하여 획득하는 물품으로서 무기체계 및 전력지원체계로 구분	
무기체계	유도무기·항공기·함정 등 전장(戰場)에서 전투력을 발휘하기 위한 무기와 이를 운영하는 데 필요한 장비·부품·시설·소프트웨어 등 제반요소를 통합한 것으로서 대통령령이 정하는 것
전력지원체계	무기체계 외의 장비·부품·시설·소프트웨어 그 밖의 물품 등 제반요소

▲ **용어의 정의**[방위사업법]

무기체계는 국방전력발전 업무 훈령 별표 4, 방위사업법 시행령 제2조에 10개의 항목으로 정의되어 있다. 미사일은 분류상 화력무기체계, 방호무기체계 중 하나다.

순번	종류(대분류)
1	지휘통제·통신 무기체계
2	감시·정찰무기체계
3	기동무기체계
4	함정무기체계
5	항공무기체계
6	화력무기체계
7	방호무기체계
8	사이버무기체계
9	우주무기체계
10	그 밖의 무기체계

▲ **무기체계의 분류**[국방전력발전 업무 훈령, 2021. 6. 30. 일부개정]

화력무기체계, 방호무기체계를 세분하면 그 속에 유도무기가 포함된다.

순번	대분류	중분류	소분류
6	화력무기체계	소화기, 대전차화기 화포, 화력지원장비 탄약	
		유도무기	지상발사유도무기 해상발사유도무기 공중발사유도무기 수중유도무기
		특수무기	
7	방호무기체계	방공	대공포 대공유도무기 방공레이더 방공통제장비
		화생방, EMP[2] 방호	

▲ **화력무기체계의 분류**[국방전력발전 업무 훈령, 2021. 6. 30. 일부개정]

2 화약의 발명과 새로운 무기의 탄생

화약(Gunpowder)이 발명됨에 따라 기존 무기의 사거리를 능가하는 새로운 무기가 탄생하였다. 기존 창, 칼 위주의 무기가 탄성에너지를 이용한 활, 석궁으로 발전하였고 화약 발명 후 이를 이용한 총, 포가 등장하여 사거리가 획기적으로 늘었고 파괴력도 커져서 수성(성을 쌓고 방어)하는 것이 무의미했다.

화약[www.grubstreet.com]

2) EMP: Electromagnetic Pulse

화약의 발명으로 돌로 성을 쌓고 수비할 때, 적의 대포 공격을 받으면 돌 파편에 의한 아군의 피해가 발생했다. 대안으로 흙을 이용하여 높이는 낮지만, 폭을 넓게 축성하는 방법도 등장하였다. 흙을 이용하는 토성은 대포 공격을 받아도 해당 부분만 파이고, 위험한 파편 발생도 없으므로 방어에 유리하였다. 적 보병의 공격에 대비하여 해자[3]를 더 넓게 만들고, 파낸 토사는 성벽을 높게 축조하는 데 사용하였다.

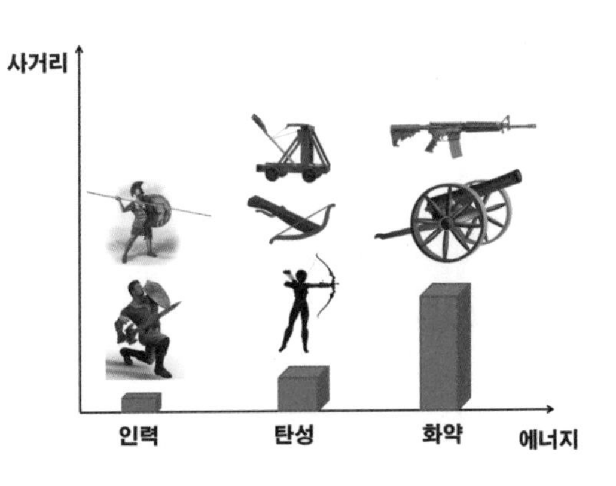

에너지 종류와 사거리

대표적인 사례는 네덜란드 그로닝겐(Groningen)에 있는 별 모양의 부땅허 요새(Bourtange Fort)다. 이 요새는 80년간의 네덜란드 독립 전쟁 중 독일과 그로닝겐 사이의 유일한 도로를 통제하기 위하여 1593년 축성되었는데 독특한 모양으로 방어하는 방법도 남달랐다. 부땅허 요새는 방어를 위하여 성 외부에 해자를, 돌출된 5각형 중앙부에 대포를 설치하였다. 적이 어느 방향으로 공격해 오더라도 방어가 쉬워서 한 번도 함락당한 적이 없다고 한다.

부땅허 요새[dailyoverview.tumblr.com]

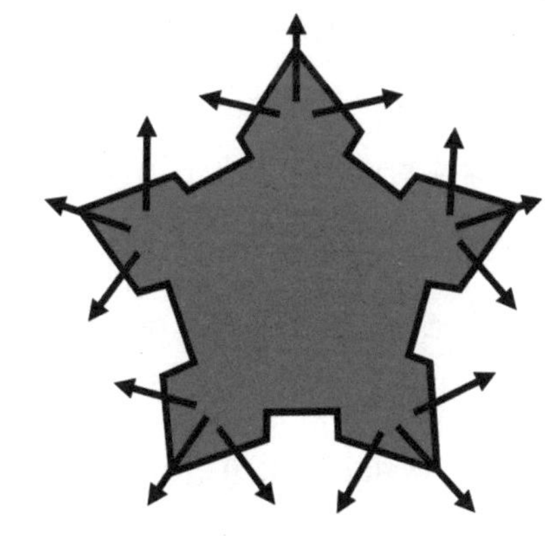

수비용 대포 공격 방향

3) 해자: 해자(垓字/垓子)란 동물이나 외부인, 특히 외적으로부터의 침입을 방어하기 위해 고대부터 근세에 이르기까지 성(城)의 주위를 파 경계로 삼은 구덩이를 말한다. 방어의 효과를 더욱더 높이기 위해 해자에 물을 채워 넣어 못으로 만든 경우가 많았다. 외호(外濠)라고 부르기도 한다. [위키]

화약이 발명됨에 따라 화약 에너지를 이용한 전장식(전방 장전식, 입구와 출구가 같은 시험관(Test Tube) 형태) 총, 포가 출현했다. 대표적인 전장식 총이 임진왜란 때 일본군이 사용했던 조총이다.

□ 조총(鳥銃)

하늘을 나는 새를 쏘아 맞혀서 떨어뜨릴 수 있을 만큼 명중률과 위력이 뛰어나다고 해서 조총이라는 이름이 붙여졌다.

> "군대 무기에서 조총(鳥銃)보다 더 좋은 것은 없다. 어린아이도 항우(項羽)를 대적할 수 있게 하는 것으로 참으로 천하에 편리한 무기다." - 조선 숙종 때 영의정 허적 [나무위키]

조총은 유럽에서 개발된 무기로 1543년 난파선에 타고 있던 포르투갈 사람을 통해 일본에 전해졌다. 조총은 화승(火繩)을 이용해 화약에 불을 붙여 탄환을 발사하는 화승식 총의 일종이다.

토막상식 조선은 왜 조총을 무기로 채택하지 못했을까?

: 조총의 중요성과 발전 가능성을 인식하지 못했기 때문이다.

조총은 임진왜란 발발 1년 전인 1591년 대마도주가 조선 국왕(선조)에게 선물로 보내면서 처음 전해졌다. 당시 조총은 활보다 사거리 및 위력이 떨어졌다. 조선은 활의 사거리가 조총보다 우세하다는 이유로 조총에 별로 관심을 두지 않았고 조총의 발전 가능성을 간과했다.

□ 조선의 비밀 병기에는 무엇이 있을까?

조선의 비밀 병기로 편전과 비격진천뢰가 있다. 편전(片箭, 애기살)은 조선시대 최고의 무기로 평가받는 핵심 병기로 존재를 비밀로 하여 외부 노출을 제한했던 무기다.

여진족에게 유출을 우려해서 북방 국경에서도 함부로 편전을 쏘지 말라고 했고, 일본인에게 사격 기술이 넘어갈까 봐 일본인들이 보는 앞에서 편전 사격을 금지하라는 명령을 내릴 정도로 편전을 비밀 무기로 관리하였다.

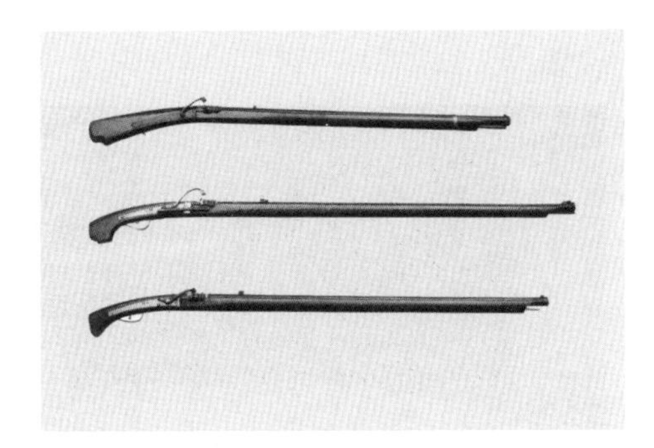
조총[서울2천년사]

편전과 통아

편전은 조선시대 화살의 한 종류로 대나무를 반으로 쪼갠 통아(桶兒)와 활이 한 세트다. 보통의 화살(장전, 길이 약 86 cm)보다 훨씬 짧은(길이 약 45 cm) 것이 특징이며, 덧살(통아)을 덧붙여 덧살을 가이드레일로 삼아 발사한다.

발사 후 덧살은 끈으로 연결된 궁수의 손에 남아 있고 화살만 날아간다. 그래서 멀리서 봤을 때 화살이 제대로 발사되었는지, 아니면 궁수의 실수로 떨어진 건지 알아채기가 힘들다. 활은 총처럼 가늠쇠, 가늠자가 없고, 오조준해야 하며 숙달에 오랜 시간과 노력이 필요하다. 숙련된 사람이 아니면 편전이 아무 곳으로 날아가거나 부상 위험이 있다.

만약 적군이 편전을 획득한다 해도 통아 없이 사용 불가능하다.

비격진천뢰(飛擊震天雷)는 조선 중기 임진왜란 발발 1년 전인 1591년 화포장 이장손(李長孫)이 발명한 인마(人馬) 살상용 시한폭탄이다. 주둥이가 넓고 포신이 좁은 완구(碗口)로 발사하며 사거리는 5백~6백 보(步)다. 당시의 포탄은 폭발하지 않는 돌이나 쇠로 만든 중량물이었다. 무쇠 덩어리인 포탄 안에 지연 신관 개념을 적용해 도화선과 화약을 넣어 폭발하도록 발명한 것은 당시로는 획기적인 아이디어였다.

비격진천뢰는 지름 21 cm, 둘레 68 cm로 둥근 박 모양의 형태에 표면은 무쇠로 제작하였다. 내부는 화약과 철 조각(마름쇠) 등이 들어 있어 폭발 시 파편이 퍼지도록 한 것으로, 지금의 세열수류탄(폭발할 때 금속 파편이 사방으로 날아가서 살상 범위를 확대하는 수류탄)과 유사한 형태다.

공 모양의 무쇠 속에 대나무 통(竹筒)을 꽂고 이 안에 나선형의 홈을 파 놓은 목곡(木谷)에 도화선을 칭칭 감는다. 더 오랜 시간 뒤에 폭발시키려면 도화선을 더 길게 감는다.

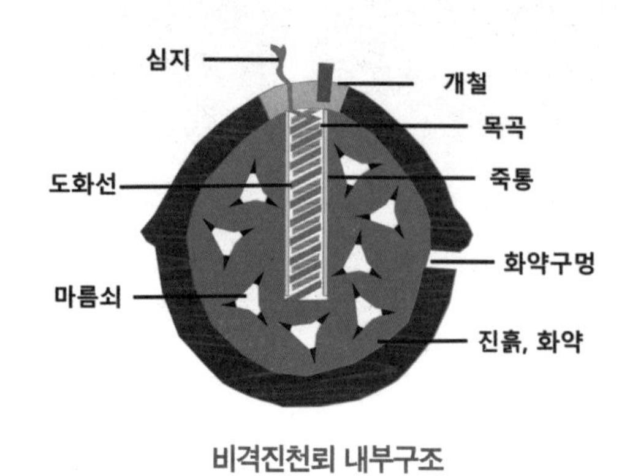

비격진천뢰 내부구조

비격진천뢰 발사용 대완구

[위키, CC BY 3.0, 진주박물관, Kang Byeong Kee]

임진왜란 때인 1592년 박진이 경주를 수복할 때 비격진천뢰를 성 밖에서 발사하여 큰 효과를 보았다. 『선조실록』에는 비격진천뢰를 성안으로 쏘자 이것이 뭔지 몰랐던 일본군이 구경하느라고 모여 있다 비격진천뢰가 터져서 적장을 포함한 20명이 즉사했고, 다음 날 성을 버리고 서생포로 도망하였다는 기록이 있다. 같은 해 진주대첩 때도 사용하여 혁혁한 공을 세웠고 1593년 행주산성 전투, 1597년 남원성 전투에도 사용했다는 기록이 있다.

□ 포의 발달

조선시대의 전장식 포(총통)는 천(天), 지(地), 현(玄), 황(黃)이 있다. 천자문에 있는 글자 순서인 천, 지, 현, 황으로 모델 번호를 부여하였다.

지금으로 말하면 가, 나, 다, 라(또는 A, B, C, D)와 같은 방식이다.

천자총통(天字銃筒)은 조선시대 대형 총통 천(天), 지(地), 현(玄), 황(黃) 중 가장 대형 화포였다. 총통은 불씨를 손으로 점화·발사하는 화포(火砲)로 충무공 이순신 장군이 거북선 등 전함에 배치해 왜선을 공격할 때 사용했다.

천자총통(天字銃筒)[국립중앙박물관]

지자총통(地字銃筒)[위키]

당시 총/포에 사용하는 재료, 주조 기술, 정밀 가공 기술의 부족으로 발사 시 화약의 압력과 충격을 견디기 위해서는 두께를 조절할 수 있는 전장식으로 제작할 수밖에 없었다.

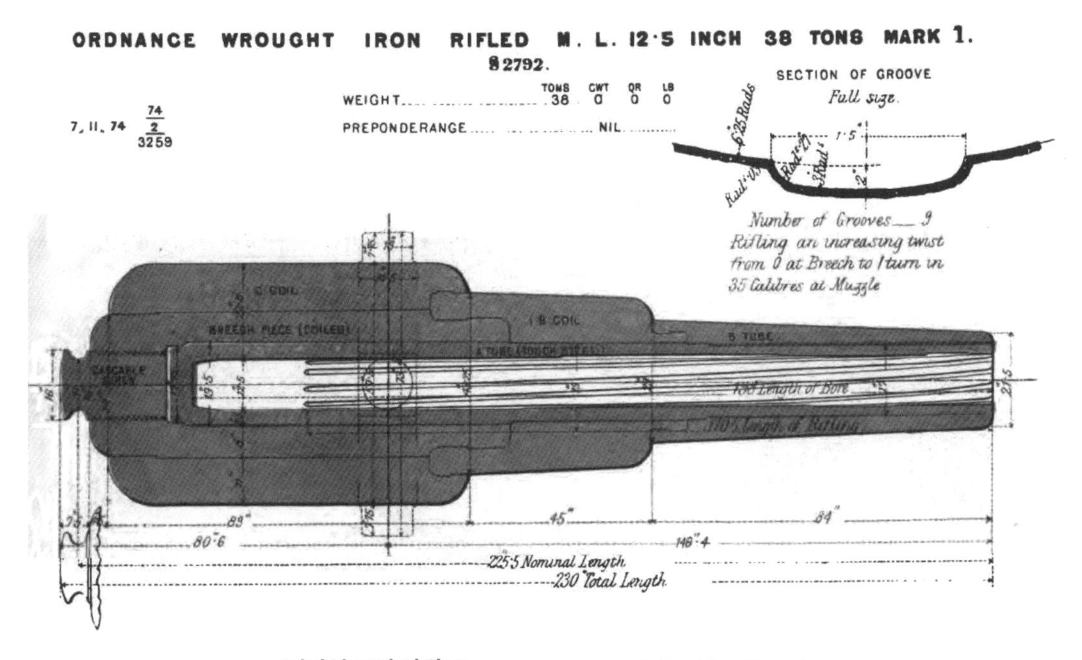

전장식 포의 단면도[Wiki, Public Domain, ⓒ, Royal Gun Factory]

전장식(前裝式, 전방 장전식, Muzzle Loading) 총은 장전 및 발사 속도가 느리고 서서 장전해야 하므로 적의 공격에 취약했다. 이런 단점을 개선하기 위하여 후장식(後裝式, 후미 장전식, Breech Loading, 입구와 출구가 다른 방식) 총/포가 등장했다.

<table>
<tr><th>전장식(Muzzle Loading)</th><th>후장식(Breech Loading)</th></tr>
<tr><td>• 초기 방식
• 장전, 발사 속도가 느림
• 서서 장전해야 하므로 적의 공격에 취약
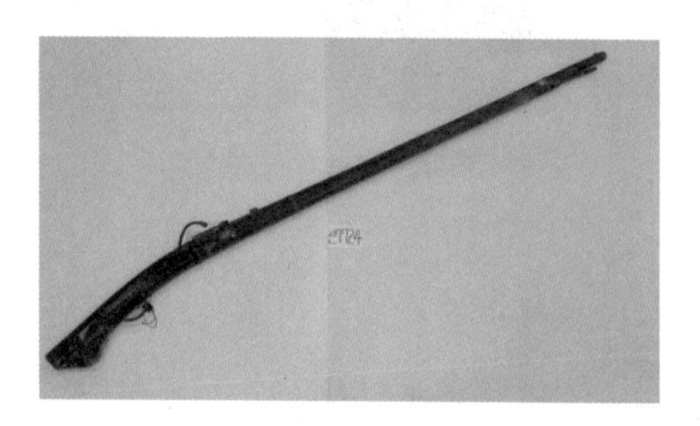
조총
[국립중앙박물관]</td><td>• 전장식보다 빠른 장전 가능
• 엎드려 장전하므로 위험 감소
• 연발 사격으로 발전
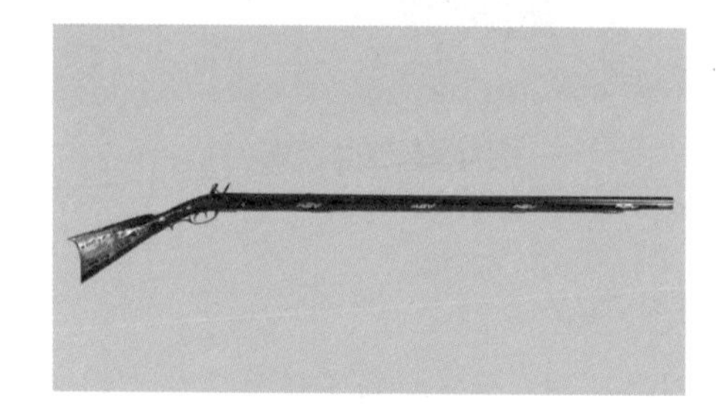
후장식 소총(Rifle)
[Wiki, Public Domain, ©, John Spitzer]</td></tr>
</table>

▲ 전장식과 후장식 총의 비교

전장식과 후장식 포의 외형

전장식 포[나무위키]

후장식 포[나무위키]

토막상식 세계 최대 구경의 포는?

: 러시아 제국이 만든 거포인 차르푸슈카(Tsar Pushka).

세계 최대 구경 포[Pixabay, takazart]

1586년 안드레이 초코브 제작
무게 40 톤
구경 890 mm
외경 1,200 mm
길이 5.34 m
[나무위키]

□ 평화를 원한다면 전쟁을 준비하라

평화를 위해 우리는 무엇을 해야 할까?

시 비스 파켐, 파라 벨룸(Si vis pacem, para bellum)은 "평화를 원한다면 전쟁을 준비하라"는 뜻의 라틴어 문장이다. 이 말은 4세기경 로마 제국의 귀족이었던 플라비우스 베게티우스 레나투스가 당시 퇴락하던 로마군을 쇄신하기 위해 저술한『군사론』제3권에 있는 내용이다. [나무위키]
다산 정약용 선생은「일본론」이라는 짧은 글에서 지금까지 두 나라 사이가 무사하고 편안한 것만 봐도 일본은 걱정할 것이 없다고 생각했다. 그러나 그의 사후 32년이 지난 1868년 메이지 유신을 전후해서 일본에서는 정한론(征韓論)이 제기되었으며 1910년 조선은 일본의 식민지가 되고 말았다. [www.futurekorea.co.kr]

평화를 원한다면 전쟁을 준비하라

우리 조상들은 임진왜란, 정묘·병자호란에 이어 한일합방, 6·25 전쟁이 사전에 제대로 대비하지 못한 결과라는 것을 뼈저리게 체험했다. 또 우리가 충분히 준비하지 않으면 앞으로도 얼마든지 일어날 수 있으므로 충분히 대비해야만 한다.

우리가 건강하면 외부에서 코로나19 등의 바이러스가 침입해도 쉽게 극복할 수 있는 것처럼 아무리 평화시대라 하더라도 우리 국가의 운명을 스스로 지킬 수 있을 만한 힘(군사력, 경제력)을 길러야 한다. 평상시에!

3 미사일이란?

미사일은 '속도/방향을 수정하여 목표에 도달해 주어진 임무를 수행하는 비행체'라고 할 수 있으며, '탄두를 운반하는 비행체'라고 정의[국방과학 기술 용어 사전]되어 있다.

유도탄(誘導彈), Guided Missile, Missile, 간략하게 줄여서 MSL(미국식 발음으로는 미쓸, 영국식 발음으로는 미사일)이라고 부른다.

미사일(Missile)의 어원은 라틴어의 Mittere(던지다)이다. Missile은 어간 miss와 '~할 수 있는(것)'을 뜻하는 어미 -ile로 이루어져 있는데, 어간 miss는 '던지다, 쏘다, 보내다'의 뜻을 나타내는 라틴어 mittere에서 비롯되었다.
원래는 화기가 아니라 활이나 창 같은 투사(던지는) 무기를 지칭하는 말이었다. 미사일의 정확한 영어 표현은 Guided Missile로서 유도되는 발사체를 뜻한다. [나무위키 등]

서방에서는 미사일이라 부르고, 러시아(북한)에서는 로켓이라 부른다. 미사일이라는 단어의 의미는 사용하는 사람 및 상황에 따라 의미와 내용이 달라진다.

항목	내용
광의의 의미	• 유도무기체계(System) 전체를 의미 (범위: 미사일 + 발사장비 + 종합군수지원 등) 예: 미사일 개발, 미사일 수출, 미사일 도입
협의의 의미	• 순수한 미사일 자체만을 의미 예: 미사일 제원, 미사일 사거리, 명중률

▲ **미사일의 의미**

□ 미사일(Missile)과 로켓(Rocket)

미사일과 로켓의 구분은 큰 틀에서 보면 순수한 학문적 의미, 군사적 의미, 민간용 의미 등 크게 3가지로 구분할 수 있다.

구분	내용
학문적 의미	• 뉴턴의 제3법칙(작용-반작용) 또는 운동량 보존 법칙에 따라 움직이는 것을 로켓이라 한다.
군사적 의미	• 무유도 로켓은 표적 방향으로 지향하며, 무유도로 비행한다. 예: RPG-7. • 미사일은 비행 중에 유도조종을 통한 비행으로 표적에 접근한다.
민간용 의미	• 모든 것이 로켓이다. • 미국 달 탐사 프로젝트 등에 사용한 추진기관을 새턴(Saturn) 5호 로켓이라고 하며 새턴 5 미사일이라고 하지 않는다. (미사일은 군용, 무기)

▲ **미사일과 로켓의 차이**

RPG-7 발사 장면[Wiki, Public Domain, ©, Ezekiel Kitandwe]

항목	미사일, 유도 로켓	무유도 로켓	비고
유도 여부	유도	무유도	
추진력	공기흡입 엔진, 로켓	로켓	뉴턴의 제3법칙
유도조종장치 탑재	○	×	
유도조종 능력	○	×	
탄두/신관	○	○	

▲ **미사일과 로켓의 비교**

로켓의 발전 추세는 재래식 폭탄 또는 무유도 로켓에 유도조종 기능(유도 Kit)을 추가하여 KGGB[4] 또는 LOGIR[5]처럼 종말 탄착 정확도를 높이는 방향으로 진화 중이며, 과학기술의 발전에 따라 PGM[6] 개념이 나오는 등 군사 분야에서는 미사일과 로켓의 구분이 점차 없어지는 추세다.

KGGB는 대한민국 공군의 요청으로 국방과학연구소(ADD)가 개발을 주관하고 LIG 넥스원이 시제업체로 개발에 참여한 유도폭탄(Guided Bomb)이다. 대한민국 공군이 다수 보유하고 있는 500 파운드 무유도 항공 폭탄을 저렴한 비용으로 유도무기로 개조하기 위해 개발되었다. 가성비가 매우 우수하다. [나무위키]

KGGB의 전투기 탑재 장면[LIG 넥스원]

KGGB 탄착 장면[국방홍보원]

4) KGGB: Korea GPS Guided Bomb, GPS 한국형 유도폭탄
5) LOGIR: Low Cost Guided Imaging Rocket, 저가형 유도로켓
6) PGM: Precision Guided Munition

KGGB는 단순한 항공기 투하 폭탄에 유도 키트를 추가하여 (추진력이 없는) 유도폭탄으로 개조한 예다. KGGB는 JDAM[7]과 마찬가지로 GPS/INS[8]의 복합유도방식이지만 JDAM과 달리 활강 날개를 달아서 사거리를 연장하였다. KGGB는 관성항법과 GPS 항법 유도기능을 보유하고 있어 무동력 활공이 가능하여 적 표적을 후면에서 타격할 수 있는 선회 능력도 갖추고 있다.

무유도 로켓을 유도로켓으로 개량한 예로는 비궁이 있는데 비궁(LOGIR)은 2.75인치 단순 로켓에 유도 키트를 장착하여 유도기능을 추가한 경우다.

알쏭달쏭한 용어로 유도무기와 미사일이 있다. 유도무기(Guided Weapon)는 다음 그림과 표와 같이 탄두 효과를 보는 무기 전체를 포함하는 용어이며, 미사일은 자체 추진력으로 표적에 유도되어 표적을 타격할 수 있는 비행체로 유도무기의 부분집합이다.

미사일 Guided Missile

유도로켓 Guided Rocket

유도폭탄 Guided Bomb

유도포탄 Guided Projectile

유도어뢰 Homing Torpedo

유도무기(Guided Weapon)의 종류

구분	유도무기(Guided Weapon)				
	미사일 (Guided Missile)	유도로켓 (Guided Rocket)	유도폭탄 (Guided Bomb)	유도포탄 (Guided Projectile)	유도어뢰 (Homing Torpedo)
자체추진력	○	○	×	×	○
유도기능	○	○	○	○	○
탄두(타격)	○	○	○	○	○

▲ 유도무기 세부 내역

7) JDAM: Joint Direct Attack Munition, 합동직격탄

8) GPS/INS: Global Positioning System/Inertial Navigation System

□ 미사일의 분류

미사일은 분류 기준에 따라 다양한 종류가 있다.

구분 기준	종류
비행 궤적	순항, 탄도
표적	대지, 대함, 대공, 대전차, 대잠수함, 대레이더, 대탄도탄
발사 플랫폼	육지, 함정, 항공기, 잠수함
사거리	단거리, 중거리, 장거리
비행 속도	아음속, 초음속, 극초음속
발사 방식	핫런치(Hot Launch), 콜드런치(Cold Launch)
용도	전술, 전략
탐색기 종류	마이크로파, 적외선, CCTV 영상, 레이저, mm파
유도방식	지령유도, 호밍유도

▲ 미사일의 구분

미사일은 크게 비행 궤적(Trajectory)에 따라 탄도미사일(BM)[9]과 순항미사일(CM)[10]로 구분한다. 탄도(Ballistic)라는 의미는 곡사포를 발사했을 때 포탄이 비행하는 궤적을 말하고, 순항(Cruise)이라는 의미는 일정한 고도와 속도로 비행하는 것을 말한다. BM은 하늘 높이 솟아 날아가지만, CM은 지상에서부터 약 100 m 정도의 이격거리로 비행한다. BM은 사거리에 따라 대기권을 벗어나는 것도 있다.

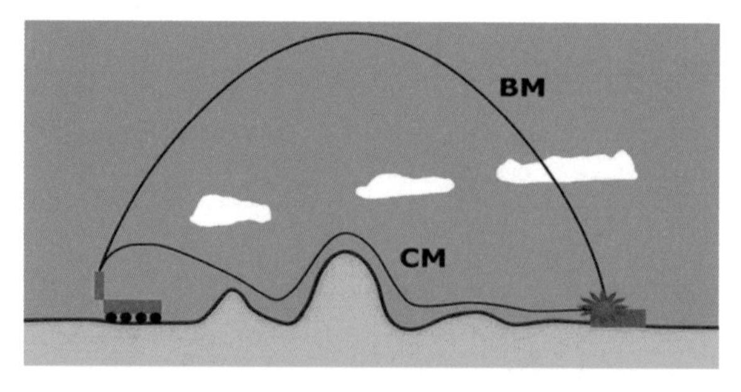

BM과 CM 비행 궤적 개념도

9) BM: Ballistic Missile

10) CM: Cruise Missile

탄도미사일[국방홍보원]

잠수함 발사 순항미사일[국방부 유튜브 캡처]

탄도미사일(Ballistic Missile)에서 Ballistic이라는 단어는 '탄도학의'라는 뜻이며, 발리스타(Ballista)[11]에서 유래하였다.

발리스타는 쇠뇌(Crossbow)의 대형 버전으로 고대 그리스의 무기에서 발전했으며, 비틀림 용수철과 지렛대 두 개를 사용했다. 초기 발리스타는 거대한 공성(성을 공격하는)전용 병기로, 묵직한 다트나 구형 석환을 쏘아 보냈다.

발리스타 운용

[Wiki, Public Domain, Ⓒ, Pearson Scott Foresman]

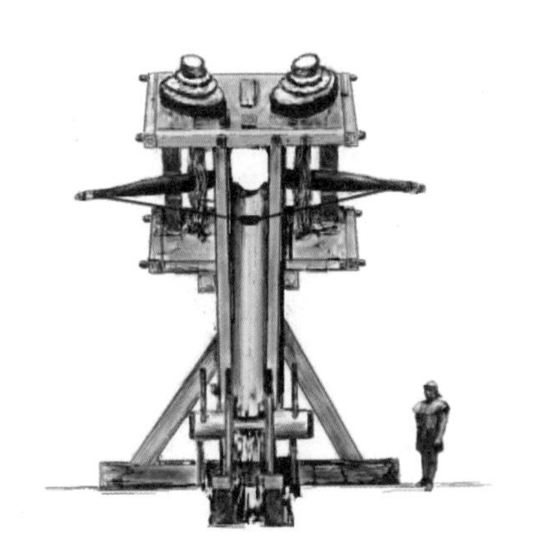

발리스타

[Wiki, Public Domain, Ⓒ, Vissarion]

11) Ballista: '던지다'라는 뜻의 고대 로마 시대의 사출 병기

발리스타를 이용한 최초의 세균전은 1346년 몽골군 자니베크가 이탈리아 도시국가 제노바 흑해 연안의 무역 거점 카파(Caffa, 오늘날 우크라이나의 페오도시야)항에 있는 성을 공격한 사건이다. 몽골군의 장기간 공격에도 함락이 어려워지자 적군의 사기 저하를 목적으로 흑사(Black Death, 페스트)병으로 희생된 몽골 군대의 시신을 투석기로 적진에 날려 보냈다. 이것이 의도하지 않은 최초의 세균전, 정확하게는 생물학전(Biological Warfare)이다.

카파항 사람들이 성을 탈출하여 유럽으로 가면서 최근 코로나19가 전 세계적으로 퍼진 것처럼, 14세기 유럽 인구의 1/3이 희생된 흑사병이 유럽으로 펴졌다.

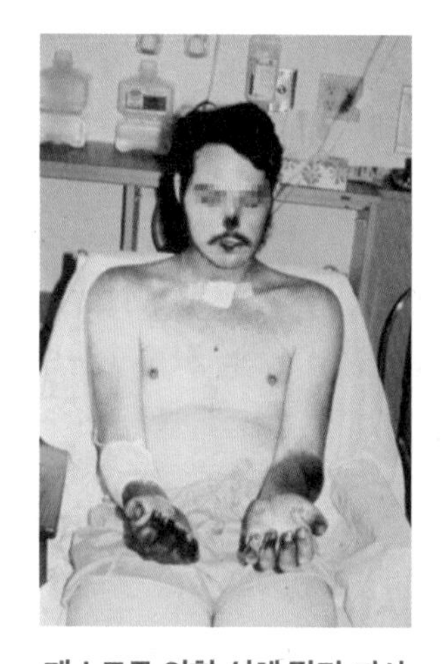

페스트로 인한 신체 말단 괴사

[Wiki, Public Domain, ©]

페스트는 쥐, 벼룩을 통해 전염

[www.sciencetimes.co.kr, 윤상석]

일반적인 BM과 CM의 주요 특성을 비교한 표는 다음과 같다.

BM	구분	CM
포물선(탄도)	비행궤도	순항(일정한 고도와 속도)
로켓(외기권 비행 가능)	추진	제트엔진(대기권 비행)
초고속 비행 가능	속도	주로 아음속 비행
고고도(탐지 용이)	고도	저고도(탐지 곤란)
신속 타격 가능	기타	은밀한 침투

▲ **BM과 CM의 비교**[www.epthinktank.eu, European Parliamentary Research Service]

4 최초의 순항미사일 V1

최초의 순항미사일 V1[12]은 1944년 6월 13일 영국 런던 중심부의 북동쪽 London Grove Road에 떨어진 독일의 V1 비행폭탄(Flying Bomb, 다른 이름으로 두들 버그(Doodle bug))이다. V1은 제2차 세계대전 당시 나치 육군 연구소에서 개발하였다.

최초의 V1 낙하지

[구글어스 스트리트뷰 캡처]

좌측 사진 적색 원 확대

[www.exploring-london.com]

V1 외형

[Pixabay, Jens Junge]

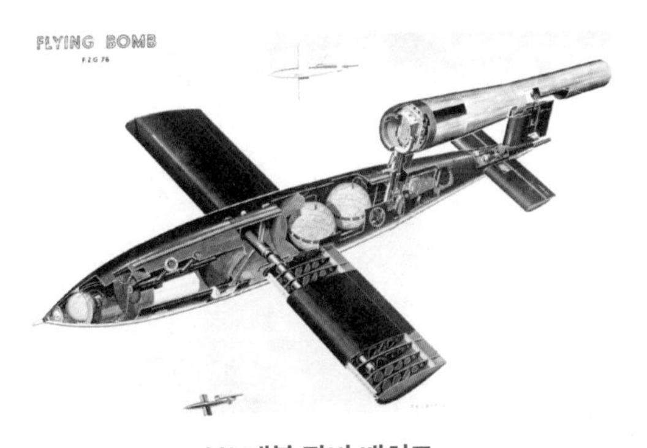

V1 내부 장비 배치도

[Wiki, Public Domain, Ⓒ, U.S. Air Force]

---

12) V: 보복을 의미하는 독일어 Vergeltungswaffe

V1은 런던에 대한 전략폭격 용도로 개발된 보복무기 시리즈 중 첫 번째 무기로, 사정거리가 짧았기 때문에 프랑스 및 네덜란드 연안(예: 파드칼레)에서 영국으로 발사되었다.

V1은 사출기의 추력으로 발사대를 이탈하고, 펄스제트(Pulse Jet) 엔진을 이용하여 비행했다. V1의 저주파(약 50 Hz) 펄스제트 엔진 소리는 비행폭탄이 날아온다는 소리이기 때문에 영국인들에게 큰 공포를 안겨 주었다.

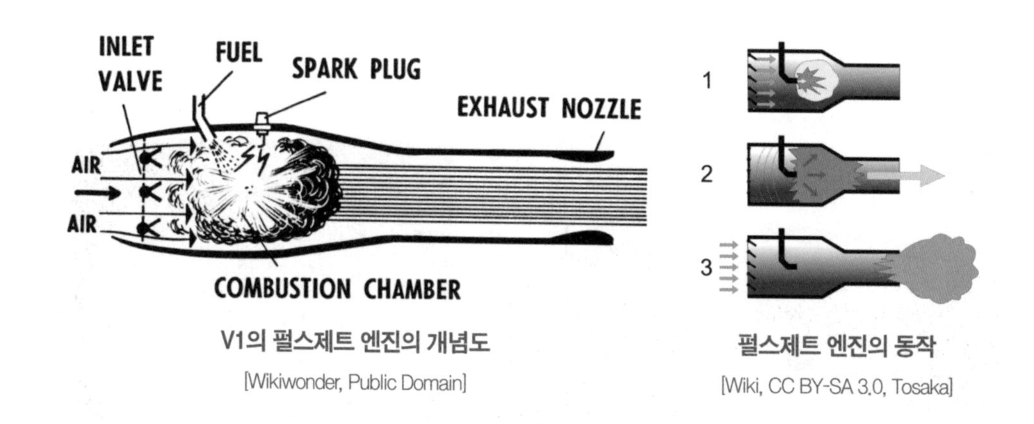

V1의 펄스제트 엔진의 개념도
[Wikiwonder, Public Domain]

펄스제트 엔진의 동작
[Wiki, CC BY-SA 3.0, Tosaka]

□ V1 규격

항목	규격	비고
중량	2,150 kg	
길이	8.32 m	
폭(Span)	5.37 m	
높이	1.42 m	
탄두	Amatol-39, 나중에는 Trialen	
탄두 중량	850 kg	
기폭 방법	전기적 충격 신관	예비 기계적 충격 신관
엔진	Argus As 109-014 펄스제트(Pulsejet)	
사거리	250 km	
속도	640 km/h	고도 600~900 m
유도	자이로컴퍼스	

▲ V1 규격[위키]

영국은 V1이 표적에 도달하기 전에 격추하기 위해 대공포와 요격기를 비롯한 각종 장비를 동원해 방공전을 벌였는데 이를 쇠뇌작전이라고 한다.

Wing Tip을 이용하여 V1을 추락시키는 영국 전투기[worldwarwings.com]

V1은 펄스제트 엔진 자체의 추력만으로는 추력이 적어 발사(이륙)하기 어려웠다. 발사를 위하여 경사(Ramp) 발사대와 이륙 보조 장치로는 항공모함 사출기처럼 증기(Steam)로 움직이는 피스톤 사출기(Piston Catapult)를 사용하였다.

경사 발사대 아랫부분에 원형의 홈이 발사대 끝까지 나 있다. 피스톤은 증기의 힘으로 홈을 따라 움직이며 V1을 밀어내고 발사대 끝에서 지상으로 떨어지게 된다. 그림에서 검은색 피스톤 상단에 물고기 등지느러미 형태의 돌출한 부분이 있는데 이 부분이 V1을 밀고 발사(사출)하는 부위다.

V1의 축소형 플라스틱 모델 키트는 인터넷 사이트 www.alwayshobbies.com에서도 구매할 수 있다.

V1과 경사 발사대[유튜브 캡처, Normandy Bunkers]

V1 발사대의 기울기는 약 6도 정도, 발사대 길이는 48 m, 발사 레일 끝에서 V1의 발사 속도는 약 400 km/h다.

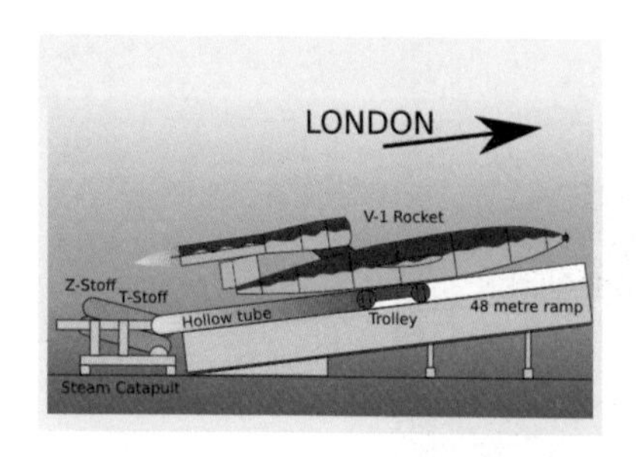

V1 발사대 구조[www.webmatters.net]

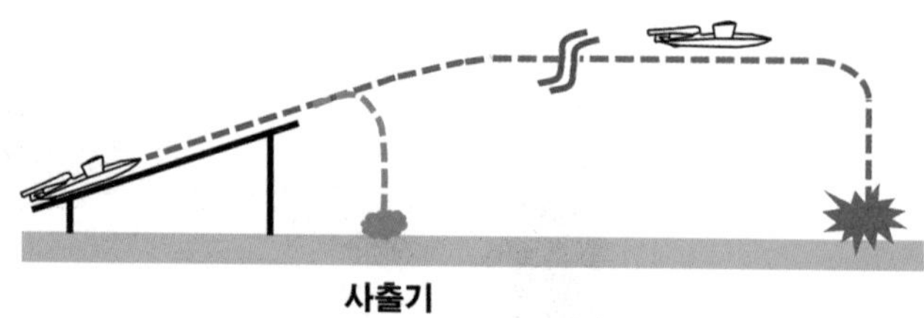

V1의 비행 궤적(개념도)

V1, V2는 독일 북동쪽의 페네뮌데(Peenemünde) 해안에서 개발했다. 페네뮌데 시험장 배치를 보면 지도 북쪽 해변에 V1(Catapult), V2(Launch Pad) 발사대가 있어 바다로 발사하였고 중앙부에 시험대(Test Stand)가 있다.

독일 페네뮌데 위치[구글어스]

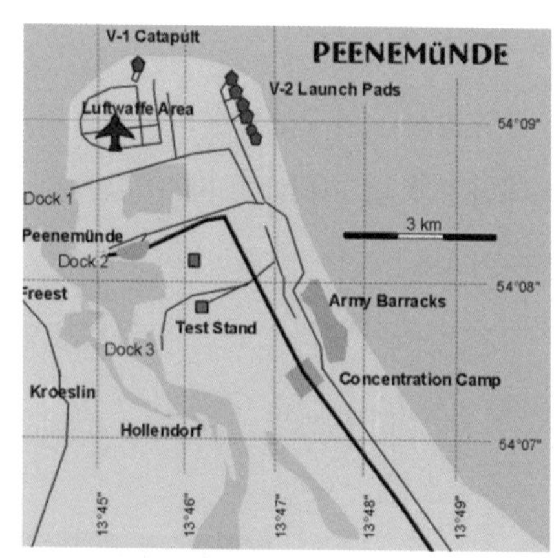

페네뮌데 시험장 배치[www.astronautix.com]

Q. 항공모함의 비행기 사출기란?

A. 항공모함처럼 짧은 활주로에서 비행기를 이륙시켜 주는 이륙보조장치

고정익기가 이륙하려면 충분한 길이의 활주로가 필요하다. 미국 항공모함(Aircraft Carrier)에서는 증기로 움직이는 사출기(Catapult)를 이용하여 길이가 짧은 활주로에서도 충분한 속도를 낼 수 있어 짧은 시간에 많은 비행기 이륙이 가능하다.

사출기 방식의 항공모함(미국)

[Wiki, Public Domain, ∈, US Navy]

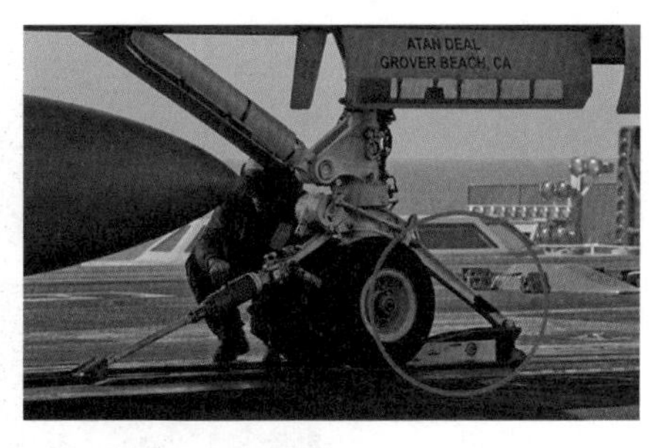

항공모함 비행갑판의 사출기

[Wiki, Public Domain, ∈, Kenneth Abbate]

최근 미국의 제럴드포드 항공모함은 EMALS[13](전자식 항공기 발진시스템)를 적용한 사출 시스템을 도입하여 증기가 아닌 전자식 방법으로 사출한다. 이 방식을 사용하면 비행기 종류 및 무장에 따라 사출하는 힘을 최적 조건으로 미세 조정이 가능하다.

모든 항공모함이 사출기를 이용하는 것은 아니고 영국, 중국, 러시아 등의 경항공모함의 경우는 스키 점프대 방식의 활주로를 사용한다.

스키 점프대 방식의 활주로[www.quora.com]

13) EMALS: Electromagnetic Aircraft Launch System

토막상식 **항공모함 비행갑판에서 일하는 승조원의 셔츠(Shirt)와 안전모(Helmet) 색상은 어떤 의미가 있을까?**

: 비행갑판(Flight Deck) 승조원(Crew)의 업무에 따라 8가지 색상으로 구별된다.

승무원의 복장 색상[Wiki, Public Domain, ⓒ, Crishanda K. McCall]

Flight and hangar deck crew

Men working on flight and hangar decks wear colored shirts and helmets to indicate their jobs:

Yellow shirts direct movement of aircraft.

White shirts handle safety-related jobs, including final inspections of airplanes.

Green shirts hook planes to catapults and handle arresting wires.

Purple shirts fuel planes.

Brown shirts are plane captains who watch over individual planes.

Blue shirts chock and chain planes into position, drive tractors that pull airplanes.

Red shirts handle all weapons and ammunition.

Silver suits handle aircraft crashes and fires.

색상에 따라 구별되는 담당 업무

[Wiki, Public Domain, ⓒ, USN]

색상	담당 업무
황색 (Yellow)	비행기 이동
백색 (White)	안전, 출격 전 최종 점검
녹색 (Green)	비행기 사출, 착륙
보라색 (Violet)	비행기 연료 보급
갈색 (Brown)	비행기 정비
청색 (Blue)	비행기 견인, 위치 고정
적색 (Red)	미사일 등 무장
은색 (Silver)	사고, 화재 진압

원자력 추진 항공모함의 경우 항공모함 내부 원자로에서 나오는 열을 이용한 스팀으로 큰 사출 에너지를 얻을 수 있다. 사출기를 이용하면 이륙 중량의 제한이 없어 전투기에 많은 무장을 탑재하고도 빠르게 이륙할 수 있다. 이륙 시 연료 소비도 별로 없으므로 전투 비행 반경이 커지고 무장이 많아 작전에 상대적으로 유리하다. 그러나 시스템이 복잡하고 운용 인력이 필요하며 사출 시스템에 운용에 따른 안전사고 우려가 있다.

반면 스키 점프대는 이륙 중량 제한으로 무장의 한계가 있다. 또 사출기 방식보다는 이륙 시 연료 소모가 커서 작전(비행) 반경이 짧아 상대적으로 불리하지만, 시스템이 간단하다는 장점이 있다.

□ V1을 자살 공격용 미사일로 개조하다

V1은 원래 무인 순항미사일이다. 독일은 2차 세계대전 막바지에 V1을 자살용 유인(Piloted Suicide) 미사일로 개조[14] 개발했는데 이것이 Fieseler Fi 103R(코드명 Reichenberg)이다.

개발 진행 단계에 따라 Reichenberg는 5가지(자료에 따라서는 4가지) 모델이 있다. 1944년 10월까지 약 175대의 운용 모델 Reichenberg-IV(4)가 제작되었다.

Reichenberg 모델

[modelingmadness.com]

Reichenberg 조종석(적색 원)

[Wiki, Public Domain, ©, Unknown]

14) 임무(Role): 유인 미사일(Manned Missile) [Wiki]

항목	규격
조종사	1 명
길이	5.72 m
날개폭	8.00 m
총무게	2,250 kg
엔진	Argus 펄스제트
추력	정적 2.2 kN, 최대 3.6 kN
순항속도	650 km/h
사거리	329 km @ 2,500 m 고도 순항
운용시간	32 분
무장	850 kg 고폭탄두

▲ **Reichenberg-IV 제원**[Wiki]

1944년 일본은 독일로부터 펄스제트 엔진을 받아 이와 유사한 엔진을 유인 비행기에 탑재할 수 있는지 그 가능성에 관해 연구해서 독일의 유인 자살 공격기 Fieseler Fi 103R (Reichenberg)과 같은 일본판 자살 공격기 오카(Ohka)를 개발했다. 독일은 실전에 사용하지 않았지만, 일본은 미국과의 전쟁에 실제 사용해서 많은 조종사의 희생이 있었다.

Fieseler Fi 103R(Reichenberg)[fantastic-plastic.com]

오카 외형(복제품)[Wiki, Public Domain, Є, Max Smith]

5 최초의 탄도미사일 V2

최초의 탄도미사일은 제2차 세계대전 당시 나치 독일에서 개발한 V2다. 독일의 보복무기 2호로 V1에 비하면 훨씬 진보한 무기였다.

제2차 세계대전이 막바지였던 1944년 9월 8일, 영국 런던(Chiswick Staveley Road)이 미사일 공격을 받았다. 당시만 해도 폭격은 폭격기들이 날아와 폭탄을 투하하는 방식이었다. 큰 폭발이 일어났지만, 런던 상공에는 단 한 대의 독일 폭격기도 보이지 않아 런던 시민들과 영국 방공당국은 경악했다. 영국인들이 '악마의 사자'라고 부른 독일의 V2 로켓이었다.

V2는 인류가 만든 최초의 탄도미사일이자, 미국의 달 착륙을 위한 우주 개척 시대의 기술적 토대를 제공했다.

최초 V2 낙하지[Wiki, Public Domain, ©, Patche99z]

제1차 세계대전 패전 이후 독일은 베르사유 조약을 통해 전차나 군용기 개발에 강력한 제재를 받게 되었다. 이를 피해 가며 군사력을 키우는 방안으로 독일은 베르사유 조약의 문구에 없는 새로운 개념의 로켓 개발(V2)에 본격적으로 나선다.

V2는 에탄올을 주 연료로 사용했는데 만성적인 석유 부족에 시달리던 독일에서는 등유나 경유 같은 석유계 이외의 연료를 사용할 필요가 있었고, 에탄올을 사용함으로써 따로 냉각제를 쓸 필요가 없어서 1석 2조의 효과가 있었다.

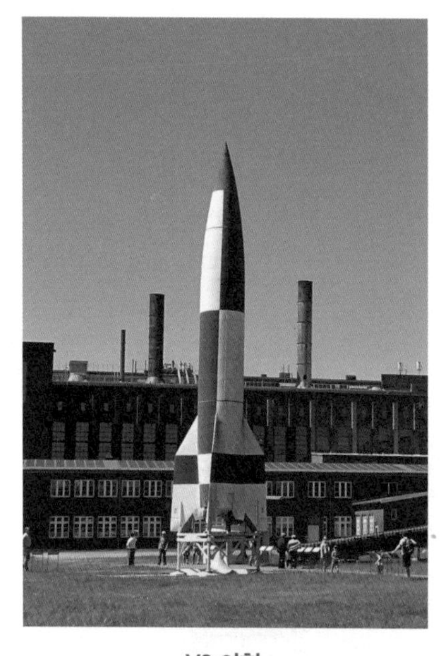

V2 외형

[Peenemünde Historical Technical Museum, Pixabay, neufal54]

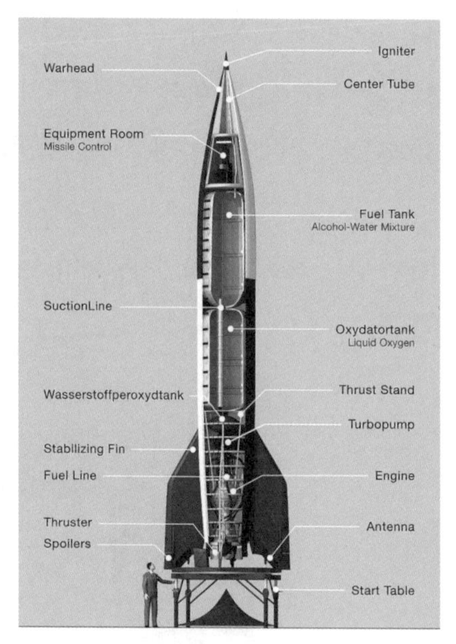

V2 내부 장비 배치

[Wiki, CC BY-SA 4.0, Eberhard Marx]

V2에 사용했던 추진 기술은 사실 미국의 로버트 고다드가 개발하였다. 로버트 고다드의 액체로켓 연구는 당시 미국에서 인정받지 못했고, 미 국방성도 실용화를 외면했다. 공교롭게도 그의 기술에 가장 큰 흥미가 있는 것은 독일 나치였다.

미국의 로버트 고다드가 1926년 처음 개발한 액체 연료 로켓 기술을 이용하여 폰 브라운 박사가 Peenemünde 시험장에서 V2 개발을 주도하였다.

1932년 독일의 육군 로켓연구소 소장 발터 도른베르거는 오베르트 박사의 수제자인 젊은 폰 브라운을 영입하여 1933년부터 A-1, 2, 3, 4, 5 로켓을 연속적으로 개발하였고 그중 A-4가 V2(양산 버전)로 히틀러가 부여한 이름이다.

V2에는 수직과 수평 방향의 균형을 잡아 주는 자이로스코프(Gyroscope)를 설치하여 스스로 평형을 유지할 수 있도록 하였으며, 초기 모델은 영국까지의 비행시간을 산정하여 아날로그 컴퓨터에 입력하면, 아날로그 컴퓨터가 알아서 엔진을 멈추게 하고 낙하하는 형식이었다.

항목	규격
중량	12,500 kg
길이/직경	14 m/1.65 m
탄두	1,000 kg
기폭방식	충격(Impact)
날개폭	3.56 m
추진제	3,810 kg, 에탄올(Ethanol) 75%와 물 25%의 혼합(일부 자료에는 순수 에탄올) 4,910 kg 액체 산소(Liquid Oxygen)
사거리	320 km(다른 자료에는 368 km)
비행 고도	장거리 비행 시 최대 고도 88 km, 최대 수직 발사 고도 206 km
속도	최대 5,760 km/h, 탄착 시 2,880 km/h
유도방식	자이로스코프
발사대	이동식

▲ **V2 규격**[Wiki]

V2용 자이로스코프[www.v2rockethistory.com]

V2 안정화 플랫폼[www.allworldwars.com]

V2 몸체는 알루미늄으로 만들어져서 발사 중량을 줄이도록 설계하였다. 어차피 로켓은 지속적으로 연료를 연소하며 날아가기 때문에 중량은 계속 감소하고 속도는 더더욱 빨라진다. 1944년 9월부터 3,000기 이상의 V2가 발사되었다. 가장 먼저 공격받은 곳은 런던이었으며 이어 앤트워프, 리에주 등도 공격받았다.

□ 수직 발사와 경사 발사

ICBM[15]을 수직으로 발사하면 추력(T: Thrust)은 모두 수직 성분으로 미사일이 상승하는 데 모두 사용할 수 있지만, 경사 발사인 경우는 추력이 수직 성분(Vertical)과 수평 성분(Horizontal)의 벡터(Vector)로 나누어지면서 발사 각도에 따라 수직(상승) 성분의 크기가 줄어든다.

만약 45°로 경사 발사하면 피타고라스의 정리(Pythagorean Theorem)에 따라 수직 방향의 상승 성분은 추력의 0.707로 줄어든다. 발사 초기에 수십 톤이 넘는 무게의 ICBM이 충분한 상승 추력을 얻지 못하면 추락할 수밖에 없다.

수직 발사와 경사 발사의 추력 성분

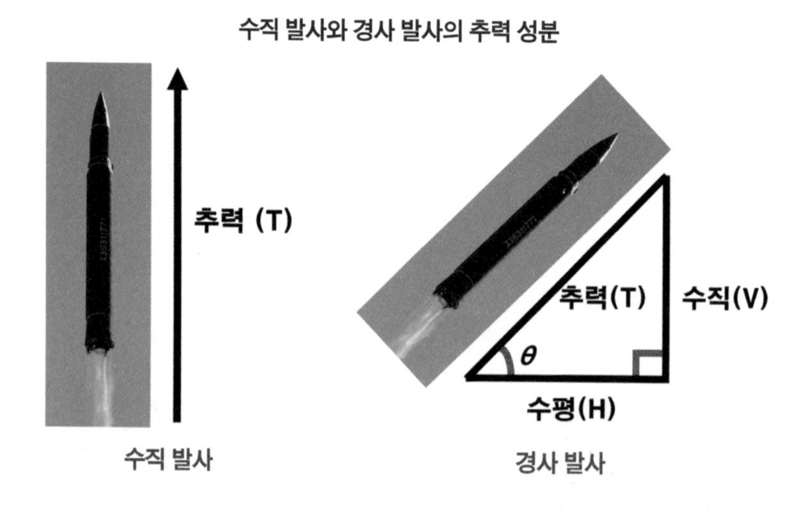

따라서 ICBM은 경사 발사하지 않고 모두 수직으로만 발사한다. 신문, 방송에서 ICBM(V2 포함)을 경사 발사하는 장면을 본 적이 있는가 생각해 보면 쉽게 알 수 있을 것이다. ICBM은 기본적으로 '수직 발사' 하며, 수직 발사 이외에 '정상 발사, 고각 발사' 등의 단어는 적합하지 않다고 생각한다.

---

15) ICBM: Inter Continental Ballistic Missile, 대륙간 탄도미사일

그러나 상대적으로 사거리가 짧은 전술지대지(KTSSM)[16]의 경우는 설계 개념대로 박격포처럼 경사 발사대를 이용하여 경사 발사한다.

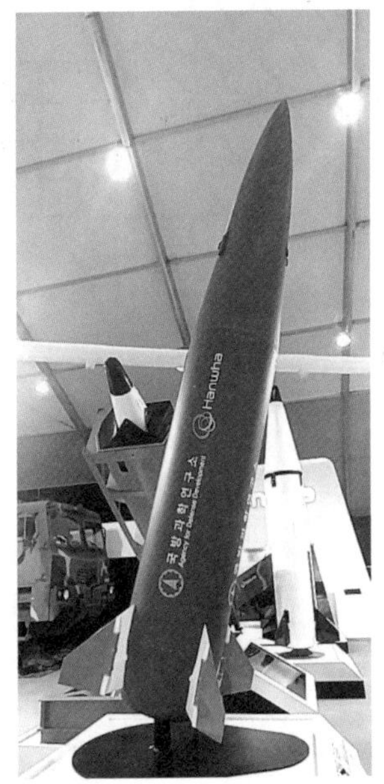

전술지대지(KTSSM)[defence-blog.com]

토막상식 **피타고라스의 정리란?**

: 피타고라스 정리는 직각 삼각형에서 빗변(c)의 제곱이 두 직각변(a, b) 제곱의 합과 같다는 정리이다.

$$a^2 + b^2 = c^2$$

고대 이집트와 메소포타미아에서는 약 4,000년 전부터 삼각형 3변 길이의 비가 3:4:5라면 직각 삼각형이 된다는 사실을 알고 있었다. 그런데도 '피타고라스의 정리'라고 부르는 이유는 그가 이 정리를 처음으로 증명했기 때문이다.

c를 변으로 하는 정사각형의 넓이는 a를 변으로 하는 정사각형의 넓이와 b를 변으로 하는 정사각

16) KTSSM: Korean Tactical Surface to Surface Missile

형의 넓이의 합이다. 피타고라스의 정리는 사각형뿐만 아니라 반원에 적용해도 만족한다.

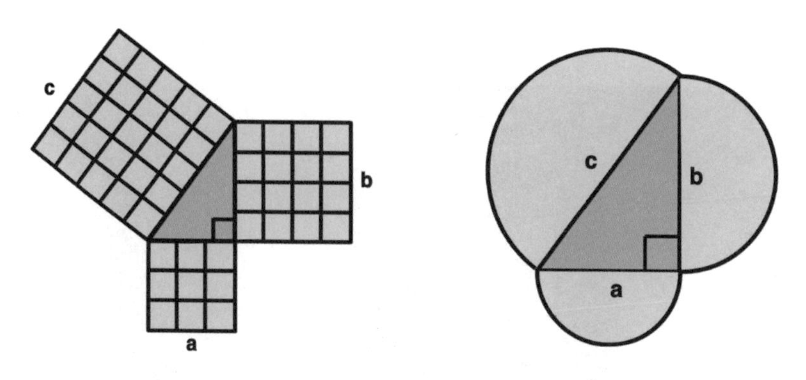

피타고라스의 정리

피타고라스 정리를 만족시키는 양의 정수 3개 쌍을 피타고라스 삼조(三組)라고 하는데 (3, 4, 5) 외에 (5, 12, 13), (8, 15, 17), (7, 24, 25), (20, 21, 29), (12, 35, 37), (9, 40, 41), (28, 45, 53) 등이 있다.

만약 이등변 삼각형(a = b = 1)이라면 c는 어떤 값일까?

$1^2 + 1^2 = c^2$

$c^2 = 2$ (여기서 제곱근의 개념이 나왔다.)

$c = \pm\sqrt{2} = \pm 1.414$

여기서 c 〉 0이므로

$\therefore c = \sqrt{2} = 1.414$

토막상식 실생활에서 길이 √2 배(면적 2배)를 적용한 것에는 어떤 것이 있을까?

: 많이 사용되고 있는 종이 크기는 ISO 216에 따라 A4 용지로 크기가 297 mm * 210 mm(√2 : 1) 이다.

300 mm * 200 mm로 해도 좋을 텐데 왜 이런 수치로 정했을까? 우리가 사용하는 종이는 제지 공장에서 만든 전지(A0, 크기 1,189 mm * 841 mm)를 절반으로 나누고(A1) 이를 다시 반(A2)으로 나누는 과정을 계속

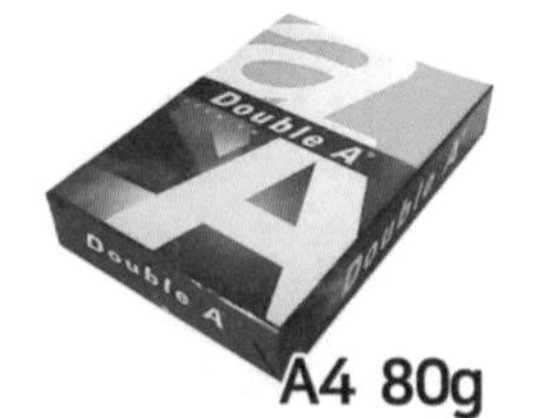

A4 용지(80 g/㎡)[다나와]

반복(A3, A4……)하여 만들어진다. 이렇게 면적을 반으로 나누면($\sqrt{2}$: 1) 종이 손실을 최소화할 수 있고 확대/축소가 편리하다.

만약 300 mm * 200 mm(3:2)를 반으로 나눈다면 150 mm * 200 mm(3:4)로 비율이 달라진다. 같은 비율을 맞추기 위해서는 종이 일부분을 잘라 버려야 하므로 낭비가 있어 비효율적이다.

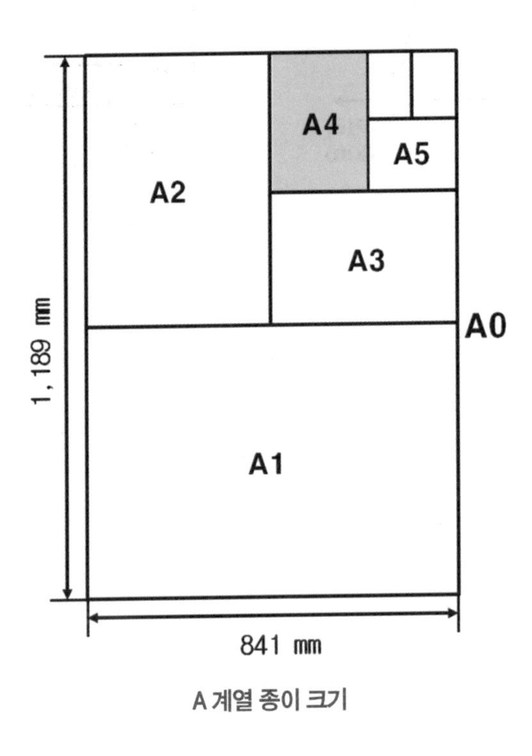

A 계열 종이 크기

B0는 크기 1,414 mm * 1,000 mm, 가로세로 비율 $\sqrt{2}$: 1, 넓이 $\sqrt{2}$ ㎡이다. B0를 반으로 접으면 B1, 다시 반으로 접으면 B2가 된다.

ICBM은 수직 발사 후 일정한 고도와 속도가 확보된 후에야 비로소 표적 쪽으로 방향을 전환하게 된다.

V2의 경우 액체로켓 추진기관이 연소하여 추력을 내고, 연소에 따라 무게가 점점 줄면서 점점 더 가속하여 비행(Powered Flight)하다가 발사, 약 1분 후에 연소를 종료(Burn Out)하며, 연소 종료 후에는 탄도 궤적(Ballistic Trajectory)을 따라 비행하게 된다.

연소 종료 때의 비행 속도, 수평면과의 각도가 탄도 궤적, 즉 미사일 사거리(Range)를 결정한다.

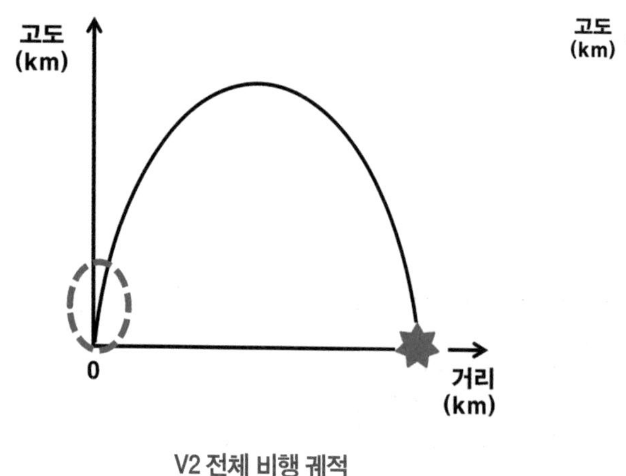

V2 전체 비행 궤적

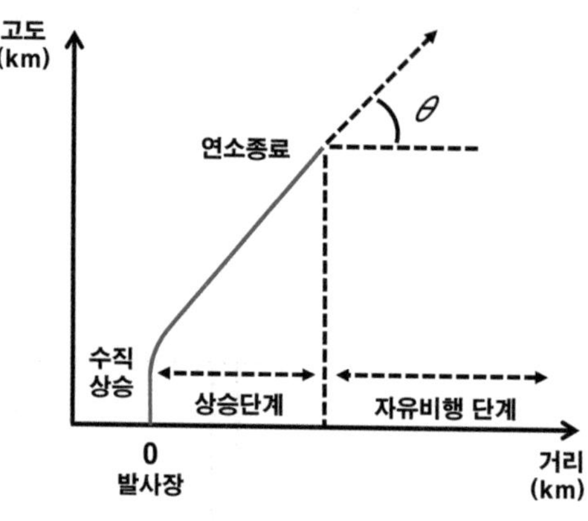

좌측 적색 원 초기 상승 구간 확대

토막상식 V1, V2가 있다면 V3도 있을까?

: V3는 미사일이 아니고 장거리 대포(Cannon)다.

V3는 화약 폭발에 따른 압력으로 포탄이 나갈 때 또 다른 화약으로 압력을 추가해 준다면 더 가속할 수 있어 사거리를 길게 할 수 있다는 아이디어를 이용한 장거리 대포다. V3는 제2차 세계대전 때 Saar Roechling이 설계한 길이 140 m 슈퍼건(Supergun)으로 140 kg짜리 포탄을 165 km까지 사격할 수 있다.

V3는 런던을 공격하기 위해 개발한 장거리 대포로, 연합군의 발사 시설 공격에 따라 실전에는 사용되지 못했다.

항목	규격	항목	규격
형태	포	발사 고각	고정
길이	140 m(자료에 따라서는 130 m)	포구 속도	1,500 m/s
포탄	140 kg	최대사거리	165 km
구경	150 mm	발사 속도	시간당 300 발

▲ V3 Cannon 규격[Wiki]

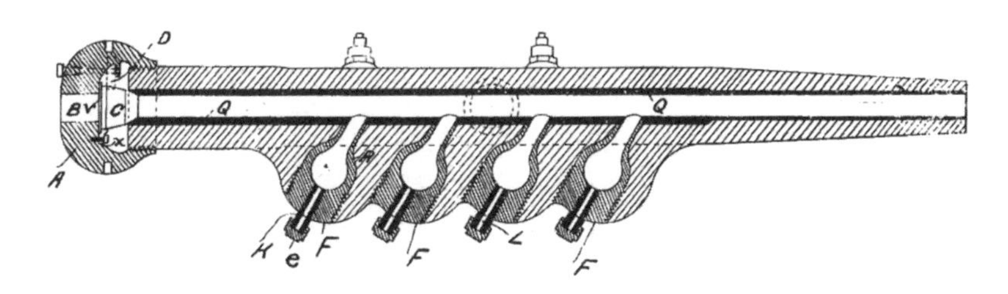

V3의 작동 개념도[Wiki, Public Domain, James Richard Haskell]

V3 cannon[www.documentarytube.com]

V3용 포탄[www.documentarytube.com]

6 미사일의 명칭 부여법

미사일의 명칭 부여는 발사 위치(Platform)와 표적 위치(종류)에 따라 부여한다.

예를 들어 지상에서 발사하고 적의 지상 목표물을 공격하는 미사일이라면 '지대지' 미사일이라고 부른다. (□ 대 □ 미사일)

발사		표적	예	발사		표적	예
지	대	지	현무	함	대	지	전술함대지, 토마호크[17]
		공	천마, 신궁			공	해궁
		함	하푼			함	해성, 하푼, 엑소세
		잠	-			잠	홍상어
공	대	지	타우러스	잠	대	지	SLBM,[18] SLCM[19]
		공	사이드와인더			공	IDAS[20]
		함	하푼, 엑소세			함	엑소세, Sub 하푼[21]
		잠	(청상어)			잠	(백상어)

▲ 미사일 명명법과 예(청상어, 백상어는 미사일이 아니고 어뢰)

영어로는 다음과 같이 표기하며, 미국의 무인 비행체(미사일) 명칭 부여 방법은 7자리로 영문 및 숫자로 구성되어 있다.

그 예로 하푼 미사일을 보면 같은 하푼 미사일이지만 발사 플랫폼(Platform)에 따라 모델(명칭)이 달라진다.

발사 플랫폼/위치	모델	비고
함정(Ship)	RGM-84	함대함
공중(Air)	AGM-84	공대함
수중(Underwater)	UGM-84	잠대함(Sub 하푼)
지상(Ground)	GGM-84	지대함

▲ 발사 플랫폼에 따른 하푼 구분

17) 토마호크(TLAM): Tomahawk Land Attack missile
18) SLBM: Submarine Launched Ballistic Missile
19) SLCM: Submarine Launched Cruise Missile
20) IDAS: Interactive Defense and Attack System for Submarine, 잠수함을 위한 방어 및 공격 상호작용체계(대잠 헬기가 표적)
21) Sub 하푼: Submarine Launched 하푼

1	2	3	4	-	5	6	7
	U	G	M	-	8	4	A
첨가부호	발사환경	임무	비행체 종류	-	설계번호	시리즈번호	변경형상

B: Booster 위성, 미사일 또는 우주선의 추력원으로 사용되는 기본 또는 보조 추진 시스템
M: Guided Missile 유도 미사일
N: Probe 탐사용 비행체
R: Rocket 로켓
S: Satellite 인공위성

C: Transport 수송용
D: Decoy 교란용
E: Electronics 통신 전자용
G: Ground(Surface) Attack 지상(대지) 공격용
I: Intercept Aerial 공중 요격용
L: Launch Detection 발사 탐지용
M: Scientific 과학용
N: Navigation 항법용
Q: Drone 원격 조종 무인 비행
S: Space Support 우주 지원용
T: Training 훈련용
U: Underwater 수중 공격용
W: Weather 기상용

A: Air Launched 공중발사
B: Multiple 다용도
C: Coffin 관형발사기
F: Individual 개인 휴대 발사
G: Ground-Launched 지상발사
H: Silo-Stored 사일로 저장
L: Silo-Launched 사일로 발사
M: Mobile 이동식
P: Pad 비방호(야전) 발사
R: Ship-Launched 함정발사
S: Space-Launched 우주발사
U: Underwater-Launched 수중(잠수함) 발사

e: Digitally Developed 가상 환경에서 설계
C: Captive 발사대에 실을 수 있도록 설계된 비행 가능한 비행체
D: Dummy 훈련을 위해 설계된 비행할 수 없는 비행체
J: Special Test(Temporary) 임시 특별 시험
N: Special Test(Permanent) 영구 특별 시험
X: Experimental 실험
Y: Prototype 시제
Z: Planning 계획 중

▲ **미국의 무인 비행체 명칭 부여법**[Current, Designations of US Unmanned Military Aerospace Vehicles, DEPARTMENT AIR FORCE INSTRUCTION 16-401, ARMY REGULATION 70-50, NAVAIRINST 13100.16 3 NOVEMBER 2020]

7 미사일 사용 추세

현대전은 원거리에서 먼저 보고, 결심하여 핵심표적을 정밀타격하는 정찰 타격 복합체(C4ISRT[22] + PGM)로 시너지를 내는 전쟁이다. 네트워크 기반전이며 동시에 병렬 템포전이며 비접촉 원격전이다. 이를 위해서는 미사일이 핵심이다. 병력 손실을 최소화하기 위해서라도 장거리 미사일은 필수다. 다음 표에서와 같이 미사일 사용 비율은 점점 늘어가는 추세다.

현대전 작전 개념[아카데미, 재작성]

- 감시정찰: 실시간 전장 감시를 통하여 적 이상 징후를 포착
- 지휘통제: 빠른 정보 분석과 지휘 결심
- 정밀타격: 적시에 적 지휘부와 표적을 정밀타격

22) C4ISRT: Command, Control, Communication, Computer, Intelligence, Surveillance, Reconnaissance and Targeting

구분	걸프전('91)	코소보전('99)	아프간전('01)	이라크전('03)
표적탐지율	15 %	-	-	70 %
탐지부터 타격까지 사이클 속도	80 분	-	20 분	12 분
PGM 사용 비율	17.8 %	35 %	60 %	80 %

▲ **미사일의 사용 추세**[아카데미, 재작성]

토막상식 **C4ISRT-PGM이란?**

: C4ISRT-PGM 개념이 나오기까지 단계를 정리하면 다음과 같다.

단계	내용
C2	Command and Control • '60년대부터 일반적으로 사용 • 지휘관의 계획, 지시, 협조 및 통제 개념
C3	C2 + Communication • '77년 쿠바 위기 분석 과정에서 등장 • 지휘통제 기능에 통신 기능을 포함하여 확장
C3I	C3 + Intelligence • '78년 미 육군 공지전투 개념에서 최초로 사용 • 지휘통제 기능에 정보 기능을 추가/정보처리능력 향상 강조
C4I	C3I + Computer • 지휘통제 분야의 정보 생산, 처리, 유통에 첨단 정보기술(컴퓨터, 네트워크)을 도입하여 활용
C4ISR	C4I + Surveillance and Reconnaissance • C4I 체계와 탐지수단을 연동, 자동화된 네트워크를 통한 효과적인 지휘통제를 구축
C4ISR +PGM	C4ISR + Precision Guided Munition • 탐지수단은 물론 타격체계까지 유기적으로 연동하여 효과적인 작전을 수행
C4ISRT +PGM	C4ISR + Targeting + Precision Guided Munition • C4ISR + PGM에 표적 지정을 추가한 개념

▲ **C4ISRT-PGM까지 개념 발전 단계**

8 ICBM 발사 시 대응 요격 시간

만약 사거리 약 12,000 km, 연소시간 최대 240초 액체 추진 ICBM을 북한에서 발사한다면 발사점과 가장 가까운 알래스카 보호를 위해 부스팅(Boosting) 단계에서 요격하기 위해서는 그림과 같이 발사 후 227초 이내에 요격해야 한다. [Boost-Phase Defense Against Intercontinental Ballistic Missiles, Daniel Kleppner, Frederick Lamb, David Mosher]

아래 그림에서 지구가 평면이라면 A, B 어느 곳에서나 바로 미사일 발사 탐지는 가능하다. 그러나 지구는 공 형태이므로 발사점에서 멀리 떨어져 있는 B 지점에서는 지평선에 의한 장애로 조기 미사일 발사 탐지가 제한된다. 예상 발사점과 가장 가까운 곳에서 미사일 발사를 탐지하고 네트워크를 통하여 실시간 정보를 전파하는 것이 가장 효율적인 방법이다.

긴급한 초기 대응을 위해서는 레이더를 통한 조기 탐지가 절대적으로 중요하다.

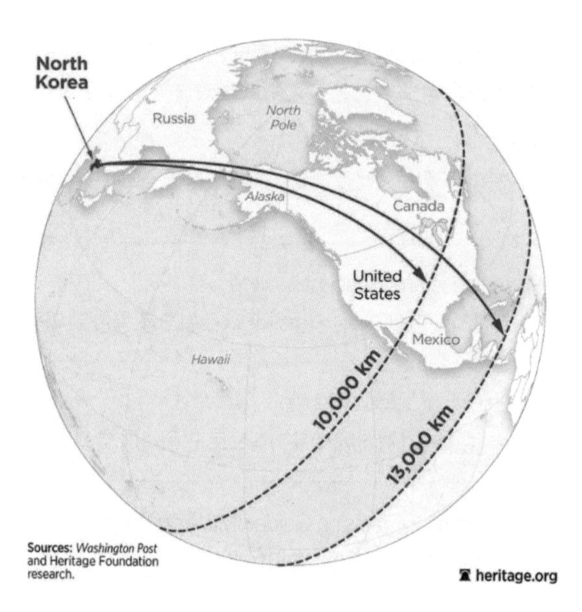

북한~미국 거리[finance.yahoo.com]

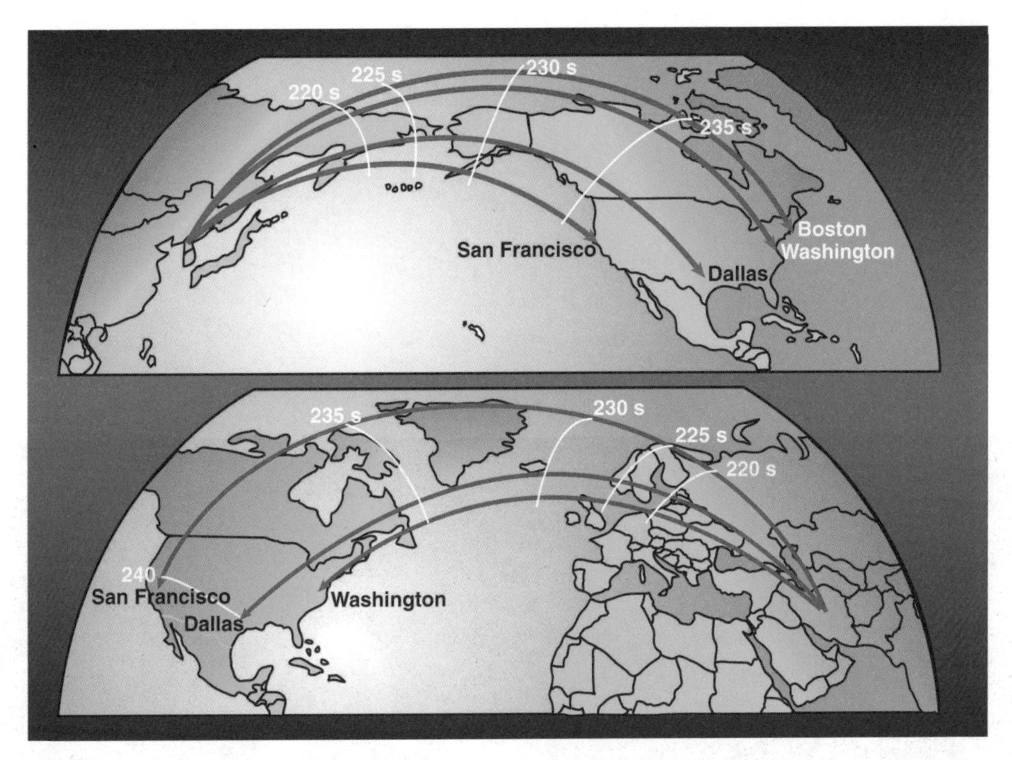

요격 시간(상: 북한, 하: 이란)[physicstoday.scitation.org]

레이더를 통한 탐지(개념도)

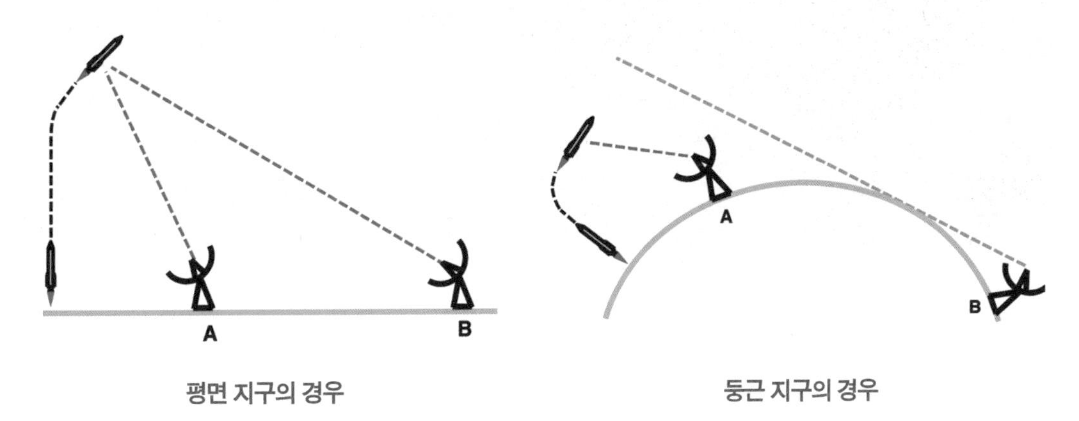

환희

바디 라인

희망의 빛

미사일 개발

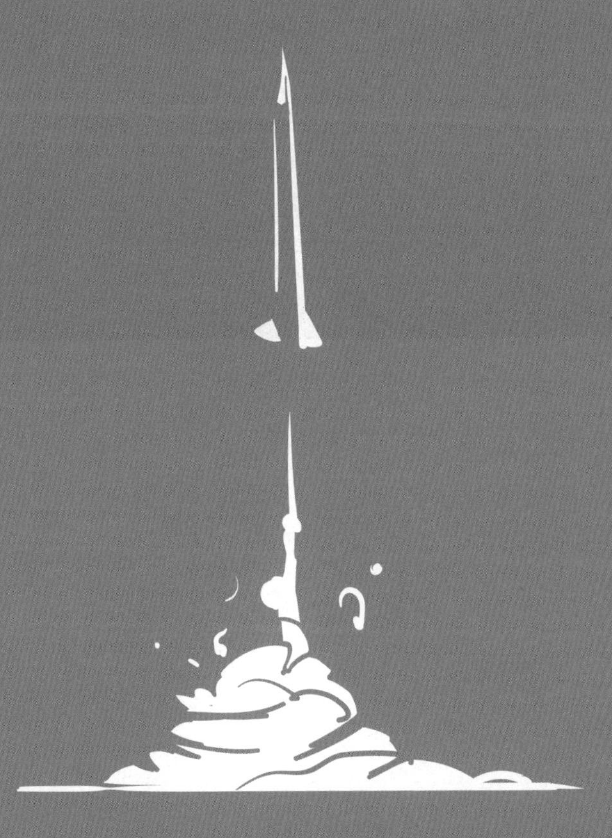

생명의 기운

1 미사일 개발의 첫걸음

□ 미사일 개발의 시작

미사일 개발의 시작은 적의 위협 분석으로부터 출발한다. 예상되는 적의 다양한 공격 방안에 대한 분석을 먼저 수행하고 예상 공격에 대하여 어떤 방어책을 사용할 것인지를 검토한다. 여러 방어책 중에서 대응 무기체계가 필요하다고 판단되면 방위사업법에 따라 방위력개선사업의 소요(필요성)를 결정한다.

소요 결정 다음 단계는 적의 위협에 대응하는 무기체계(미사일)를 어떻게 조달할 것이냐, 즉 방위력개선사업의 추진 방법을 결정하게 된다. 국내에서 개발할 것인지 아니면 해외에서 구매(도입)할 것인지 결정한다.

국내에서 개발하는 것으로 결정되면 본격적인 미사일 개발이 시작된다.

적 위협 분석 → 소요 결정 ↗ 국내 개발 → 개발
　　　　　　　　　　　　 ↘ 해외 도입 → 도입

위협	방어(대응책)

전차[Wiki, Public Domain, Davric]	**대전차 미사일**[위키]

전투기[Wiki, Public Domain, Unknown]

천궁(지대공)[국방과학연구소 홈피]

수상함[www.npr.org]

함대함 미사일[국방과학연구소 홈피]

잠수함[Wiki, Public Domain, ϵ]

청상어[국방과학연구소 홈피]

백상어[국방과학연구소 홈피]

토막상식 **전차와 자주포는 뭐가 다를까?**

전차 K2 흑표(Black Panther) Main Battle Tank	명칭	자주포 K9(THUNDER) Self-Propelled Howitzer
[www.hyundai.co.kr]	사진	[ADD 홈페이지]
기갑(기동장비)	병과	포병(화력장비)
자체 기동력 보유, 포 발사	공통	자체 기동력 보유, 포 발사
직사(유효사거리 3 km 정도) 적 전차와 직접 교전	사격	곡사(사거리 최대 50 km) 후방에서 화력 지원
전차 및 대전차 화기 등의 직사포 장갑으로 자체 보호	방호	적 포병의 파편탄 등 장갑으로 자체 보호

▲ [국방과학연구소 사보 무내미, 2018 Vol. 147]

토막상식 **청상어와 백상어는 뭐가 다를까?**

청상어(경(輕)어뢰, K-745) 지름 324 mm(12.75인치)	명칭	백상어(중(重)어뢰, K-731) 지름 553 mm(21인치)
청상어[국방과학연구소 홈피]	사진	백상어[국방과학연구소 홈피]
수중 유도무기	종류	수중 유도무기

 [국방과학연구소 홈피]	**발사 플랫폼**	 **잠수함**[www.militaryaerospace.com]
잠수함	**표적**	잠수함, 수상함

홍상어는 청상어 기반의 대잠 로켓(Antisubmarine Rocket)으로 청상어(어뢰)에 로켓 모터를 달아 멀리 날려 보내는, 즉 사거리를 증가시킨 어뢰라고 생각하면 이해하기 쉽다.

홍상어는 발사 후 TVC[23] 제어를 통하여 표적 방향으로 방향을 전환하고 정해진 위치에 도달하면 낙하산을 전개, 감속하며 입수 후 낙하산을 분리하고 어뢰(청상어)로 작동을 시작하여 잠수함을 공격한다.

홍상어 발사 장면[국방과학연구소 홈피]

홍상어 운용개념[국방과학연구소 홈피]

23) TVC: Thrust Vector Control

□ 미사일 발전의 원동력

무기체계의 발전 원동력은 모순(矛盾)[24] 관계다. 미사일뿐만 아니라 모두 무기체계가 동일하다. 새로운 공격무기(창)가 나오면 방어하는 쪽에서는 창을 방어하기 위한 무기체계(방패) 또는 방어책이 나온다. 그러면 공격하는 쪽에서는 이 방패를 뚫을 수 있는 새로운 창을 개발하는 것이다. 이런 모순 관계의 발전을 통해서 무기체계는 더더욱 발전해 나가는 것이다.

독일 V1 공격의 예를 들면 다음과 같다.

독일 공격(창)	영국 방어(방패)
• V1(Flying Bomb) 공격	• 전투기를 통한 요격 • 대공포를 이용한 격추 • 방공기구(Barrage Balloon)[25]를 이용한 격추
• V1 날개 전방부에 방공 기구 대책용 Cable Cutter 부착	• 레이더를 이용하여 탐지 • 성능 개량한 전투기를 통한 요격 • 근접 신관을 탑재한 대공포를 이용한 격추

▲ V1 공격과 방어

영국 방공기구의 예[위키, 퍼블릭도메인, Ⓔ, 미상]

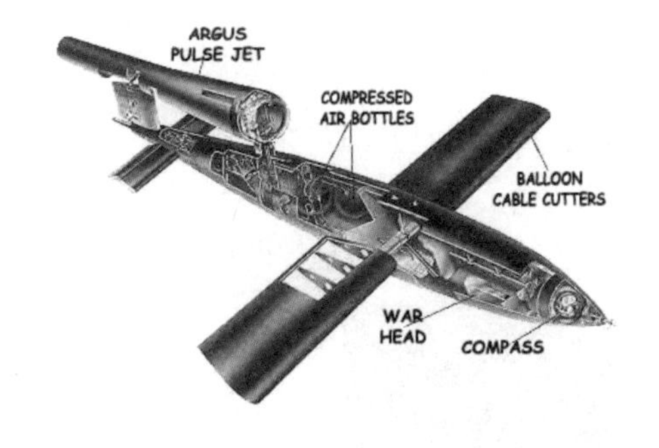

날개 전방부에 Cable Cutter 부착[www.fiddlersgreen.net]

방공기구는 1940년대 중반 영국에 1,400개가 있었고 그중 1/3은 런던 지역에 있었다. 공식적으로 231개의 V1이 방공기구에 의해 격추되었다.

---

24) 모순(矛盾): 창 모, 방패 순(Contradiction), 둘 이상의 논리가 서로 아귀가 맞지 않음을 나타내는 말이다. [Wiki]

25) 방공기구: 조색기구(阻塞氣球, Barrage Balloon). 금속 케이블로 묶어 놓은 커다란 기구로서 공중에 띄워 놓고 적 군용기를 방해하는 용도로 사용하는 방공장비. [나무위키]

그러나 독일 V2의 경우는 워낙 낙하 속도가 빨라 영국에서 특별한 대응책을 마련하지 못했다. 1944년 6월 6일 노르망디 상륙 작전 성공에 따라 영국과 가까운 V2 발사지역이 연합군 수중에 들어가면서 V2를 발사할 수 없게 되었다.

공격(창)	방어(방패)
• BM 공격 방법 1 : V2	V2를 막기에 역부족
• BM 공격 방법 2 : 추력 비행 단계 마지막 지점에서의 속도 벡터 조정으로 비행 궤도를 변경하여 탄착 지점 변경 [David Wright, Missile Technology Basics]	비행 궤적을 추적하여 요격탄 발사
• BM 공격 방법 3 : 터미널(Terminal) 단계에서 기동(Pull-up → Dive)을 통해 비행 궤도를 변경하여 탄착 지점 변경 미국 퍼싱(Pershing) II, 러시아 이스칸데르(Iskander) Pershing II [Wiki, Public Domain, DoD] Pershing II 미사일 비행 궤적 [Trajectory Planning for Reentry Maneuverable Ballistic Missiles]	요격탄 발사 (다층 방어)

• BM 공격 방법 4 : 다탄두(MIRV)[26]에 Decoy 등을 추가하여 탄두와 구별이 어렵게 하여 요격을 피해 가는 방법 미국 미니트맨(Minuteman) III  **MIRV** [Wiki, Public Domain, Ⓒ, US DoD] 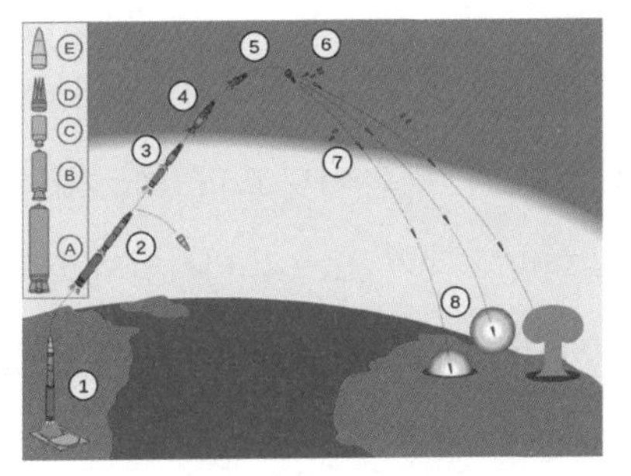 **미니트맨 III(3단 고체 추진기관)** [Wiki, Public Domain, Ⓒ, Fastfission]	요격탄 발사 (다층 방어)

▲ BM의 공격과 방어

2 미사일 개발 규격(요구성능) 결정

□ 미사일 개발 규격(작전요구성능) 결정

미사일 개발 규격인 ROC[27](작전요구성능)는 적의 위협 내용 분석, 전장 상황, 적 무기체계의 특성, 주변 여건을 고려하고 유사 무기체계의 특성이나 성능을 참고하여 결정한다. 이렇게 결정된 결과물이 작전요구성능인 ROC다.

ROC에는 최대사거리, 운용 온도 등 핵심 항목이 포함되어 있으며, 이 내용은 미사일을 개발할 때 시험평가의 기준이 된다.

26) MIRV: Multiple Independently Targetable Re-entry Vehicle, 다탄두 각개 재돌입 비행체
27) ROC: Required Operational Capability

ROC란 군사전략을 위해 획득이 요구되는 무기체계의 운용개념을 충족시킬 수 있는 성능의 수준과 무기체계 능력을 제시하는 것으로서 작전운용성능과 기술적·부수적 성능으로 구별되며, 이는 무기체계 연구개발 또는 국외 구매를 결정하기 위한 기준이 된다. [국방전력발전업무훈령]

ROC로는 보통 한 종류의 미사일만 개발한다. 대공 미사일의 경우는 한 가지 미사일을 개발했다고 모든 미사일을 방어할 수 있는 것은 아니고 다양한 종류의 방어용 미사일이 필요하다.

예를 들어 대공 미사일이라도 적기 또는 적 미사일의 고도 및 속도에 따라 다양한 대공 미사일이 필요하다. 즉 다층방어(Multi Layer Defense)용 미사일이 필요하다. 고고도 요격용 방어 미사일이 필요하다면 싸드(THAAD)[28]와 같은 미사일까지 개발해야 할 것이다.

토막상식 THAAD란?

: 싸드(종말 고고도 지역방어)는 공격해 오는 적의 탄도미사일을 종말 단계(고고도)에서 직접 타격하여 요격하는 이동식 탄도 요격 미사일이다. 즉 공격해 오는 탄도미사일을 요격하는 미사일 방어용 미사일(Anti Missile Missile)이다.

싸드는 탄두를 싣고 있지 않으나 Kill Vehicle의 충돌에 따른 운동 에너지(파괴 충돌 기술, Hit-to-Kill Technology)로 공격해 오는 탄도미사일을 파괴한다.

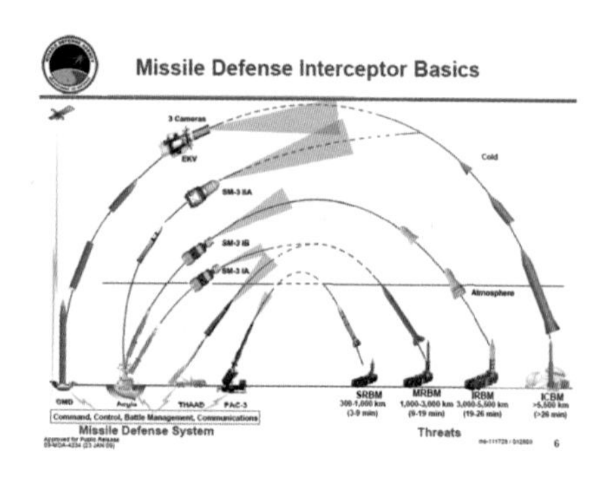

미사일 다층방어망[www.thedrive.com]

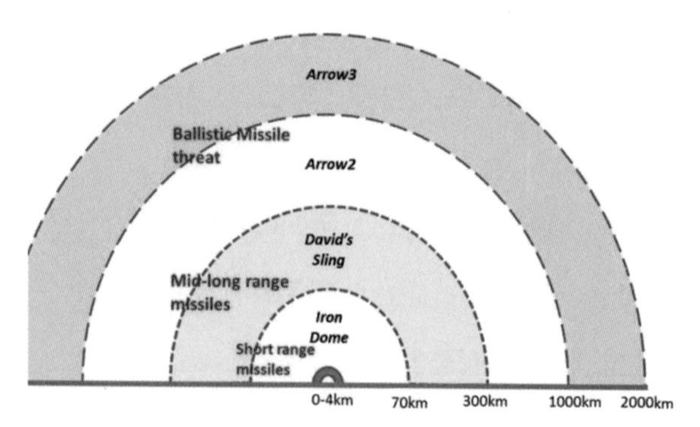

이스라엘 다층방어망[idstch.com]

28) THAAD: Terminal High Altitude Area Defense

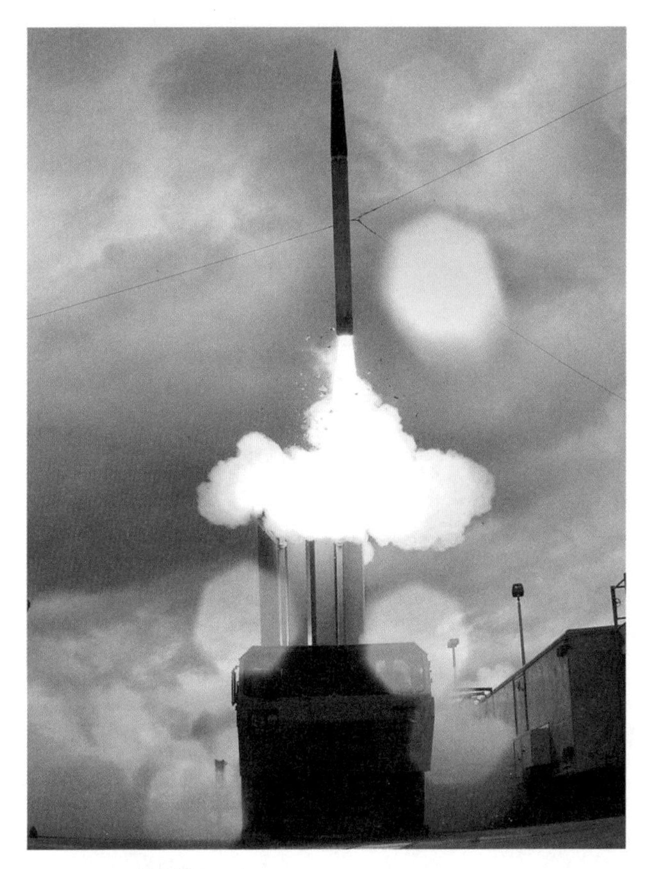

THAAD 발사 장면[Wiki, Public Domain, ⓒ, National Missile Defense]

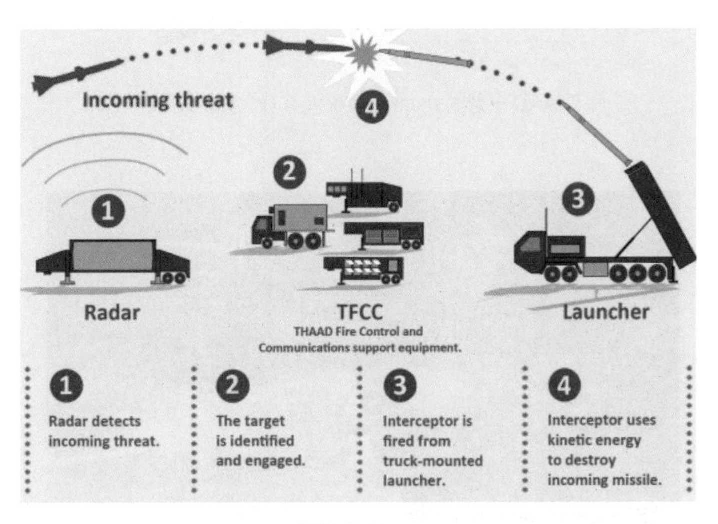

THAAD 운용개념[www.vox.com]

항목	규격	비고
길이	6.17 m	
직경	0.34 m	
중량	900 kg	발사중량
작전반경	200 km 이상	110 nmi 이상
최고속도	마하 8.2	2.8 km/s
최대 비행 고도	150 km	
표적 탐색	IR Seeker(적외선 탐색기)	
추진	1단 로켓	

▲ **THAAD 주요 제원**[Wiki]

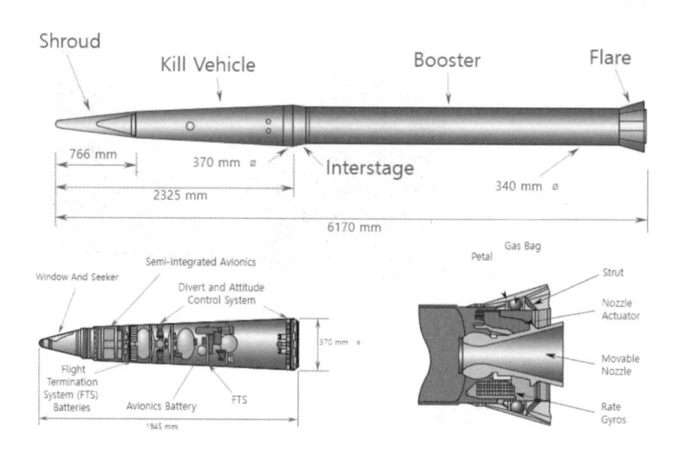

THAAD 구성[위키, 퍼블릭 도메인, ©, US Government]

THAAD 내부 장비 구성[www.imgur.com]

□ 미사일의 특징

미사일은 필요할 때 한번 쓰는 소화기와 같다. 미사일을 개발하여 실전 배치한(전력화) 후에는 실제 사용을 대비하여 오랫동안 대기 상태로 운용, 정비, 유지하다가 필요할 때 사용하게 된다. 사용을 위한 대기 시간이 아주 길고 실제 작동 시간은 아주 짧다. 때에 따라서는 미사일 수명주기 동안에 한 번도 작전에 사용되지 못하고 폐기되는 일도 있다.

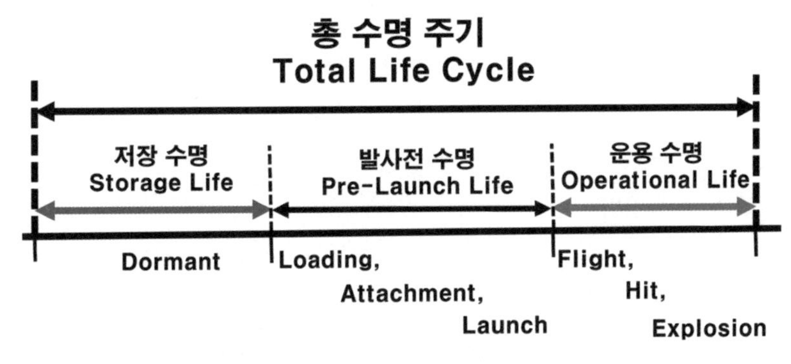

무기체계 수명주기

[Vahid Marefat Khalilabad, Continuous Time Discrete State Markovian Approach for Reliability Assessment of Missile System during its Life Cycle]

즉 화재가 발생했을 때를 대비하여 소화전, 소화기를 준비해 놓는 것과 비슷하다. 필요할 때 제 성능을 발휘하기 위해서는 평상시 관리를 잘해 놓아야 한다. 실제로 사용하는 일이 없는 것이 가장 좋은 것이다.

3 연구개발 추진

미사일 ROC가 결정되고 국내 개발 사업으로 추진되는 경우 연구개발 주관기관에서 ROC를 바탕으로 연구개발 계획, 소요 예산 등을 종합한 연구개발 계획서를 작성한다. 연구개발 계획서가 승인되면 연구개발에 착수한다.

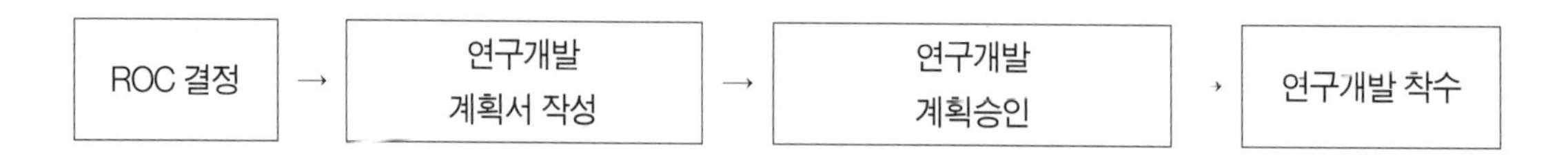

미사일 개발과 관련한 WBS[29]는 다음 표와 같다. WBS는 무기체계 특성과 운용개념에 따라 조금씩 차이가 있을 수 있으나 미사일이라는 공통점을 볼 때 큰 차이는 없다.

WBS Level 3은 유도 무기체계 구성 및 특성에 따라 25개 내외의 세부 장비/업무로 나눌 수 있다.

Level 1	Level 2	Level 3
유도 무기 체계	체계 설계/종합	성능, 기체구조/형상, 전기/전자, 시험평가/사업관리
	미사일	공력, 풍동 시험, 기체구조, 구조 시험, 탐색기, 탄두, 신관, 관성항법장치, 유도조종기법, 유도조종장치(전파고도계), 구동장치, 엔진(발전기)/연료계통, 로켓부스터(파이로), 열전지, 모의비행 시험, 원격측정장치, 지령송수신장치, 국방소재
	발사장비	발사통제장비, 발사대, 발사관
	종합군수지원	종합군수지원, 정비 장비, 교육 훈련 장비
	기타	시험통제 및 계측

▲ 미사일 개발 WBS(예)

미사일을 개발할 때는 무기체계 구성 및 특성에 따라 전문 기술(Hardware 및 Software) 개발 조직이 참여(Level 3에 대한 세부 설명은 Ⅲ장 참조)하지만, 개발이 끝나고 양산 배치(전력화)될 때는 이 중 일부만이 Hardware(내장형 SW 포함) 형태로 존재하는데 이들 구성품을 PBS[30]라 한다.

29) WBS: Work Breakdown Structure

30) PBS: Product Breakdown Structure

□ 운용개념 설정

무기체계 운용개념 설정은 미사일 개발에서 아주 중요한 부분이다. 이 운용개념에 따라 장비 구성이 달라질 수 있다.

예를 들어 하푼 같은 대함 미사일(Anti Ship Missile)의 작전 운용개념은 공격해 오는 표적(적 함정)의 위치 등 관련 정보를 미사일에 장입하고 부스터를 점화하여 발사한다. 부스터를 분리하고 공중에서 엔진을 시동하여 해면 밀착 비행으로 순항한다. 표적 가까이 가서 표적을 탐색하고 획득하여 공격한다. 만약 공격에 실패하면 미리 설정해 놓은 방법대로 재공격한다.

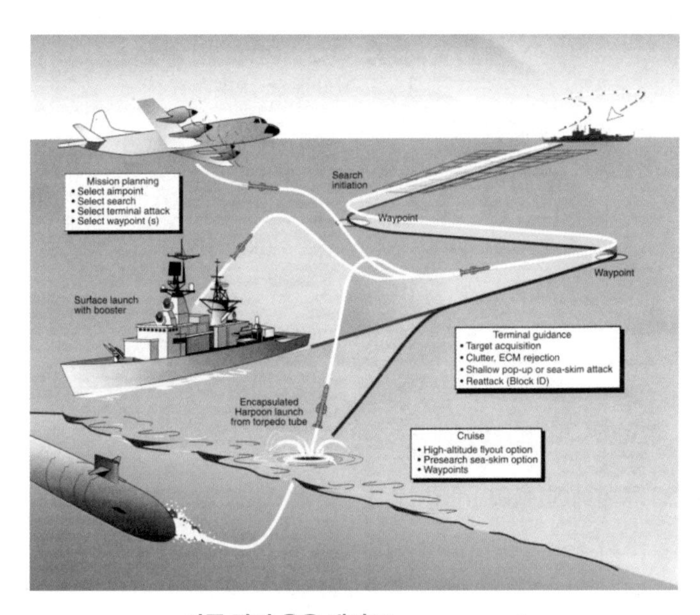

하푼 작전 운용 개념도[www.jhuapl.edu]

□ 국방연구개발의 필요성과 특징

국방연구개발은 무기체계 획득 방법의 하나로서 우리가 보유하지 못한 기술을 국내 단독(독자적)으로 또는 외국과 협력하여 공동으로 연구하고 연구된 기술을 실용화하여 필요한 무기체계를 개발, 생산하여 획득하는 방법이다.

국방연구개발의 필요성과 특징은 다음과 같다.

- 우리 환경에 적합한 무기체계를 독자 확보하여 자주국방을 실현
- 필요한 전략, 비닉 무기체계의 조기 확보
- 무기체계 해외 도입 시 구매(가격) 교섭력 확보 및 향후 군수지원 용이

▲ 국방연구개발의 필요성

국방연구개발은 민간 연구개발과 달리 여러 가지 특징이 있다.

- 국방연구개발은 국가안보 역량의 강화가 주목적이다.
  - 제품의 최종 사용자는 군
- 국방연구개발은 개발과정이 복잡하고 장시간의 절차를 거친다.
  - 먼저 기술을 검증하고, 후에 개발하는 체계
- 국방연구개발은 비경제적인 기술 개발과 고도의 보안성을 요구한다.
- 군이 필요로 하는 무기체계 및 미래 전장을 변화시키는 기술을 개발한다.
- 군의 요구사항을 충족할 수 있도록 사용자 중심의 기술 개발 목표를 설정한다.

▲ 국방연구개발의 특징

국방과학연구소의 연구개발은 무기체계 개발과 핵심기술 개발로 구별할 수 있다. 무기체계 개발은 이름 그대로 무기체계(예: 미사일, 전투기, 탱크 등)를 개발하는 분야다. 핵심기술(Core Technology) 개발은 무기체계 등에 필요한 기본 기술을 개발하는 분야다.

무기체계 개발은 탐색개발, 체계개발의 2단계로 이루어진다. 탐색개발은 필요시에만 수행한다. 무기체계 개발은 무기체계의 복잡도, 기술 난이도에 따라 다르지만, 시작부터 완료될 때까지 수년 걸린다.

특히 체계개발 시에는 군 운용 환경에 적합한지를 확인하는 환경 시험과 개발 시험, 운용 시험 단계를 거쳐야 해서 많은 시간이 소요된다.

4 미사일 연구개발 절차

미사일 개발에서는 요구사항 도출을 거쳐 추력설계, 공력 형상 설계[31] 등이 수행되고 이어서 유도조종기법 등 관련 세부 기술 분야 설계가 이루어진다. 공력 형상 설계 과정에서는 ROC의 요구사항을 만족시키기 위하여 미사일 전방(Nose, 기두)부의 형상, 조종날개의 형상, 미사일의 길이/직경(L/D) 등을 결정한다.

미사일 Nose 형상(예)

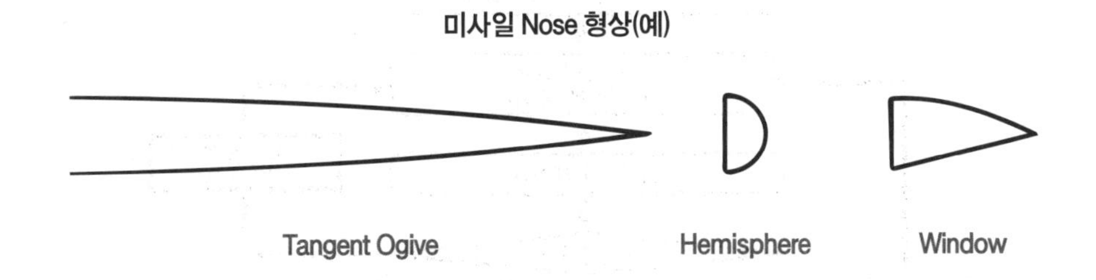

설계된 내용은 SW 시뮬레이션을 통해 목표 달성 여부를 확인하고 필요시 설계 내용을 변경해 가면서 시뮬레이션을 반복한다. 요구사항을 만족하면 형상을 확정한다. 형상 확정 및 부체계 요구조건(규격) 결정에 따라 부체계 분할과제에서는 각각의 장비를 개발한다. 모의비행 시험(HILS)[32]을 통해 각 장비 성능과 체계통합 성능을 확인하고 필요시 해당 장비를 수정 보완하여 다시 모의비행 시험을 반복한다.

전기점검 등을 통하여 비행 시험 준비를 완료한 미사일은 시험장으로 수송하고 전문 시험팀과의 협의를 거쳐 비행 시험을 한다. 비행 시험 시 획득한 원격측정(Telemetry) 자료를 바탕으로 원하는 목표성능이 나오는지를 확인하고, 부족한 부분이 있다면 식별하여 해당 부분을 수정 보완한다. 이 과정을 반복한다.

---

31) 미사일 형상 설계 단기 교육(Missile Configuration Design Short Course)은 미국 Eugene L. Fleeman 교수로부터 받을 수 있다. https://sites.google.com/site/eugenefleeman/home

32) HILS: Hardware In the Loop Simulation

일반적으로 체계개발 단계 후반부에 개발 주관기관 중심의 개발자가 주관하는 개발 시험(DT)[33]과 소요군이 주관하는 운용 시험(OT)[34]이 있다. DT와 OT를 거쳐 시험평가를 마무리한다. 무기체계 특성에 따라 DT와 OT를 통합(CT)[35]하는 일도 있다.

전력화지원요소의 시험평가는 평가 항목에 따라 주 장비(미사일) 시험평가 시 동시에 시험평가를 수행하거나, 별도 일정으로 시험평가를 수행한다.

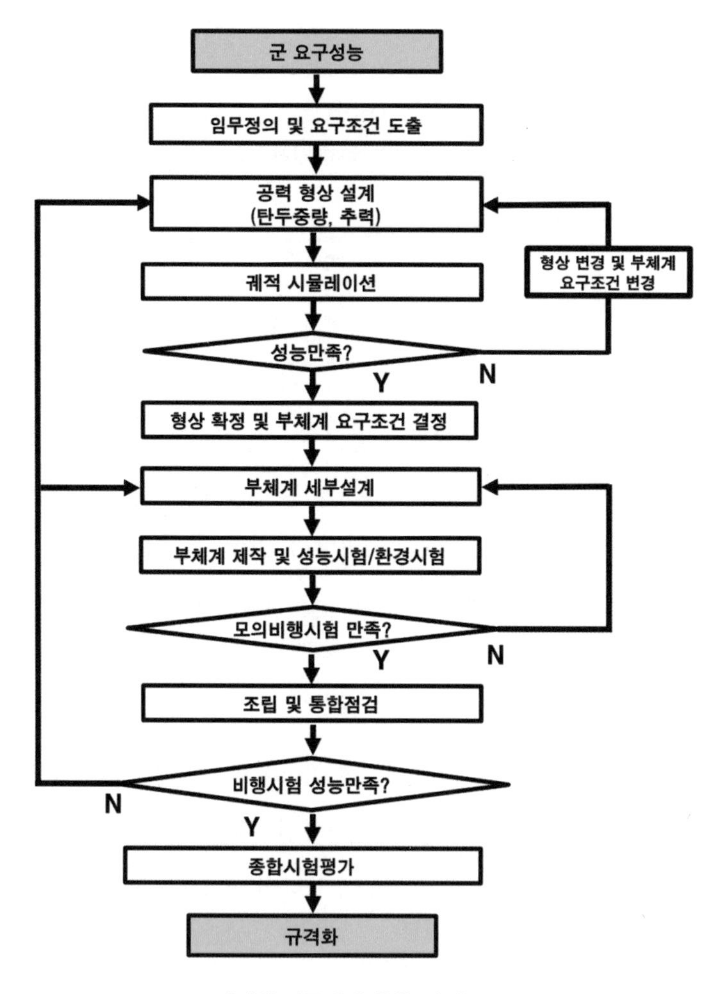

미사일 연구개발 흐름도(예)

33) DT: Developmental Test

34) OT: Operational Test

35) CT: Combined Test, 통합 시험

토막상식 미사일 체계개발의 마지막 단계는 뭘까?

: 마지막 단계는 규격화다.

미사일 개발자는 주 장비 개발 업무와 동시에 향후 양산을 위한 규격화 자료(도면, 규격서 등)를 준비한다. 미사일 점검 장비(MSTS)[36]는 물론이고 장비 특성에 따라서는 해당 장비의 점검 장비와 훈련을 위한 훈련 장비까지 모두 다 개발해야 한다.

미사일 개발은 기본이고 향후 양산을 위한 규격화 자료 개발이 더 중요하고 큰 비중을 차지한다.

규격화가 완료되어야 무기체계 연구개발 사업이 종결된다.

방위사업관리규정 제56조(무기체계 연구개발 기본절차)
체계개발단계 종료 시점은 국방규격화 완료 시점을 원칙으로 한다.

연구개발 주관기관은 규격화가 끝나도 초도 양산품 시험평가 지원 등 A/S를 한다. 최초 양산품 시험평가를 수행할 때도 개발자인 연구개발 주관기관에서 적극적으로 기술 지원한다.

이뿐만 아니라 연구개발 주관기관 연구원은 유도무기체계가 폐기되는 날까지 평생 무한 책임을 다한다고 보면 된다. 왜냐하면 무기체계를 개발한 연구개발 주관기관 연구원들이 가장 잘 아는 사람이기 때문이다. 전력화 이후의 기술 지원 자료들은 향후 다른 무기체계 개발에 반영할 귀중한 자료다.

□ 미사일 개발 및 시험평가 흐름

미사일 개발 및 시험평가는 2 트랙(Track)으로 수행한다.

미사일 구성에 필요한 장비는 실제의 운용 환경인 비행 시험 등을 통하여 최종 성능을 확인하는 것이 원칙이다.

그러나 탄두는 위험성 때문에 그림과 같이 별도의 트랙으로 시험평가를 수행한다.

36) Anti Jamming: GPS 재밍 환경에서 재머로부터 영향 범위를 축소시켜 GPS 수신기의 생존성을 향상시키고 원래 기능을 하도록 해 주는 것

보통 무기체계 개발 중에는 활성 탄두(Live Warhead)는 탑재하지 않고 비활성(더미) 탄두(Dummy Warhead)를 탑재하는 것이 일반적이다. 탄두를 작동시키는 신관의 기폭 출력 발생 여부는 탄두를 제외하고 신관만 탑재한 비행 시험을 통해서 확인하거나 슬레드 테스트(Sled Test) 등에서 확인한다.

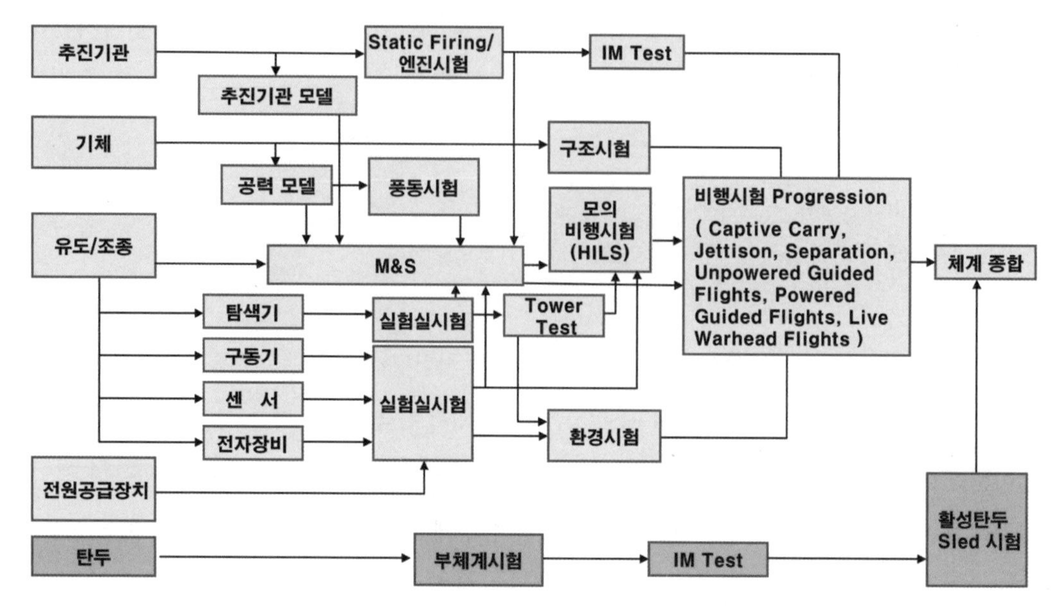

미사일 시험평가 흐름도[Technologies for Future Precision Strike Missile Systems]

5 BM과 SLBM

□ BM 궤적과 종류

BM과 SLBM은 발사 플랫폼이 다를 뿐 나머지 궤적 등은 동일하다고 볼 수 있다. 육상 발사 또는 잠수함 발사 탄도 미사일의 비행 궤적은 다음과 같다.

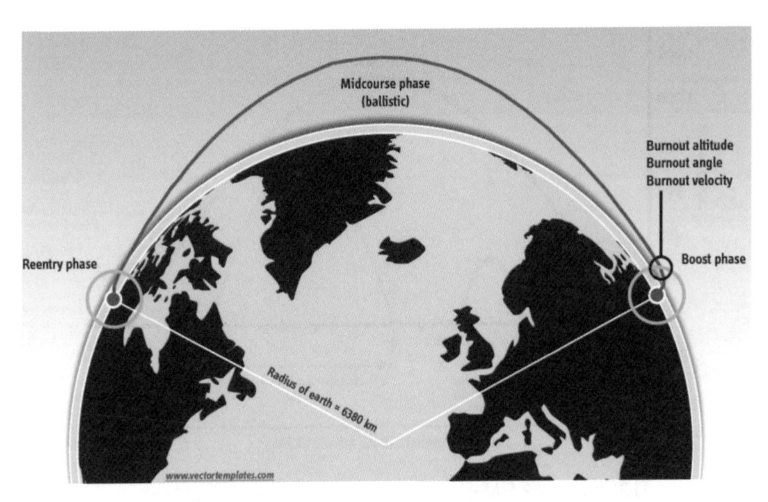

ICBM 비행 궤적[David Wright, Missile Technology Basics]

BM의 비행 단계를 세부 구분하면 3단계로 구분할 수 있다.

단계	내용
상승 단계(Boost)	엔진 연소로 추력 발생
중간 단계(Midcourse)	사거리 500 km 정도 대기 중에서의 Drag는 무시 가능 약 100 km 이상의 고도에서 장거리의 경우는 20~30분 비행
종말 재진입 단계(Terminal, Reentry)	대기 효과가 커지는 마지막 비행 단계 수 분간 비행, 높은 온도와 오차 발생

▲ **탄도미사일 비행 단계**[David Wright, Missile Technology Basics]

BM은 사거리에 따라 세부적으로 종류를 구분할 수 있다.

구분	사거리
SRBM(Short Range BM)	1,000 km 이하
MRBM(Medium Range BM)	1,000~3,000 km
IRBM(Intermediate Range BM)	3,000~5,500 km
ICBM(Inter Continental BM)	5,500 km 이상

▲ **사거리에 따른 분류**[David Wright, Missile Technology Basics]

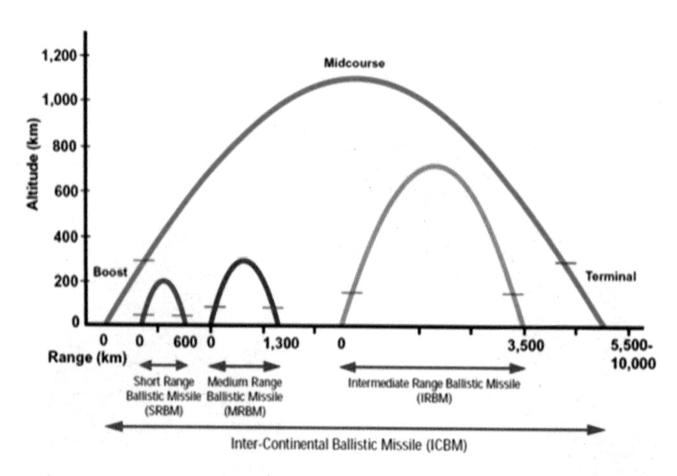

사거리에 따른 BM 분류[www.claws.in, Brigadier Kuldip Singh]

최대사거리는 절대적으로 고정값이 아니며, 같은 BM이더라도 Payload에 따라 최대사거리는 달라진다.

- **예: 미국 트라이덴트(Trident) SLBM의 경우**

Payload	사거리(Range)
Fully loaded: 8 탄두(총 1,500 kg)	7,500 km
Half loaded: 4 탄두(총 750 kg)	11,000 km

▲ **Payload와 사거리**[David Wright, Missile Technology Basics]

사거리는 연소 종료(Burnout) 시의 속도 벡터 및 크기에 따라 달라진다.

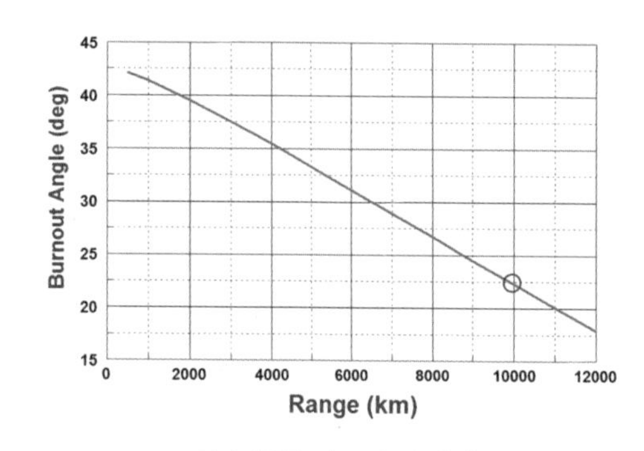

연소 종료 각도와 사거리

[David Wright, Missile Technology Basics]

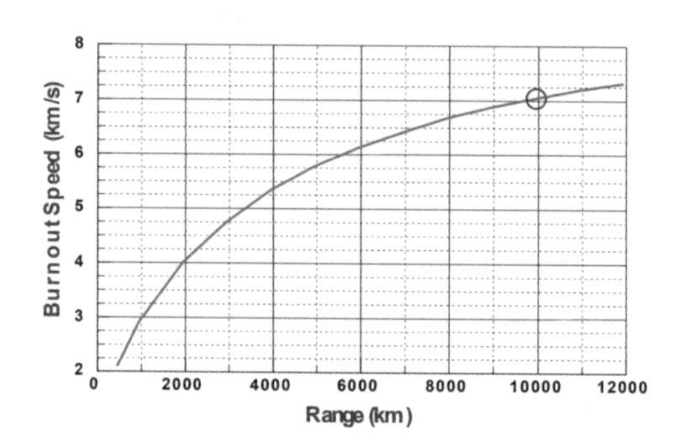

연소 종료 속도와 사거리

[David Wright, Missile Technology Basics]

연소 종료 파라미터와 사거리의 관계를 정리하면 다음과 같다.

사거리 Range (km)	연소시간 Burn Time (s)	연소고도 Burnout Altitude (km)	정점고도 Apogee (km)	연소속도 Burnout Speed (km/s)	연소각도 Burnout Angle (deg)	비고
300	62	25	85	1.6	43	Scud-B
500	80	35	120	2.0	42	연장 Scud
1,000	100	50	250	3.0	41	Nodong
2,000	170	140	500	4.0	38	Nodong + Scud
3,000	140	100	700	4.5	38	Chinese DF-3
5,000	250	330	1,200	5.4	33	Chinese DF-4

▲ **연소 종료(Burnout) 파라미터와 사거리**[David Wright, Missile Technology Basics]

Q. **최대사거리와 최대 고도와의 관계식은 어떤 관계가 있을까?**

A. **1/2 법칙(Rule)**

1/2 법칙은 최대사거리 R을 비행할 수 있는 미사일을 수직으로 발사하면 최대 고도가 R/2 까지 올라간다는 법칙이다. 예를 들어 사거리 500 km BM을 수직으로 발사하면 고도는 250 km까지 상승한다. 단거리에서는 정확하지만, 장거리도 대충 적용할 수 있다.

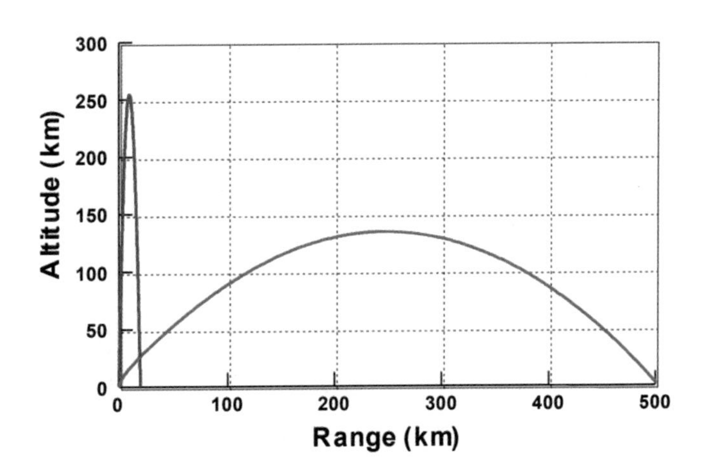

1/2 법칙[David Wright, Missile Technology Basics]

□ 고체 추진기관을 사용하는 BM의 사거리 조절 방법

액체 추진기관을 사용하는 경우는 연료 공급을 쉽게 차단할 수 있으므로 사거리 조절이 쉽지만, 고체 추진기관을 사용하는 경우 추력 크기 제어는 불가능하여 미사일 사거리 조절이 간단하지 않다.

고체 추진기관을 사용하는 BM의 사거리 조절 방법은 다음과 같다.

1. 연소 종료 시점에서 각도를 제어
   고체 추진기관 연소 종료(Burnout) 시점에 각도를 제어하여 사거리를 조절(최대사거리보다 짧게 조절)
   예: V2
2. 추력중단(Thrust Termination), 추력차단(Thrust Cut Off)
   추진기관을 계속 연소시키면서 추력을 상쇄하는 방법.
   추진기관에 구멍을 만들어 추력을 0으로 만들거나, 추력방향과 반대 방향으로 분사하도록 하여 벡터적으로 추력을 0으로 만들어 사거리 조절
   예: 미국 미니트맨, 트라이덴트
3. 탄착 지역 근처에서 제어
   정점고도 이하 표적 근처에서 조종날개를 제어하여 사거리 조절
   예: 미국 퍼싱 Ⅱ, 러시아 이스칸데르

▲ BM의 사거리 조절 방법

고체 추진기관을 사용하는 BM의 사거리 조절 방법을 구체적으로 살펴보면 다음과 같다.

1

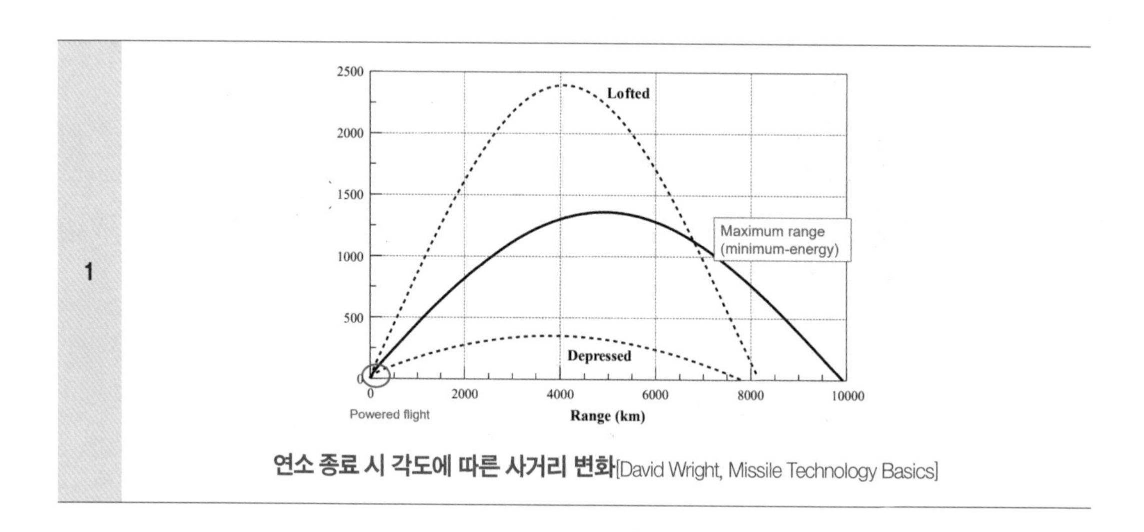

연소 종료 시 각도에 따른 사거리 변화[David Wright, Missile Technology Basics]

2

Thrust Termination Port 위치 및 확대[www.retiredcoldwarrior.blogspot.com]

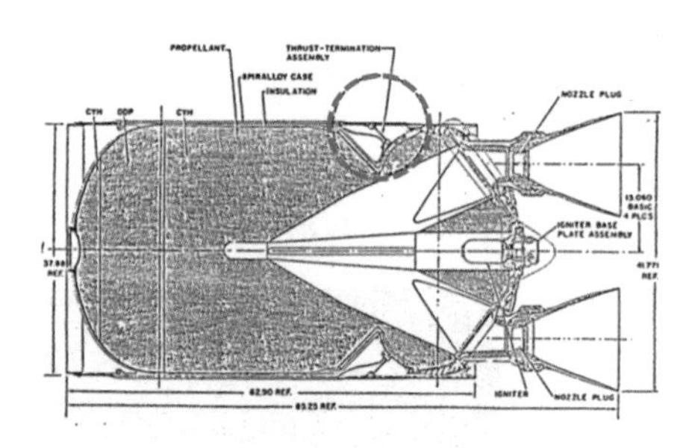

미니트맨 II 3단

적색 원 부위 확대

Thrust Termination 애니메이션 작동 장면

[유튜브 캡처, Minuteman III ICBM 발사 애니메이션]

3

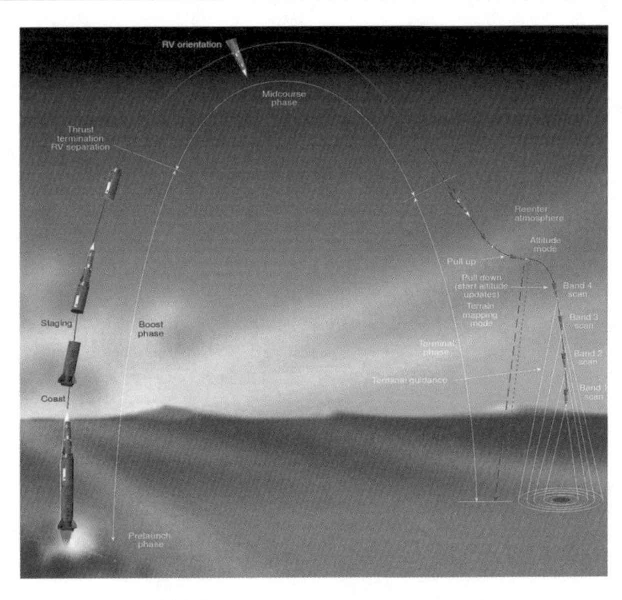

퍼싱 II [Wiki, Public Domain, Ⓒ, US Army]

BM은 아니지만, 표적을 타격하기 위하여 다른 방법으로 조절하는 예도 있다.

GEMS[37]
탄착지(표적)에 도착하기 전 중간에서 회전하는 등 에너지를 소비하여 조절
예: 러시아 SS-N-17(R31 Snipe), 미국 싸드(THAAD)

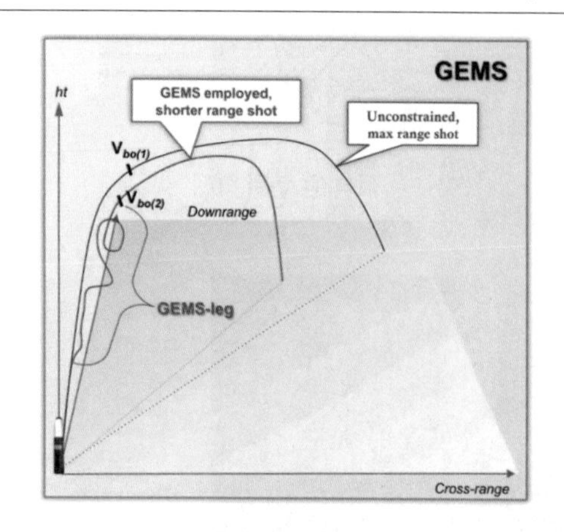

GEMS 개념
[www.slideshare.net]

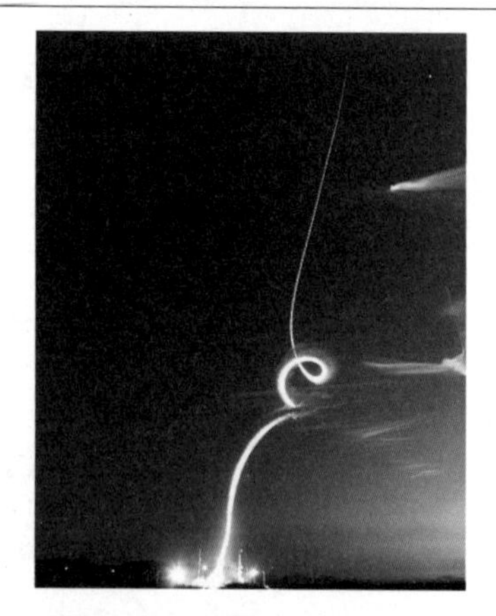

GEMS 이용 사거리 조절(THAAD)
[Wiki, Public Domain, US Army]

□ 최초의 SLBM

SLBM(잠수함 발사 탄도 미사일)은 BM의 잠수함 발사 버전으로 독일이 미국을 공격하기 위해 개발했던 미사일이다. BM 자체도 위협적인데 잠수함의 은밀성이 더해져 언제 어디서 발사하여 공격해 올지 모르기 때문에 더 큰 위협이다. SLBM은 적의 선제공격에 마지막까지 살아남아서 보복 공격할 수 있는 용도로도 사용한다.

1943년 독일은 V2를 이용하여 미국 도시를 공격할 무기를 개발하기 시작했다. 독일 엔지니어 중 한 사람이 V2를 탑재할 수 있는 어뢰 형태의 밀폐형 캐니스터(Torpedo Shaped Sealed Canister)를 잠수함으로 미국 대서양 연안 160 km 이내까지 예인하고, 미국 도시를 향해 공격할 수 있는 최초의 SLBM을 제안하였다. 이 경우 잠수함 1대로 100 피트 길이의 캐니스터를 3개 예인할 수 있을 것으로 예측하였다. 이런 아이디어가 나온 이유는 잠수함의 크기가 크지 않아 V2를 잠수함 내부에

37) GEMS: Generalized Energy Management Steering

탑재할 수 없었기 때문이다. 발사지점까지 잠수함으로 수평 예인하여 이동하고, 발사지점에 도착하면 수직으로 세워 발사하는 방식이었다.

그러나 V2는 개발 초기에 많은 결함이 있어 실전배치 때까지 약 65,000곳의 수정 보완이 필요했다. V2 개발에 모든 노력을 기울이고 있었기 때문에 오랫동안 SLBM 아이디어는 수면 아래에 묻혔다. 그러다 V2의 성능이 어느 정도 나오자 1944년 말에 Prüfstand(Test Stand) XII와 불칸베르프트(Vulkanwerft)라는 프로젝트로 개발이 시작되었다.

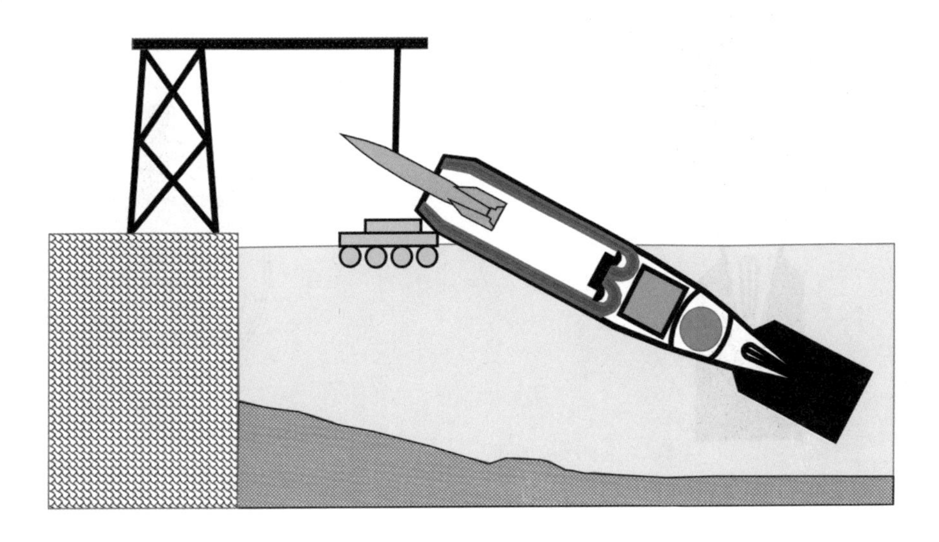

캐니스터에 SLBM 장입(개념도)[shipbucket.com, 재작성]

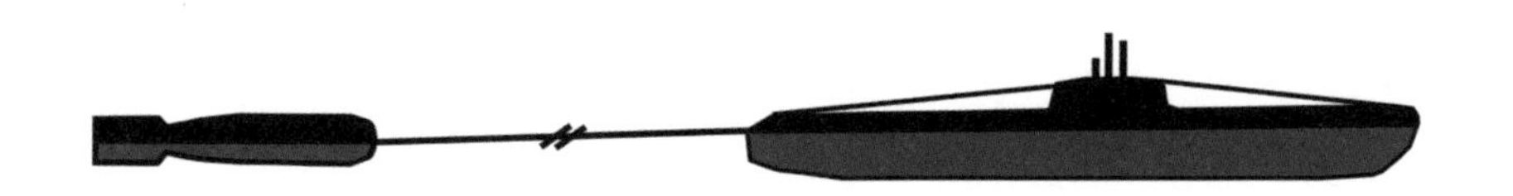

잠수함으로 SLBM 예인(개념도)[shipbucket.com, 재작성]

캐니스터는 반잠수 상태로 예인하고, 발사지역에 도착해서 밸러스트 탱크(Ballast Tank)에 물을 채워 수직으로 세운다. 캐니스터가 수직으로 세워지면 사다리를 이용하여 Operation Center에 사람이 들어가서 발사를 위한 장비를 가동(전원 투입, 자이로 동작, 액화 산소 충전 등)하고 인원은 철수하여 발사하는 개념이다.

캐니스터 내부구조도[www.secretprojects.co.uk, Orionblamblam, 재작성]

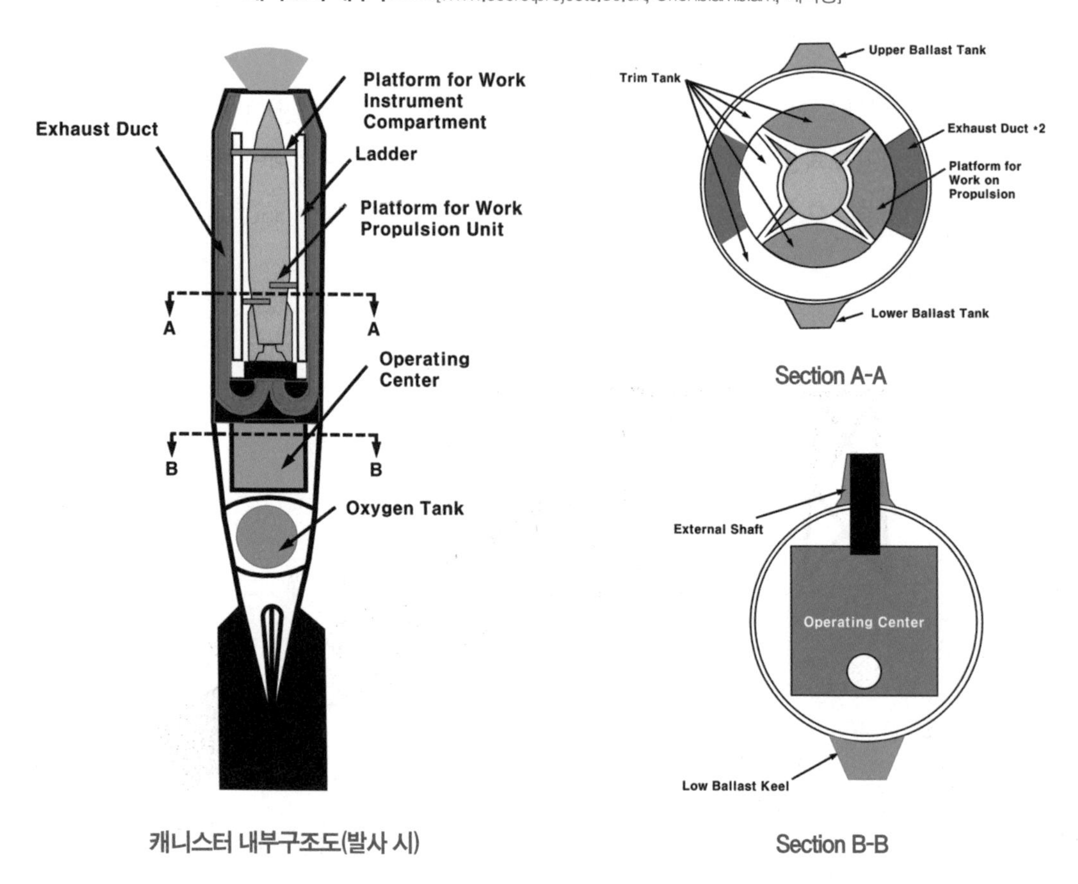

캐니스터 내부구조도(발사 시)

밀폐형 캐니스터의 제원은 다음과 같다.

항목	규격	항목	규격
길이	36 m	최대 수심	25 m
직경	5.7 m	배수량	500 t

▲ **밀폐형 캐니스터의 제원**[Wiki]

1944년 12월에 캐니스터 3개에 대한 제작 계약이 이루어졌다. 폭격 때문에 캐니스터는 1945년 5월 1개만 완성되었고 나머지는 65 %만 진척되었다. 개발 중 2차 세계대전이 끝나는 바람에 독일은 SLBM을 완성하지는 못하였다.

잠수함이 SLBM 발사 심도에서 발사관의 상부 커버를 개방하고, 잠수함 내 압축공기 또는 GG[38]가 만든 고압가스 힘으로 미사일을 수면으로 사출한다. 사출된 미사일이 수면에 도달하면 미사일 Nose 부에 있는 센서가 수면 도달을 감지하여 1단 추진기관을 점화시켜 상승 비행한다.

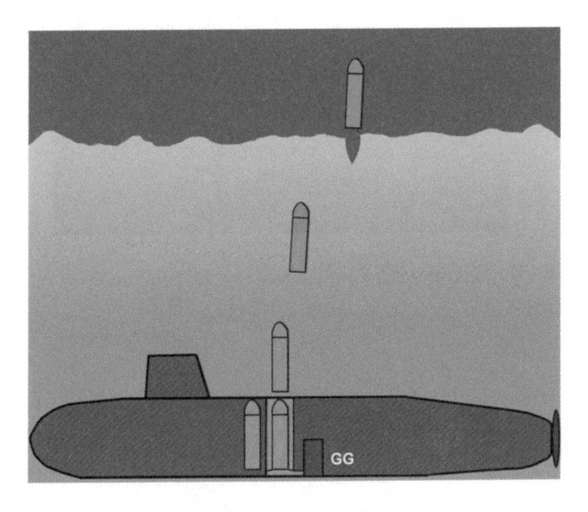

SLBM 사출 개념도

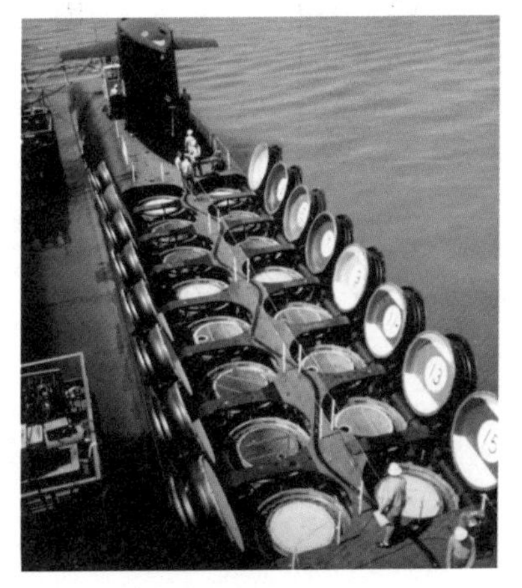

미국 잠수함의 SLBM 해치
[Wiki, Public Domain, ⓔ]

Q. SLBM 수중 사출 시험 단계는 개발과정 중 몇 번째 단계일까?

A. 연구개발을 3단계로 구분한다면 SLBM 수중 사출 시험은 마지막 3단계인 시험평가 단계로 볼 수 있다.

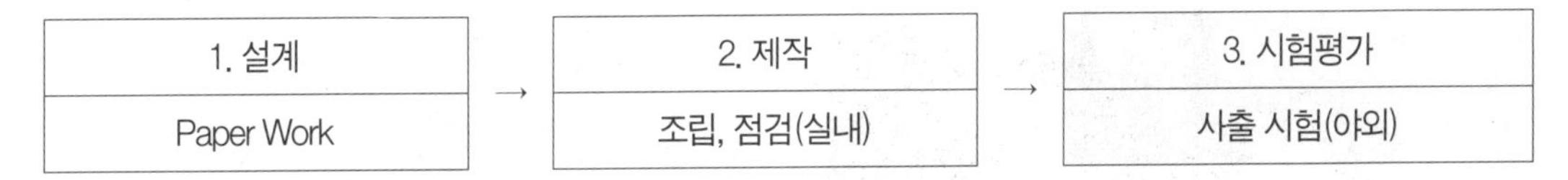

1. 설계	→	2. 제작	→	3. 시험평가
Paper Work		조립, 점검(실내)		사출 시험(야외)

▲ SLBM 개발 진행 단계

육상에서 시험평가를 완료한 SLBM은 수중에서 사출 시험(Ejection Test)을 하는데 이 시험에서는 사출 단계의 초기 안정성을 확인한다.

초기 SLBM 사출 시험 시에는 수직으로 발사하지 않고 안전을 위해서 경사 발사한다. 만약 수직으로 발사했다가 문제가 있어 그대로 낙하하면 발사 플랫폼 위로 떨어질 가능성이 있어서 일부러 경사 발사한다.

38) GG: Gas Generator, 고체 추진기관을 이용한 가스 발생기

아래 그림의 붉은색 원 안에 선박이 있는데 선박 쪽이 아닌 반대 방향으로 사출하는 것을 볼 수 있다.

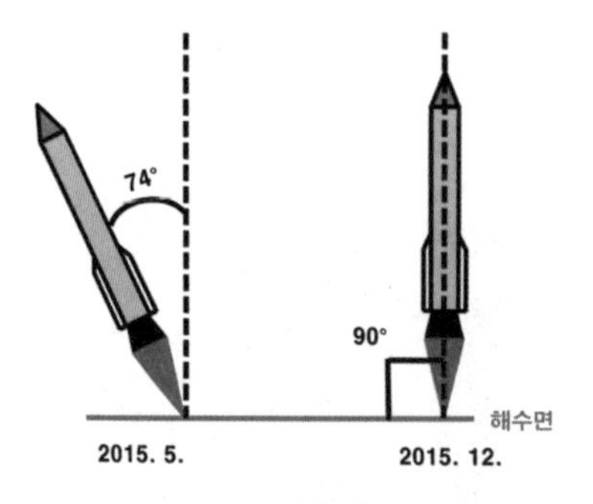

SLBM 사출각도

SLBM 사출 시험[www.armscontrolwonk.com]

발사를 위해서는 수중 발사 플랫폼(잠수함 발사관 대용)을 발사 위치까지 예인(이동), 발사대 수중 설치, 발사를 위한 시험함이 필요하다. 사진에서 수중에 있는 발사 플랫폼은 잠수함이 아니고 소련의 수중 잠수 가능 바지선(Soviet Submersible Barge)인 PSD-4라는 주장이 있다.

사출 시험에서 잠수함 대신 수중 잠수가 가능한 바지선을 사용하는 시험 방법은 미국, 소련, 인도 등 모든 나라에서 하는 시험 방법이다.

잠수 가능 바지선(왼쪽 PSD-4, 오른쪽 PSD-7)[www.armscontrolwonk.com]

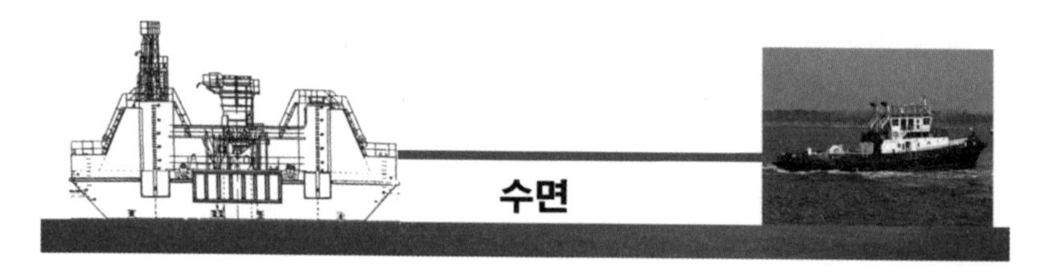

시험지역으로 견인(개념도)

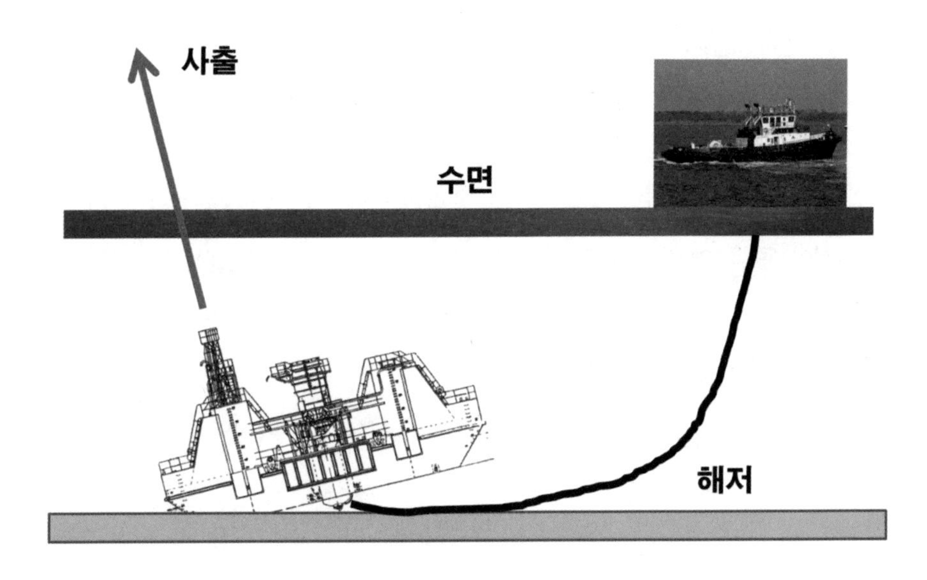

시험 준비 및 사출(개념도)

수중 사출 시험에서 발사 초기 안정성을 확인한 후에는 수직 발사 단계로 넘어간다. 이후 사거리를 점차 늘려간다. 일반적인 무기체계 개발단계를 11단계로 구분한다면 사출 시험은 다음 표에서 보는 바와 같이 7번째 단계(체계 비행 시험)로 볼 수 있다.

<table>
<tr><th>순번</th><th>장소</th><th>단위</th><th>단계</th><th>업무 내용</th></tr>
<tr><td>1</td><td rowspan="2">Paper Work</td><td rowspan="5">개별
장비</td><td rowspan="2">설계</td><td>개념 설계</td></tr>
<tr><td>2</td><td>상세 설계</td></tr>
<tr><td>3</td><td rowspan="3">실험실</td><td rowspan="2">제작</td><td>부품/소재 도입</td></tr>
<tr><td>4</td><td>가공, 제작</td></tr>
<tr><td>5</td><td rowspan="6">시험
평가</td><td>단위장비 성능 시험</td></tr>
<tr><td>6</td><td>조립점검장</td><td rowspan="5">체계
종합</td><td>체계 조립, 점검</td></tr>
<tr><td>7</td><td rowspan="4">시험장
(야외)</td><td>체계 비행 시험(사출 시험 포함)</td></tr>
<tr><td>8</td><td>체계 환경 시험</td></tr>
<tr><td>9</td><td>개발 시험(DT)</td></tr>
<tr><td>10</td><td>운용 시험(OT)</td></tr>
<tr><td>11</td><td>-</td><td>-</td><td>-</td><td>규격화(양산 준비)</td></tr>
</table>

▲ 일반적인 무기체계 연구개발 단계(예)

사출 시험 다음에는 수직 발사 시험, 사거리 연장, 마지막에는 재진입 기술을 확인하여 시험평가를 완료한다. 이어서 규격화, 양산을 통한 실전배치(전력화)가 이루어진다.

2021년 9월 15일 국방과학연구소가 국내 독자 개발한 SLBM의 국내 최초 수중 발사 시험이 성공했다. 미국, 러시아, 중국, 영국, 프랑스, 인도에 이어 세계 7번째 잠수함 발사 시험 성공이다.

국내 최초 수중 발사 시험 성공 7개월 뒤인 2022년 4월 3,000 톤급 잠수함 안창호함에서 SLBM 2발을 20초 간격으로 연속 발사하여 400 km를 비행한 후 해상 표적 타격에 성공하였고, 실전배치를 앞두고 있다 한다.

국내 독자 개발한 SLBM 발사 시험 성공

[국방부]

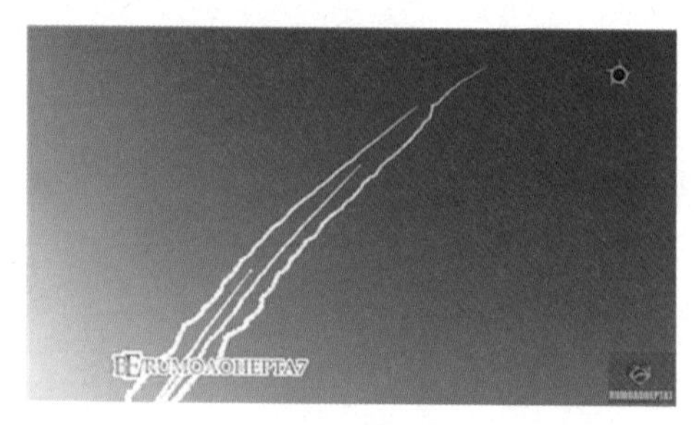

러시아의 SLBM 4발 연속 발사 성공

[youtu.be/VUg7ALHyGvs]

Q. 최초의 잠수함은 누가 만들었을까?

A. 1620년 코넬리스 드레벨

코넬리스 드레벨(Cornelis Drebbel)은 1620년에 가죽을 덮은 나무 프레임으로 최초로 조종 가능한 잠수함을 건조했다. 이 잠수함은 3시간 동안 잠수 상태를 유지했으며 영국 웨스트민스터에서 그리니치까지 왕복할 수 있었고, 4~5 m 깊이에서 운항했다. 그러나 완전 수중 잠수식이 아니었다.

드레벨의 잠수함[Wiki, Public Domain, Ⓒ, Unknown]

드레벨 잠수함 내부[www.history.com]

수중 탐사 역사는 알렉산더 대왕(Alexander the Great, 재위 BC 331년~BC 323년) 때까지 거슬러 올라간다. 알렉산더 대왕은 종 형태의 유리 잠수종(Diving Bell)을 이용하여 (잠항은 아니지만) 수면 아래로 내려갔다는 16세기 삽화가 있다.

알렉산더 대왕의 잠수종

[Wiki, Public Domain, Ⓒ, Unknown Author]

다이빙 벨(Diving Bell)[Wiki, Public Domain, Pearson Scott Foresman]

Q. 최초의 군사용 잠수함은 누가 만들었을까?

A. 데이비드 부시넬이 만든 1인용 잠수함 터틀(Turtle)

데이비드 부시넬(David Bushnell)은 미국 독립 전쟁 중 뉴욕 항구를 봉쇄한 영국 해군 함정을 공격하기 위해 터틀을 만들었다. 영국 함정 바닥에 드릴로 구멍을 뚫어 폭탄을 설치하려 했으나 바닥에 철판이 있어 폭탄을 설치하지는 못했다.

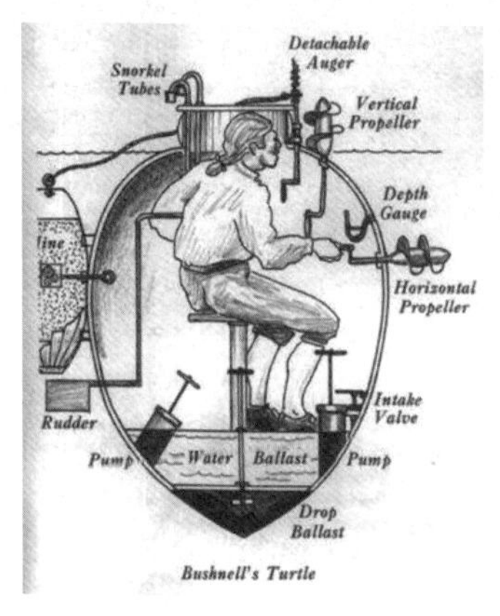

부시넬의 터틀[www.drgeorgepc.com]

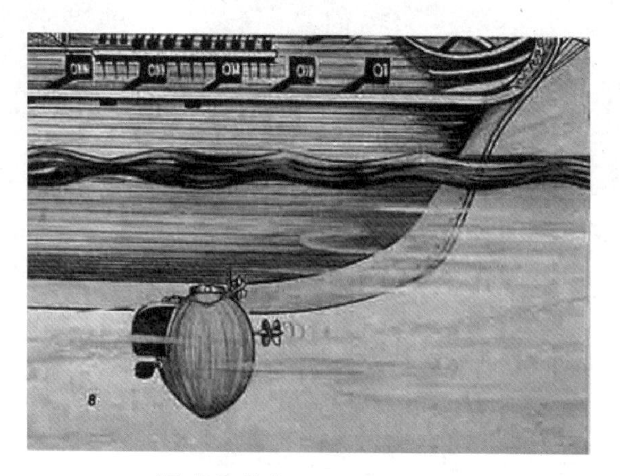

터틀 운용개념[www.drgeorgepc.com]

Q. 잠수함의 핵심 성능은 뭘까?

A. 수중에서 장기간 잠항하는 은밀성

잠수함이 수중에서 오래 잠항하기 위해서는 대용량 전원이 필요하나 탑재량에 한계(원자력 추진 잠수함 제외)가 있다. 납축전지를 주 전원으로 하는 재래식 잠수함은 수면에 부상(또는 스노클 항해)했을 때 디젤발전기를 이용하여 납축전지를 충전하고, 충전 완료 후 다시 수중으로 잠항한다. 충전을 위하여 수면으로 부상하면 잠수함의 핵심 요구성능인 은밀성이 낮아지고 적에게 탐지될 확률이 커진다. 그러나 연료전지를 탑재한 잠수함은 오랫동안 수중에 잠항할 수 있어 작전 운용 반경도 커지고, 탐지될 확률도 그만큼 줄어든다.

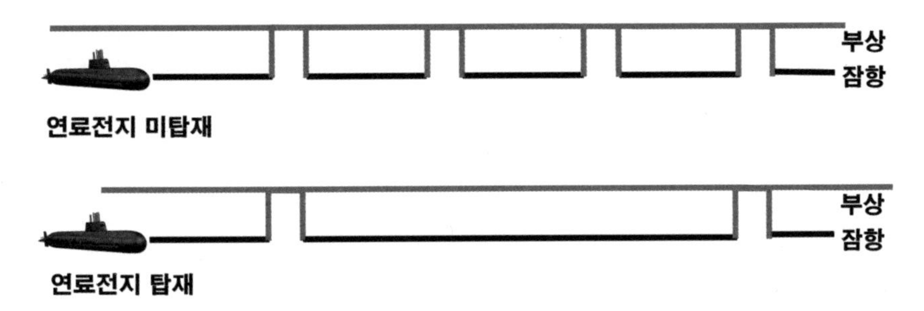

연료전지 탑재, 미탑재 운용 개념도(예)

수중 잠항 기간 연장에 대한 방안으로 주 전원인 납축전지 외에 보조 전원으로 AIP[39]를 채택하는 잠수함이 있다. AIP 종류로는 연료전지, 폐회로디젤엔진 등이 있으며 이들 특성은 다음과 같다.

항목	연료전지 (Fuel Cell)	폐회로디젤엔진 (Closed Cycle Diesel Engine)	스털링 엔진 (Stirling Engine)	메스마 엔진 (MESMA Engine)
최대효율(%)	약 60	약 30	약 35	약 25
에너지 변환	직접	간접/연소	간접/연소	간접/연소
작동온도(℃)	80	400 이상	750 이상	700 이상
산소 소모율 (kg/kWh)	0.4	0.9	0.9	1.2
특징	고효율, 큰 체적	큰 소음	수심 제한, 출력 제한	수심 무관, 별도 연료
운용	운용 중	소수 운용 중	운용 중	소수 운용 중

▲ **AIP 종류별 특성**

Q. **연료전지란?**

A. **연료전지(Fuel Cell)[40]는 물 전기분해 반응의 역반응을 이용한 무소음 직류 발전 장치다.**

연료전지는 1838년 영국의 윌리엄 그로브 경(Sir William Grove)이 발명했다. Cell(셀) 1개 전압

39) AIP: Air Independent Propulsion, 공기 불요 추진 체계

40) 연료전지: 산소와 수소를 반응시켜 전기를 발생시키는 것

은 약 1 V로 고전압이 필요하면 다수의 전지를 직렬로 연결하여 사용한다. 연료전지는 내연기관과 달리 공해물질 발생이 없어 친환경 에너지에 속한다. 산소와 수소의 반응이 잘 일어나도록 해 주는 촉매로 백금을 사용하기 때문에 연료전지 가격이 비싼 것이 단점이다.

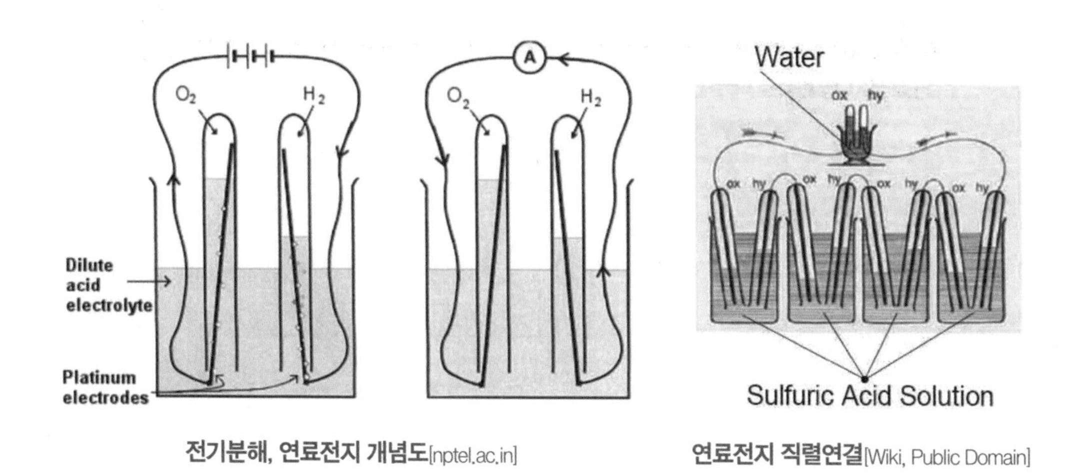

전기분해, 연료전지 개념도[nptel.ac.in]

연료전지 직렬연결[Wiki, Public Domain]

토막상식 **연료전지는 어디에 사용할까?**

: 자동차, 군용 무소음 발전기, 잠수함, 우주선, 스페이스셔틀(Space Shuttle) 등 다양한 분야에서 사용한다.

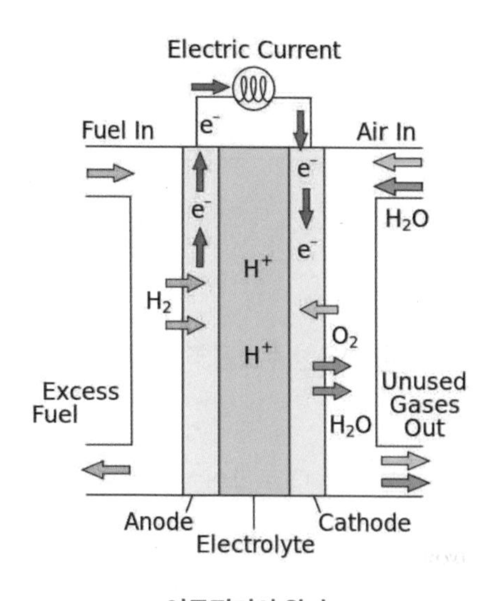

연료전지의 원리

[m.kienews.com]

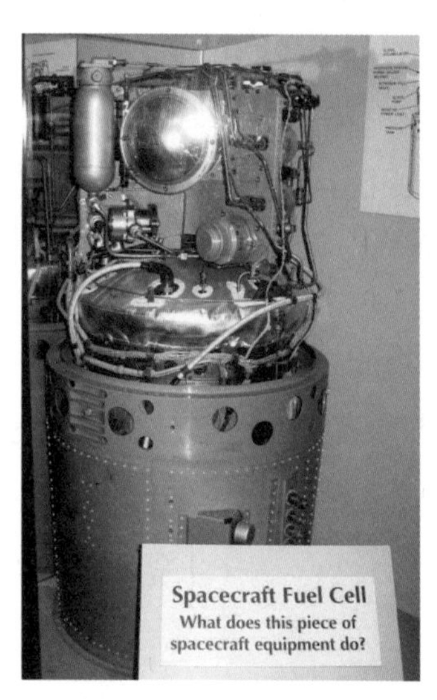

우주선용 연료전지

[National Air and Space Museum]

연료전지를 탑재한 아폴로(Apollo) 우주선 13호는 연료전지 고장으로 달 착륙 임무를 포기하고 지구로 귀환한 경우가 있었다. 아폴로 13호의 사고 및 무사 귀환 내용은 1995년에 영화 『아폴로 13』으로 만들어졌다.

Q. 납축전지 대신에 리튬전지를 사용하면 더 오래 잠항할 수 있을까?

A. 에너지밀도[41]가 크기 때문에 더 오래 잠항할 수 있다.

재래식 잠수함의 주 전원은 납축전지다. 리튬전지는 에너지밀도가 크지만, 폭발 가능성이 있으므로 잠수함에 리튬전지를 탑재하기 위해서는 안전에 대하여 충분한 사전 검토가 있어야 한다. 리튬전지 안전에 대한 요구성능은 미국 해군 안전 규정[42]에 따라 리튬전지를 탑재할 플랫폼별로 발생이 허용되는 항목과 허용되지 않는 항목이 규정되어 있다.

밀폐된 잠수함에서 사용하는 리튬전지는 안전을 위하여 어떤 발생도 허용되지 않는다.

X : 허용 안됨, O : 허용

플랫폼 (Platform)	발생 허용 항목			
	개스 (Gas)	액체 (Liquid)	고체 (Solid)	화재 (Flame)
잠수함 (Submarine)	X	X	X	X
비행기 (Aircraft)	O	O	X	X
함정 (Ship)	O	O	O	X
육상 (Land)	O	O	O	O

플랫폼별 발생 허용 항목

41) 에너지밀도(Energy Density): 단위 부피 또는 단위 무게당 보유하는 에너지의 양

42) 미국 해군 안전 규정: Navsea Standard S9310-AQ-SAF-010, NAVY LITHIUM BATTERY SAFETY PROGRAM RESPONSIBILITIES AND PROCEDURES, 03 NOVEMBER 2020

6 국내 최초 개발 미사일

국내(국방과학연구소) 최초 개발 미사일은 백곰(지대지)으로 박정희 대통령의 개발 지시에 따라 개발이 시작되었고 1978년 9월 26일 성공적으로 공개 발사했다.

> 완전히 새로운 미사일을 개발하고자 할 경우 형상 설계만 하더라도 많은 시간이 소요되고, 또 형상 설계가 끝나면 최소 1년 정도는 풍동 실험을 거쳐야 하는데 당시로서는 풍동을 도입하는 데에만 2~3년이 소요될 것으로 예상되었다.
> 한마디로 정상적인 절차를 밟아서 4년 이내에 미사일을 새로 개발한다는 것은 현실적으로 불가능했다. 이에 대한 대안 가운데 하나로 나이키 허큘리스를 모델로 하자는 안이 나왔다. (중략)
> 첫 단계인 모방개발에서 나이키 허큘리스를 모델로 하면서, 세부 개발 방침도 아래와 같이 정했다.
> 첫째, 외형은 나이키 허큘리스와 동일하게 하되 기체는 모두 국산화한다.
> 둘째, 추진제는 나이키 허큘리스보다 비추력이 큰 복합 추진제로 하고 이를 개발한다.
> 셋째, 진공관으로 되어 있는 나이키 허큘리스의 유도조종장치는 모두 반도체화한다.
> 넷째, 지상 장비는 나이키 허큘리스 장비를 최대한 활용하되 유도신호 처리는 컴퓨터로 한다. [백곰, 도전과 승리의 기록, 안동만 · 김병교 · 조태환]

그러나 백곰 미사일의 외형이 나이키 허큘리스(NH) 미사일의 외형과 같아 나이키 허큘리스 미사일에 페인트칠했다는 오해를 불러일으키는 빌미가 되었다.

Q. 백곰 미사일은 미국의 나이키 허큘리스 미사일에 페인트만 칠한 것인가?

A. 아니다.

비교표에서 보듯 외형만 같고 백곰 미사일의 시스템 구성 등 세부 내용은 국방과학연구소에서 국내 독자 개발한 미사일이다.

<table>
<tr><th>나이키 허큘리스(NH)</th><th colspan="2">구분</th><th>백곰</th></tr>
<tr><td>기본형상(Original)</td><td colspan="2">형상</td><td>NH와 동일</td></tr>
<tr><td>지대공 미사일</td><td colspan="2">운용모드</td><td>지대지 미사일(독자개발)</td></tr>
<tr><td>미사일, MTR,[43] TTR[44]</td><td colspan="2">시스템 구성</td><td>미사일, MTR</td></tr>
<tr><td>지령유도</td><td colspan="2">유도방식</td><td>지령유도</td></tr>
<tr><td>고체 추진 Booster Cluster
(소형 부스터 4개)</td><td rowspan="2">추진
기관</td><td>1단</td><td>NH와 동일(독자개발)</td></tr>
<tr><td>고체 추진</td><td>2단</td><td>NH와 동일(독자개발)</td></tr>
<tr><td>고정식</td><td colspan="2">발사대</td><td>NH와 동일</td></tr>
<tr><td>진공관</td><td colspan="2">유도조종장치
회로 구성</td><td>반도체(IC, 트랜지스터)</td></tr>
</table>

▲ **나이키 허큘리스와 백곰 미사일 비교**

나이키 허큘리스 미사일[Wiki, ⓔ, U.S. Army]

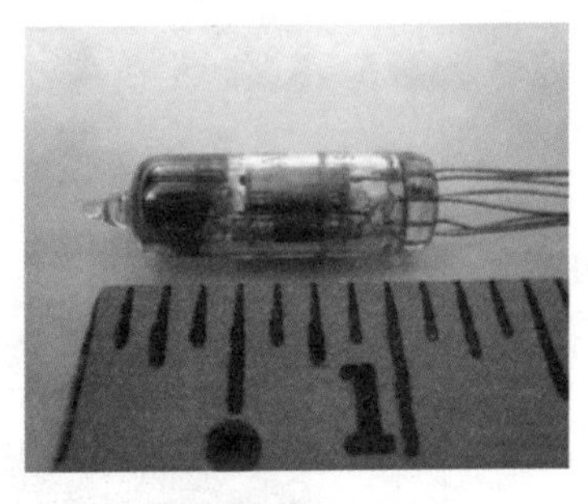

NH에 사용한 진공관

NH 내부

[www.ed-thelen.org]

43) MTR: Missile Tracking Radar

44) TTR: Target Tracking Radar

백곰 미사일 시사 성공 기념패

필자도 1978년 공개 발사한 백곰 미사일 개발에 참여했다. 백곰 개발 성공을 기념하기 위해 제작한 기념패가 45년 가까운 오랜 세월에 색이 바랬다.

국방과학연구소는 백곰 미사일 개발에 이어 현무1 미사일을 개발하였다. 백곰 미사일과 현무1 미사일의 차이점은 뭘까? 큰 차이점은 3가지로 유도방식, 1단 추진기관 형태, 발사대 형태다.

백곰	구분	현무1
	사진	
미사일 + MTR	시스템 구성	미사일

지령유도	**유도방식**	관성유도(Fire & Forget)
소형 부스터 4개 (Booster Cluster)	**1단 추진기관**	대형 Booster 1개
고체 추진기관	**2단 추진기관**	고체 추진기관
고정식	**발사대**	이동식

▲ 백곰, 현무1 미사일 비교

백곰 미사일(나이키 허큘리스와 동일)은 소형 로켓부스터 4개를 묶어서 1단 추진기관(부스터 클러스터)을 구성했다. 그러나 비행 시험에서 부스터 4개 중 1개가 미점화되어 전방으로 날아가야 할 미사일이 엉뚱하게 반대 방향인 발사장 후방으로 날아가는 상황이 발생하는 등 문제가 있어 소형 로켓부스터 4개를 1개로 줄이는 단일 로켓의 필요성이 부각되었다. [백곰, 도전과 승리의 기록, 안동만·김병교·조태환]

허큘리스 Booster Cluster(옆면)

[www.ed-thelen.org]

허큘리스 Booster Cluster(노즐 쪽)

[www.ed-thelen.org]

Q. 현무1 미사일은 비행 시험에서 왜 안전 구역을 벗어났나?

A. 커넥터 핀-소켓(Pin-Socket)의 접촉 불량에 따른 구동장치 제어 불가

1986년 말 현무1 미사일 비행 시험에서 미사일이 사전에 설정해 놓은 안전 구역을 벗어나 육지 쪽으로 비행하자 비상시를 대비하여 준비해 놓은 안전 폭파 장치를 작동시켰다.

미사일 잔해는 전북 부안 줄포만 지역의 논에 떨어졌으나 다행히 인명 피해는 없었다. 미사일 잔해를 회수하여 원인을 분석한 결과 구동장치 쪽 연결기(Connector)의 핀(Pin, Male)과 소켓(Socket, Female) 사이의 접촉 불량이 있었다. 정상적인 소켓 내부에는 핀과의 확실한 접촉을 유지하기 위한 스프링이 있으나, 불량 소켓은 내부 스프링을 잡아 주는 역할을 못 할 정도로 느슨한 형태였다. 스프링 때문에 확실한 전기적 접촉이 불가하여 정확한 신호 전달이 불가능하게 되었다. 이 때문에 방향 전환을 위한 구동 명령이 제대로 전달되지 못하여 미사일이 엉뚱한 방향으로 날아가게 된 것이다.

> 외국에서 도입한 기본 부품인 소켓의 불량을 사전에 확인하지 못하고 사용한 것이 원인이었다. [백곰, 도전과 승리의 기록, 안동만 · 김병교 · 조태환]

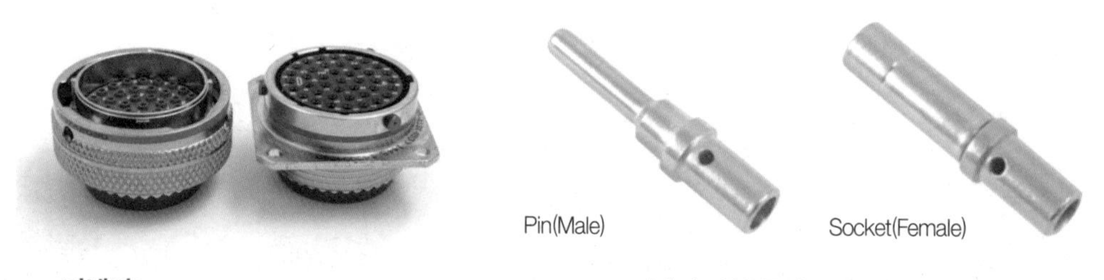

커넥터[www.amphenol-aerospace.com] **커넥터 기본 구성품인 Pin, Socket**

커넥터 핀 소켓의 접촉(개념도)

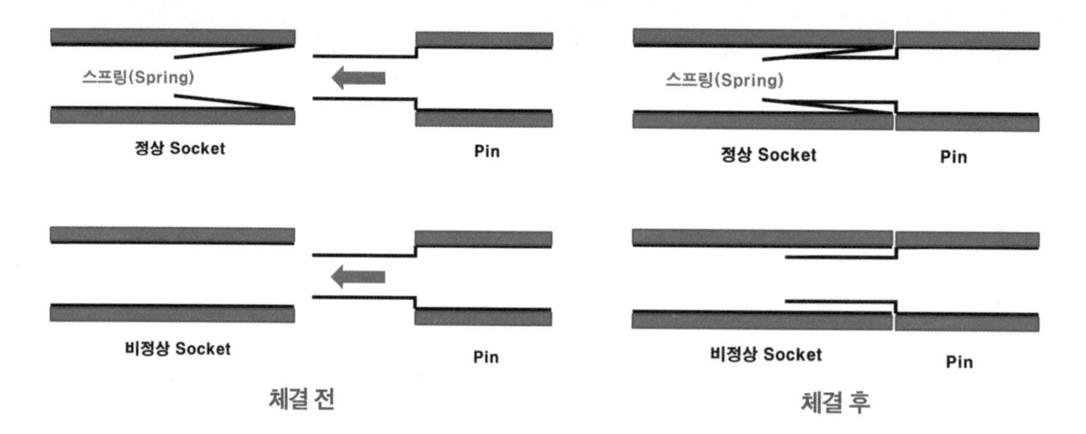

7 미사일은 지속적인 성능개량이 필요하다

미사일은 한 종류만 개발하면 끝인가? 개발한 기본형을 바탕으로 다양한 플랫폼에서 발사할 수 있도록 추가 개발하여야 하며, 지속적인 성능 향상을 위한 진화적 개발이 필요하다. 하푼(Harpoon)의 경우 1977년 최초 배치 후 사거리 연장 등 지속적인 성능개량과 발사 플랫폼 다양화를 추진하여 세계적인 대함 미사일의 대표 주자가 되었다.

토막상식 **하푼, 토마호크의 원래 의미는 무얼까?**

하푼	토마호크
고래잡이용 작살 [Wiki, Public Domain, John Nathan Cobb]	도끼 [Wiki, Public Domain, Mike Searson]

대함 미사일의 베스트셀러인 미국 하푼 규격을 살펴보자.

항목	내용
무게	691 kg(Booster 포함)
길이	공중발사: 3.8 m, 함상 발사 및 잠수함 발사: 4.6 m
직경	34 cm
탄두	221 kg
기폭	충격 신관(Impact Fuze)

추진	1단: 고체 추진기관(Solid Propellant Booster) 함대함, 잠대함(공중발사 미사일은 1단 부스터 없음) 2단: Teledyne CAE J402 터보제트(Turbojet) 엔진
날개폭	0.91 m
사거리	310 km(167.5 nmi) 이상(Block II-ER 기준)

▲ **하푼 규격**[Wiki]

Q. 표 마지막 부분의 nmi란?

A. nmi는 노티컬 마일(NM: Nautical Mile, 해리)이다.

노티컬 마일은 항해 거리를 나타내는 단위로, 노트(knot)는 매듭이라는 뜻이다. 선박의 항해 속도를 측정하기 위하여 기다란 끈에 나무 삼각형 널조각을 매달고, 이 널조각을 바다 위에 던진다. 약 8.5 m마다 매듭지어진 긴 끈을 풀며 모래시계로 시간을 측정하여 몇 개의 매듭이 풀렸는지 확인한다.

1929년에 국제 수로국에서 정의한 1해리의 거리는 위도 1'(분) (1'은 60분의 1°)에 해당하는 길이로 1,852 m다. 단위는 nautical mile을 줄여 nmile로 사용한다. 1노트(knot, kt, 표준 기호는 kn)는 1시간에 1해리(1,852 m)를 가는 속도를 말한다.

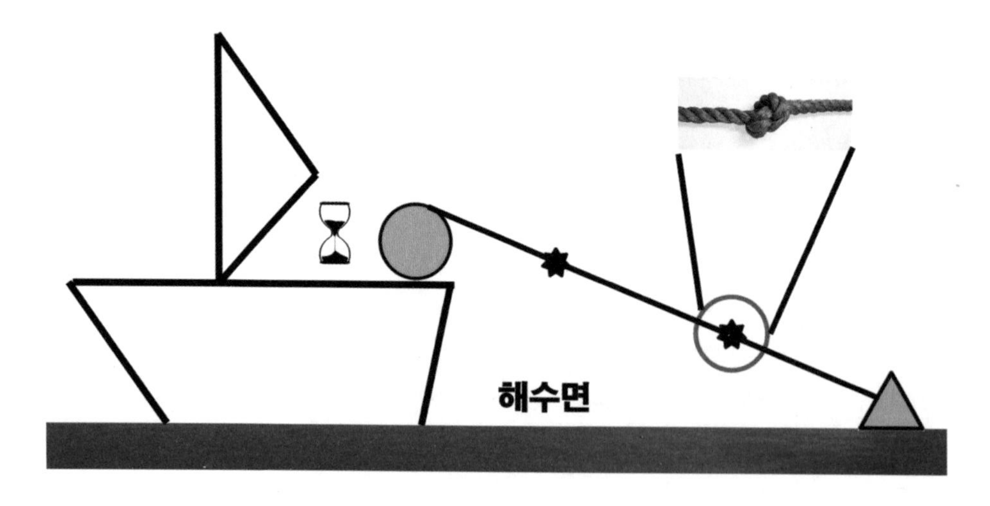

선박 항해 속도 측정 방법(개념도)

토막상식 **1해리는 어떻게 정했을까?**

: 지구 원주 둘레 각도의 1분에 해당하는 거리.

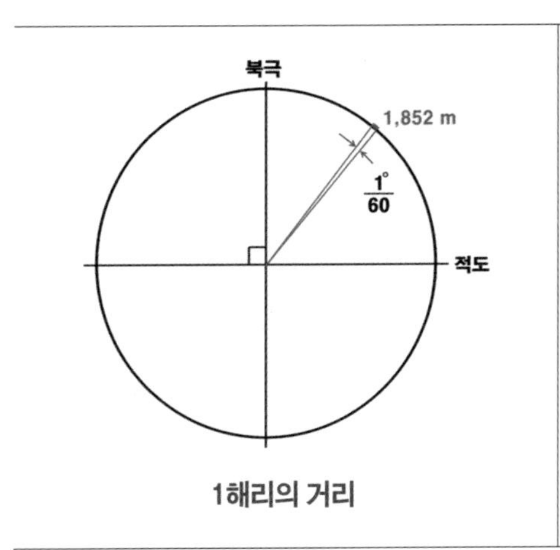

1해리의 거리

* 지구 둘레: 40,000 km
(국제단위계 표현으로는 40 000 km)

1'(분)에 해당하는 거리
= 40,000 km/(4 * 90 * 60)
= 1,852 m
= 1.852 km

우리가 보통 사용하는 마일은 법정마일(Statute Mile) 또는 육상마일(Land Mile)이라고 하며 해상마일(해리)과 착오 없기를 바란다.

법정마일(Statute Mile) 또는 육상마일(Land Mile)	1마일 = 1,610 m
해상마일(Nautical Mile, 해리)	1해리 = 1,852 m

▲ 2가지 마일 비교

실무에서는 1해리를 1.852 km가 아닌 2 km로 계산하는데 오차도 크지 않고 거리 계산도 간단하기 때문이다. (1.852 km/2 km = 0.926 = 92.6 %)

노트(knot)를 초속(m/s)으로 계산할 때는 노트에 0.5를 곱하면 간단히 계산할 수 있다. (1노트 = 1,852 m/h = 0.514 m/s ≒ 0.5 m/s) 예를 들어 30노트라면 대략 15 m/s.

토막상식 **지구 둘레(40,000 km)는 누가, 어떻게 알아냈을까?**

: BC 200, 고대 그리스 철학자 에라토스테네스.

시에네(아스완)의 우물 안에 태양이 비치는 하지 때, 5,000스타디아(약 925 km) 떨어진 알렉산드리아에서 그림자와 태양과의 각도가 7.2°라는 것을 가지고 지구 둘레를 계산하였다.

가정: 태양광은 평행하다. 지구는 구(Ball) 형태다.

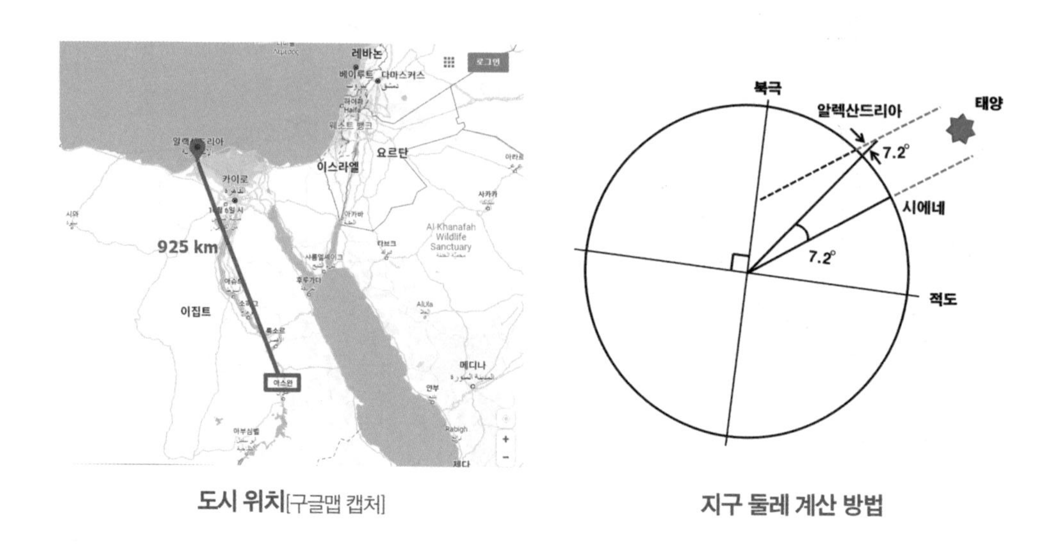

도시 위치[구글맵 캡처]

지구 둘레 계산 방법

925 km * 360 deg/7.2 deg = 46,250 km

NASA에서 과학적 기법으로 측정한 지구 둘레 결과인 40,030 km보다 크게 나온 이유는 다음과 같다.

- 지구는 완전한 구가 아니다.
- 같은 경도에 있지 않다.
  (알렉산드리아 동경 29.9° 북위 31.2°, 시에네 동경 32.9° 북위 24.4°)
- 알렉산드리아와 시에네(아스완) 사이 거리에 오차가 있다.

□ 플랫폼 다양화

하푼은 발사 플랫폼 다양화를 통해 항공기, 수상함, 잠수함, 심지어 육상에서도 발사할 수 있도록 개발하였다.

발사 플랫폼	명칭	비고
함정	함대함	
항공기	공대함	Booster 없음
지상	지대함	
잠수함	잠대함	Sub Harpoon(Encapsulated Harpoon)

▲ 다양한 하푼의 발사 플랫폼

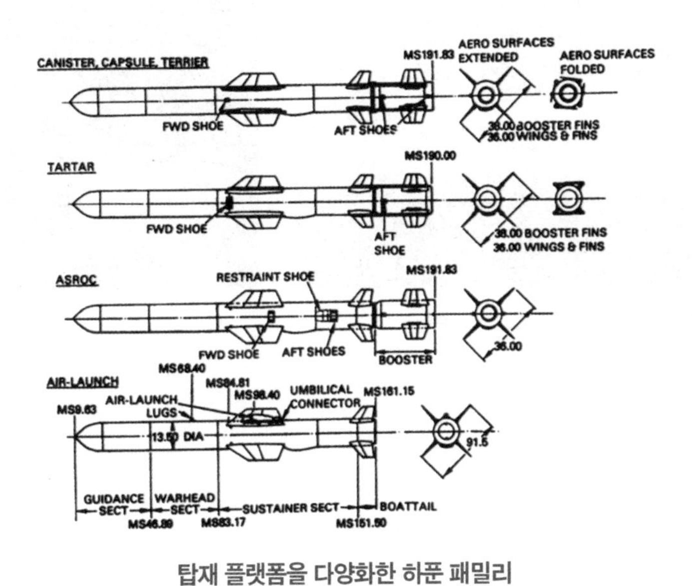

탑재 플랫폼을 다양화한 하푼 패밀리

[Wiki, Public Domain, Ⓒ, U.S. Department of the Navy]

하푼의 잠수함 발사 버전인 서브하푼(Sub Harpoon)은 하푼을 잠수함 수평 어뢰 발사관에서 발사할 수 있도록 캡슐(Capsule) 내부에 미사일을 수납, 수밀을 유지한다.

다음 그림에서 알 수 있듯 서브하푼은 어뢰 발사관에서 사출된 후 별도의 추진력 없이 자체 양성 부력으로만 수면으로 부상한다. 센서가 수면 도달을 감지하면 파이로를 이용하여 캡슐을 3부분(Nose Cap, Main Body, After Body)으로 분리하고 부스터를 점화하여 캡슐을 빠져나가며 비행한다. 이때부터는 함정발사(함대함) 하푼과 동일하다.

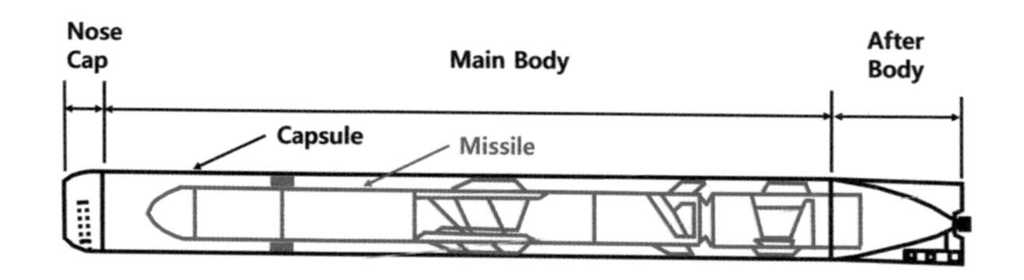

서브하푼 내부 배치도(재작성)

[US-Navy-course-Torpedoman's-Mate-Second-Class, www.militarynewbie.com]

하푼의 다양한 발사 플랫폼

[www.ausairpower.net]

서브하푼 수면 탈출
(흰색 원 안은 Nose Cap)

[Wiki, Public Domain, Є, Navy]

서브하푼의 경우는 전투용 서브하푼과 별도로 훈련용 서브하푼(EHCTV)[45]이 있다. 2가지는 외형, 무게, 크기 등 물리적 사양이 동일하다.

어뢰 발사관에서 사출된 훈련용 서브하푼은 전투용 서브하푼과 같이 양성 부력으로 수면으로 부상한다. 훈련용 서브하푼은 수면에 도달하면 임무가 끝나며, 회수 후 정비하여 재사용한다.

토막상식 전투용 서브하푼과 훈련용 서브하푼은 어떻게 구분할까?

: 외형은 같으므로 캡슐의 색상으로 구별한다.

전투용 서브하푼 색상은 짙은 녹색이며, 회수 후 재사용하는 훈련용 서브하푼 색상은 짙은 오렌지색이다.

---

45) EHCTV: Encapsulated Harpoon Certification Training Vehicle

전투용 서브하푼	항목	훈련용 서브하푼(EHCTV)
전투용(표적 파괴)	**용도**	발사 훈련용(수면 도달까지)
전투용 서브하푼 적재 [Wiki, Public Domain, ∈, Kelsey]	**색상**	**훈련용 서브하푼 적재** [www.world-defense.com]
미사일	**내부장비**	자료 기록 장치
불가	**자료분석**	가능
양성	**부력**	양성

▲ 전투용과 훈련용 서브하푼의 비교

전투용 서브하푼[www.defence.pk]

외형

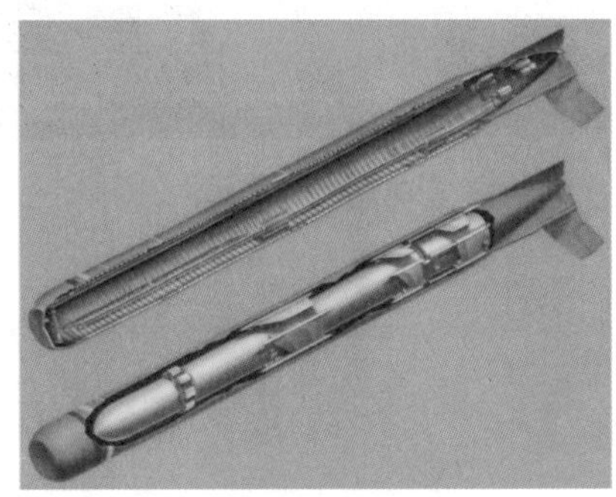

캡슐 내부

엑소세(Exocet)도 하푼과 같은 다양한 발사 플랫폼에서 발사할 수 있다.

토막상식 **엑소세의 의미는?**

: Flying Fish(날치의 총칭).

발사 플랫폼	명칭	비고
함정	함대함	MM38, MM39, MM40
항공기	공대함	AM39(Booster 없음)
지상	지대함	MM38, MM40
잠수함	잠대함	SM39

▲ **다양한 엑소세 발사 플랫폼**

함대함 MM38[www.seaforces.org]

공대함 AM39[Wiki, CC BY-SA 3.0, David Monniaux]

잠대함 SM39의 적재[www.mbda-systems.com]

SM39 내부[www.world-defense.com]

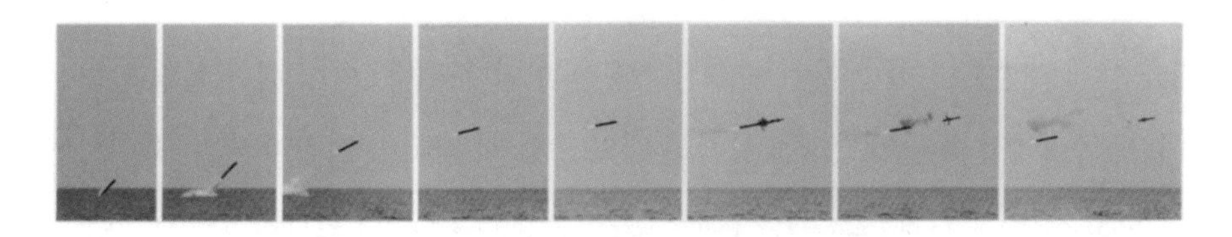

SM39 발사 장면[www.world-defense.com]

□ 용은 현실에 없는 상상 속의 동물이다

해성 개발 당시 이야기다. 군은 하푼의 장점(최대사거리)과 엑소세의 장점(빠른 속도)을 조합한 목표성능(규격)을 제시하며 개발 가능 여부를 검토 요청해 왔다. 가능한 일인가?

우리가 아는 용은 여러 가지 동물의 일부분씩을 따서 만든 상상 속의 동물이다. 머리[頭]는 낙타[駝]와 비슷하고, 뿔[角]은 사슴[鹿], 눈[眼]은 토끼[兎], 귀[耳]는 소[牛], 목덜미[項]는 뱀[蛇], 배[腹]는 큰 조개[蜃], 비늘[鱗]은 잉어[鯉], 발톱[爪]은 매[鷹], 주먹[掌]은 호랑이[虎]와 비슷하다. 아홉 가지 모습 중에는 9·9 양수(陽數)인 81개의 비늘이 있고, 그 소리는 구리로 만든 쟁반[銅盤]을 울리는 소리와 같고, 입 주위에는 긴 수염이 있고, 턱 밑에는 명주(明珠)가 있고, 목 아래에는 거꾸로 박힌 비늘[逆鱗]이 있으며, 머리 위에는 박산(博山)이 있다. [encykorea.aks.ac.kr]	 **용**[Pixabay, Gray_Rhee]

아쉽게도 여러 무기체계의 장점만을 조합하여 만든 목표성능(규격)은 용을 만들어 달라는 것과 같아 불가능하다.

목표성능을 높게 잡으면 개발하기도 어렵고, 개발했다 하더라도 가격 문제로 국내 전력화에 따른 예산 문제, 수출에 걸림돌이 될 수 있다. 따라서 실질적이고 합리적인 연구개발 목표성능 도출에 신경 써야 할 것이다.

Q. 미사일을 국내 독자 개발해야 하는 이유는?

A. 보안 유지, 운용유지 예산 절감(경제성), 정비 시간 단축 등을 위해 국내 독자 개발해야 한다.

미사일을 국내 개발해야 하는 가장 중요한 이유는 보안 문제다. 이에 대한 설명은 더할 필요가 없을 것이다. 국내에서 독자 개발하지 못하면 해외 도입 시 가격이 엄청 비싸다. 왜냐하면 미사일이 필요하지만, 자체 개발하려면 오랜 시간과 많은 예산이 들어가니 판매자 입장에서는 당연히 가격을 비싸게 부른다.

그러나 일단 국내 독자 개발한다는 소문이 돌면 가격은 내려간다. 국내에서 독자개발을 시작했다면 가격은 더 내려간다. 예를 들어 외국 어뢰 가격은 1발당 40억 원 수준이었다. 국내 개발한다고 하니 가격이 30억 원 수준으로 내려갔다. 개발이 끝날 무렵에는 가격이 20억 원 수준으로 더 내려갔다.

같은 어뢰인데도 가격이 달라지는 이유는 필요한 국가의 상황에 따라 가격이 정책적으로 결정되기 때문이다. 무기체계 종류에 따라서는 가격을 아무리 많이 주어도 도입할 수 없는 경우도 있다.

외국에서 도입할 경우는 주 장비(미사일) 도입 비용보다 수명주기 동안의 운용유지를 위한 IPS[46] 비용이 더 커질 수 있다는 것을 알아야 한다(빙산의 일각). 즉 배보다 배꼽이 더 커질 수 있다.

비용도 중요하지만, 더 중요한 것은 정비 소요 시간이다. 예를 들어 해외 도입 미사일 중에서 탐색기 등 주요 장비를 국내에서 정비하지 못하고 외국 업체에 가서 정비를 해 와야 한다면 비용도 비용이지만 엄청난 시간(예: 1년)이 필요하게 된다. 즉 외국에 주요 장비를 보내서 다시 돌아올 때까지 미사일 1발을 사용하지 못하므로 전력화 수량에 문제가 생기는 것이다.

그러나 국내에서 개발한다면 이런 문제는 없다. 정비 비용은 국내 업체에 돌아갈 것이고(매출 증대), 생산업체에 가서 정비해 오기 때문(일자리 창출)에 시간도 오래 걸리지 않을 것이다. 국내 독

46) IPS: Integrated Product Support, 통합체계지원

자 개발한다면 전력화 입장에서 유리한 것은 물론, 수출도 가능하여 국부에 크게 이바지할 수 있다. 함대함 미사일 해성과 대전차 미사일 현궁 등처럼.

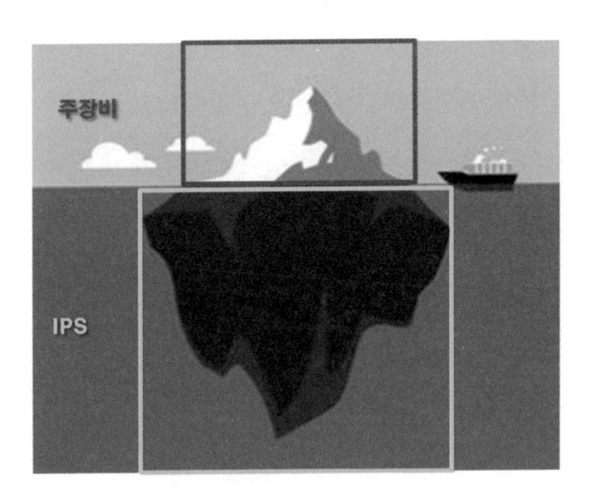

빙산의 일각[www.tripleethos.com]

8 우주발사체와 ICBM

우주발사체(Space Launch Vehicle) 또는 운반 로켓(Carrier Rocket)은 탑재체를 지구 표면으로부터 우주 공간으로 이동시키는 로켓을 말한다.

발사 시스템에는 발사체, 발사대와 기타 시설들이 포함된다. 보통 탑재체는 인공위성이며 궤도에 놓지만, 일부는 우주선으로 지구의 궤도로부터 완전히 벗어나기도 한다.

물체가 천체와의 중력을 이겨내고 무한히 멀어질 수 있는 최소한의 속도를 탈출 속도(Escape Velocity)라 한다. 각종 저항은 무시하고 천체와 물체 사이의 중력 외에 다른 외력이 작용하지 않는다고 가정한다. 이론적으로 거리가 무한대일 때 위치 에너지는 0이다.

즉 $mv^2 = GmM/r$ 일 때의 속도가 탈출 속도가 된다.

여기서 G는 만유인력 상수, M은 지구의 질량, m은 물체의 질량, v는 속도, r은 지표면으로부터의 높이다. 정리하면 탈출 속도는 $V_{esc}=\sqrt{\frac{2Gm}{r}}$ 가 되어 해당 천체의 질량과 반지름으로 탈출 속도를 구할 수 있다. 지구에서는 11.19 km/s, 달에서는 2.37 km/s다.

추진력을 가진 물체가 꼭 탈출 속도에 도달해야만 중력권을 벗어날 수 있다고 생각하지만 그렇지 않다. 탈출 속도는 어떤 물체가 단순히 지표면에서 발사되고 그 이후 어떠한 운동 에너지도 공급받지 않으면서도 그 행성의 중력권을 탈출하기 위해 지표면에서 가져야 하는 속도일 뿐이다. 탈출 속도와 유사한 개념으로 우주 속도가 있는데 제1, 2, 3 우주 속도의 3가지로 나뉜다. 우주 속도는 일정한 값을 가지고 있으며, 탈출 속도와 달리 지구를 기준으로 하고 있기 때문이다.

제1 우주 속도는 지구의 주위를 공전할 수 있는 최소 속도이고, 제2 우주 속도는 지구의 중력을 벗어날 수 있는 최소의 속도다. 제3 우주 속도는 태양의 중력을 벗어날 수 있는 최소의 속도다. 제1 우주 속도(7.9 km/s)를 넘지 못하면 우주선은 지구로 다시 떨어지고 제1 우주 속도를 넘게 되면 지구 주위를 도는 인공위성이 될 수 있다. 제2 우주 속도(11.2 km/s, 지구 탈출 속도)를 넘기게 되면 태양계 안에서 우주선 비행(아폴로 우주선, 달 탐사)이 가능하며, 제3 우주 속도(16.7 km/s)를 넘기면 태양계를 벗어나는 비행(뉴호라이즌스, 명왕성 탐사)이 가능하다.

인공위성은 임무(목적)에 따라 원 궤도 또는 타원 궤도를 비행한다.

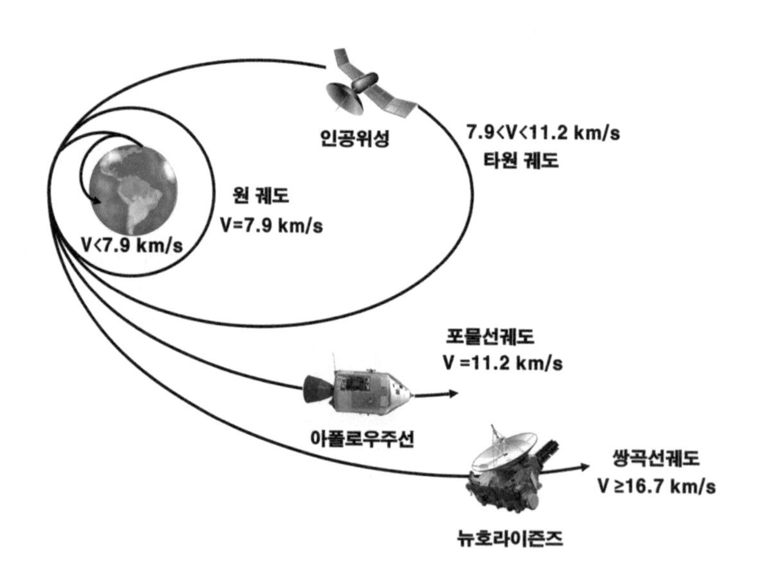

우주 속도와 궤도

우주발사체와 ICBM은 발사 초기에는 유사하지만 다른 점이 있다. 2가지에 대한 비교는 다음 표와 같다.

우주발사체	항목	ICBM
인공위성 발사 등	**용도**	원거리 공격(군사용)
액체 엔진 또는 고체 엔진 (액체 엔진은 준비에 시간 필요)	**추진기관**	액체 엔진도 있으나 주로 고체 엔진 (발사 준비 시간 단축)
수직 발사, 목표 궤도까지 상승	**궤도**	수직 발사, 일정 고도에서 표적 방향으로 방향 전환
인공위성, 관측장비, 중계기 등	**탑재체**	(다)탄두
수 분~수십 분 (고도에 따라 상이)	**작동 시간**	수십 분 (표적까지 거리에 따라 상이)
예정 궤도 도착	**임무 완료**	탄착
불필요[47]	**재진입**	필요(보호용 단열재 필수)
탑재 중량	**중요점**	탄착 때까지 생존성, 탄착 정확도

▲ 우주발사체와 ICBM의 비교

47) 미국의 스페이스X 등에서는 발사비용 감소를 위하여 발사체 추진기관의 재사용을 위해 재진입 개발 중

황조롱이의 목표물 탐색

여명과 반영

곡선미

미사일 구성 장비 및 소요 기술

양지와 음지

앞장에서 설명한 WBS를 기준으로 미사일을 구성하는 각각의 장비와 이에 필요한 소요 업무에 대하여 자세히 살펴본다.

1 기체구조

미사일의 기체구조(Airframe Structure)는 미사일 발사부터 탄착할 때까지 받는 비행하중과 지상에서 수송 또는 조립/점검 중에 받는 운용/취급 하중에 대해, 정적 구조 안전성(Safety)과 동적 구조 안정성(Stability)을 만족하고 미사일 형상을 유지하며 탑재장비를 보호하는 구조물이다. 기체구조는 인체의 골격 구조 및 피부와 비슷하다.

미사일 기체구조는 미사일을 구성하는 구조물로 여러 개의 섹션(Section)으로 나누어 제작하여 조립하고, 날개 전개장치, 단 분리장치 등을 추가하여 완성한다.

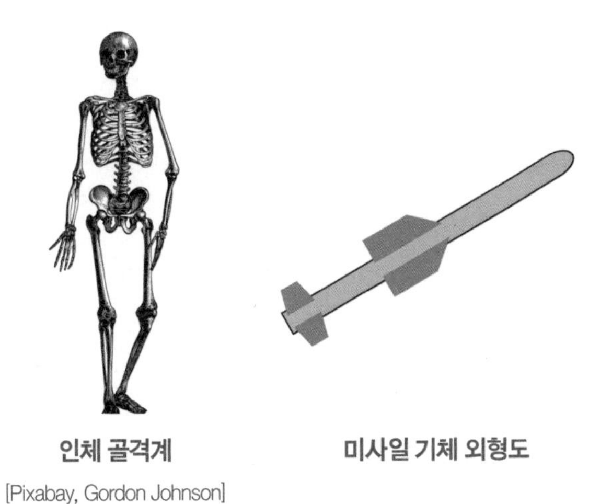

인체 골격계 [Pixabay, Gordon Johnson]　　미사일 기체 외형도

□ 기체구조 설계, 제작

기체구조는 구조적 안전성, 조립/정비성을 고려하여 설계, 해석 및 제작한다. 특히 비행 안정성을 위하여 질량(Weight), CG,[48] MOI[49] 등의 특성도 설계 제작 시 고려할 중요한 항목이다.

기체구조 중에서 탄두부는 미사일 개발 중 실제의 탄두를 탑재하면 위험하므로 탄두가 들어갈 공간에 비행 시험용 원격측정 자료 계측을 위한 원격측정장치 및 지령수신기 등을 탑재하는 원격측정부(시험부)를 개발 탑재한다.

기체구조는 각 섹션 내에 장비를 탑재, 고정하기 때문에 실제 장비 상세 설계 및 제작 전에 디지털 시제(Digital Prototype) 개념을 적용하여 개발한다. 기체구조의 주요 구성품은 미사일의 종류에 따라 다르지만 대략 다음과 같다.

구분	내용
동체	• 형상 유지, 장비 탑재 목적 탐색기부(기두부), 탄두부(원격측정부), 유도조종부, 연료엔진부, 구동부, 추진부
날개	• 공력, 조종(방향 전환) 주날개, 조종날개, 고정날개/접는 날개, 날개전개장치(꼬리날개 등)
분리장치	• 단 분리, 슈라우드(Shroud, 보호 덮개) 분리, 기타 덮개 분리

▲ 기체구조의 주요 구성품

미사일은 종류에 따라 다를 수 있지만, 로켓부스터 분리형 미사일의 경우는 장비 구성에 따라 기본탄, 완성탄, 장입탄으로 구분한다.

구분	내용
기본탄	임무 종료(탄착)까지 비행하는 형상

48) CG: Center of Gravity

49) MOI: Moment of Inertia

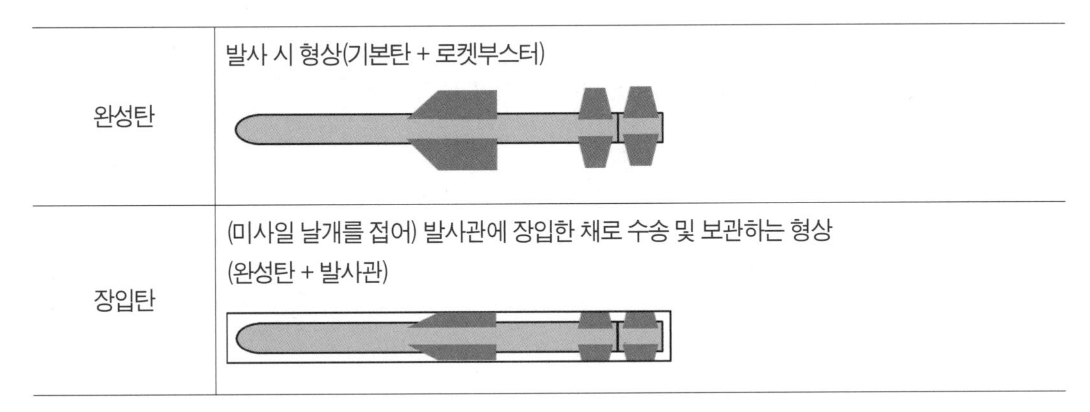

완성탄	발사 시 형상(기본탄 + 로켓부스터)
장입탄	(미사일 날개를 접어) 발사관에 장입한 채로 수송 및 보관하는 형상 (완성탄 + 발사관)

▲ 장비 구성에 따른 미사일 구분

기체구조 중에서 기미부는 빠른 속도로 장시간 비행하는 미사일의 공기 저항(Drag)을 줄이기 위하여 끝단으로 갈수록 직경이 점점 작아지는 보트테일(Boat Tail) 형상이 많다. 보트테일의 반대 개념으로 끝으로 갈수록 점점 넓어지는 비둘기 꼬리날개 형태의 도브테일(Dove Tail)이 있다.

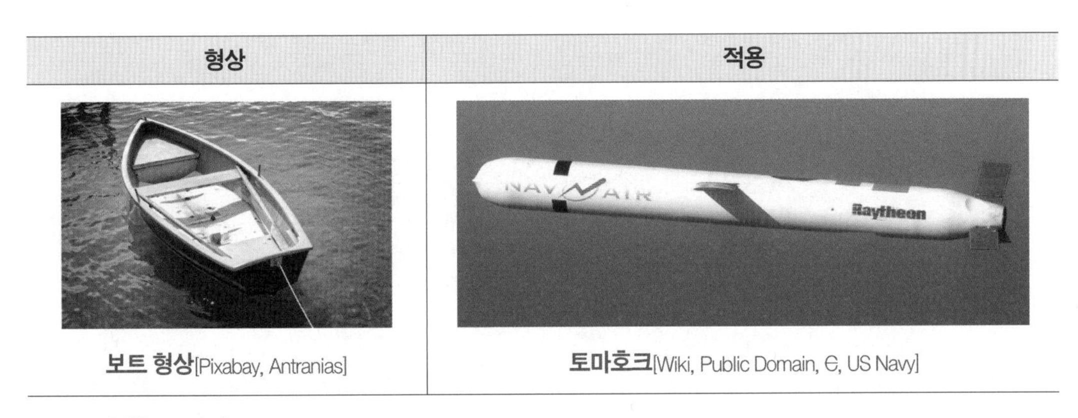

형상	적용
보트 형상[Pixabay, Antranias]	**토마호크**[Wiki, Public Domain, ⓒ, US Navy]

▲ 보트테일(Boat Tail)

토막상식 **미사일 기체구조는 모두 금속으로만 제작할까?**

: 목적에 따라서 일부분은 특수 재질로 제작한다.

미사일은 기본적으로 강도(Strength) 확보를 위해서 금속으로 제작하는 것이 일반적이나 최근 복합재 기술의 발달로 로켓부스터는 복합재로 만드는 경우도 많다.

미사일 전방부에 탐색기(Seeker)를 탑재하는 경우는 금속이 아닌 특수 재질로 제작한다. 마이크로파 탐색기를 사용하는 경우는 전파 투과 등을 위하여 레이돔(Radome)[50]을 사용하고, 적외선(IR)[51] 탐색기를 사용하는 미사일의 경우는 적외선이 잘 통과할 수 있는 사파이어, 게르마늄 등 다양한 소재를 사용한 IR Dome을 사용한다.

2 공력

공기역학(空氣力學, Aerodynamics)은 동역학(Dynamics)의 한 분야로 움직이는 물체(비행체)와 공기가 상호작용할 때 비행체(미사일)에 발생하는 현상(속도, 압력, 밀도, 온도 등)을 연구하는 유체역학(Fluid Dynamics)의 분야로 줄여서 공력이라고 한다.

공기역학 현상으로 발생하는 총체적인 물리량을 힘과 모멘트로 표현할 수 있다.

공기역학은 동역학의 한 분야로 공기의 흐름을 다루며, 특히 움직이는 물체와 공기가 상호 작용할 때의 흐름을 다룬다. 공기역학은 비행체에 대한 과학적 토대를 이루는 학문이며, 여기에는 수학적 해석, 실험적인 근사화 및 풍동 시험 등이 모두 사용된다. [위키]

연속체(Continuum)에서 비행체 익형(Airfoil)의 윗면을 지나는 공기는 아랫면을 지나는 공기보다 동일 시간에 긴 거리를 이동하므로 윗면을 지나는 공기의 속도가 아랫면을 지나는 속도보다 빠르다. 베르누이의 정리(Bernoulli's Theorem)에 따르면, 정압(Static Pressure)과 동압(Dynamic Pressure)의 합은 일정하다. 따라서 익형 윗면의 속도가 익형 아랫면의 속도보다 빠르면 윗면의 동압이 아랫면 동압보다 커지면서 윗면의 정압이 아랫면의 정압보다 작아지므로 뜨는 힘 양력(Lift)이 발생한다.

50) Radome: RADAR + Dome
51) IR: Infrared

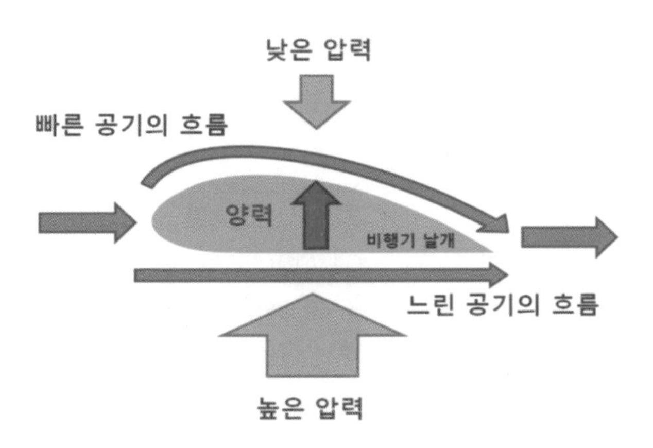

베르누이 정리[과학기술정보통신부 공식 블로그]

토막상식 무거운 비행기가 뜨는 이유는?

: 베르누이 정리(Bernoulli's Theorem).

베르누이 정리는 1738년 과학자 다니엘 베르누이가 발표하였다. 점성이 없는(Non-viscous) 비압축성(Incompressible) 유체가 연속적으로 흐를 때 속력, 압력, 높이의 관계에 대한 법칙으로 유체의 속도가 빠른 곳에서는 압력이 낮고, 유체의 속도가 느린 곳에서는 압력이 높다.

유체 동역학에서 베르누이 방정식(Bernoulli's Equation)은 이상 유체(Ideal Fluid)에 대하여 유체에 가해지는 일(Work)이 없는 경우 유체의 속도와 압력, 위치 에너지 사이의 관계를 나타낸 식으로 다니엘 베르누이가 그의 저서 『유체역학(Hydrodynamica)』에서 발표하였다. [위키]

베르누이 정리에 따라 크고 무거운 비행기도 새털처럼 하늘로 날아갈 수 있다.

Boeing 787 Dreamliner[Boeing 홈피]

C-17 Globemaster III[Wiki, Public Domain, ©, Jacob Bailey]

토막상식 **속력과 속도의 차이는?**

항목	물리량	비고
속력	스칼라(Scalar)	• 크기만 있는 물리량 - 질량, 시간, 온도, 에너지 등
속도	벡터(Vector)	• 크기와 방향을 가지고 있는 물리량 - 힘, 가속도, 운동량 등

예를 들어 구부러진 길을 60 km/h 정속으로 달린다고 했을 때 속력은 60 km/h로 일정하지만, 속도는 구부러진 방향에 따라 크기(속력)는 일정하나 방향이 순간순간 다르다.

□ 양력의 발생

속도 영역에 따라 양력을 발생시키는 방법이 다르다. 아음속(Subsonic) 영역에서는 비행기 날개 단면 익형(Airfoil)처럼 아래 형상보다 위 형상의 길이를 더 길게 하여 익형 상하 공기 흐름 속도 차이에 따라 압력차가 발생하고 이 압력차에 따라 양력이 발생한다.

초음속(Supersonic) 영역에서는 압축성(Compressible) 유체의 특성에 의하여 충격파(Shock Wave)가 발생하고 충격파를 통과하면 속도가 크게 떨어지고 압력이 크게 증가한다. 초음속의 경우에는 유선형 익형 사용으로 양력을 발생시키는 것이 불가하므로 평판이나 쐐기형 날개를 사용한다.

아음속 영역에서 사용하는 기존의 익형(Conventional Airfoil)은 저받음각(Angle of Attack)에서 공력 특성이 좋으나 고받음각에서 실속(Stall)이 발생하여 추락하게 되어 급격하게 기동하는 비행체에 적용하기에 어려움이 있다. 또한, 기존의 익형을 갖는 날개는 복잡한 제작성 때문에 가격이 비싸다. 이러한 문제를 해결하는 방안으로 아음속 영역에서도 평판형 날개를 사용한다.

실제 공기 흐름은 점성(Viscosity)이 있어서 아음속 영역에서 평판형 날개를 사용하더라도 받음각이 있는 상태에서 바람을 받으면 양력이 발생한다.

평판 익형의 경우 미사일 축과 비행 방향축이 동일(받음각)[52]하면 양력을 얻을 수 없지만, 받음각이 있으면 양력을 얻을 수 있고 순간적으로 급격하게 기동하여 고받음각이 되어도 실속이 생기지 않으며 제작이 쉬워 가격도 낮출 수 있다.

대표적으로 토마호크와 하푼 날개를 비교해 보면 다음과 같다.

구분	토마호크	하푼
비행 속도	마하(Mach) 0.72	마하 0.85
날개 단면	유선형 형상	이중쐐기 형상

▲ 미사일별 날개 단면 형상

토마호크의 날개는 유선형 형상으로 베르누이 정리에 따른 날개 상하의 압력 차이에 따라 양력을 얻는다. 하푼과 같은 고속 비행체의 날개는 이중쐐기 형상으로 날개 상하에 발생하는 충격파와 팽창파 압력 차이로 양력을 얻는다.

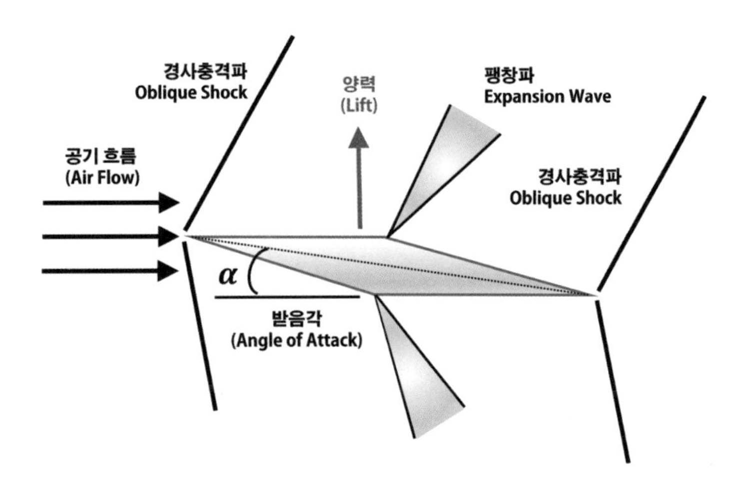

초음속에서의 양력[processprinciples.com, Christopher Jenner, 재작성]

52) 받음각: Angle of Attack, 또는 공격각

하푼이 비행할 때 양력을 얻기 위하여 다음 그림과 같이 받음각(α)을 약 5° 정도로 Pitch Up하여 비행하는 것을 알 수 있다.

하푼 비행 장면[fas.org, 재작성]

기존 베르누이 정리에서 양력의 발생은 날개 앞에서 상하로 갈라진 공기가 비행기 날개 끝에서 다시 만난다는 것을 전제조건으로 한다. 날개 앞에서 상하로 갈라진 공기가 비행기 날개 끝에서 다시 만나기 위해서는 위쪽을 흐르는 공기가 더 빨리 흐르기 때문에 베르누이 정리에 따라 양력이 발생한다는 것이다.

그러나 위 이론은 미 항공우주국 NASA에서 발표한 설명이 틀린 3가지 이론(Incorrect Theory) 중 하나이다.

번호	이론
1	Longer Path(장기 경로) or Equal Transit(동일한 이동 시간) Theory
2	Skipping Stone(물수제비) Theory
3	Venturi(벤투리) Theory

▲ NASA가 발표한 틀린 이론 3가지

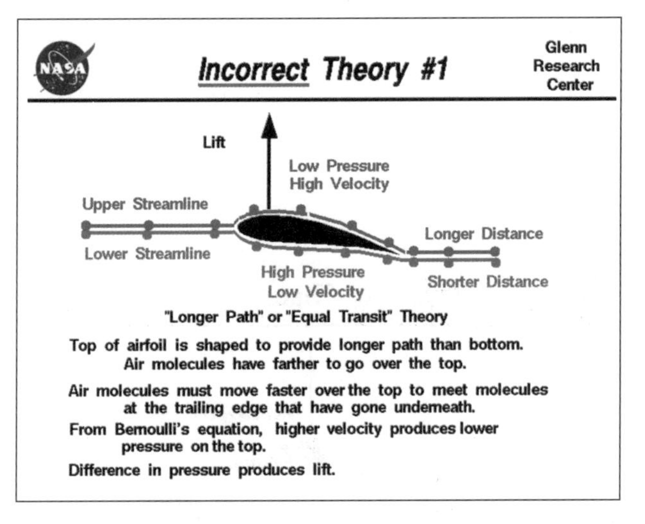

Incorrect Theory 1 [www.grc.nasa.gov]

Incorrect Theory 1에서 컴퓨터 시뮬레이션 결과 아래쪽 공기와 위쪽 공기는 날개 끝에서 만나는 것이 아니라 그림과 같이 아래쪽 공기보다 위쪽 공기가 더 빨리 날개 표면을 지나간다. 즉 날개 윗면을 흐르는 공기의 속도가 빨라서 압력이 낮아져 양력이 발생한다는 것이다.

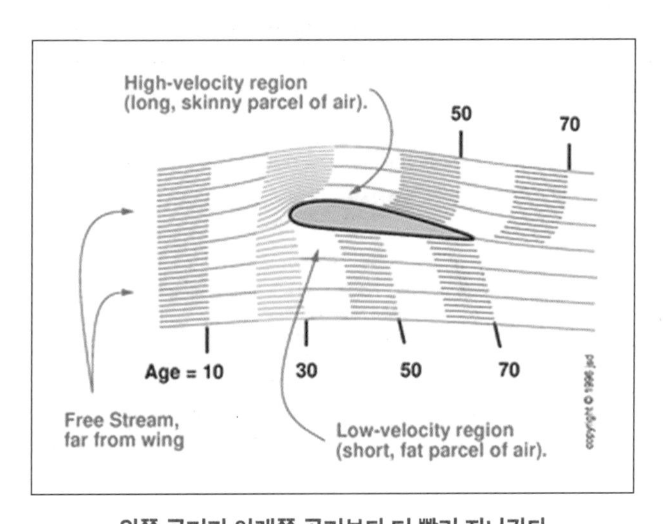

위쪽 공기가 아래쪽 공기보다 더 빨리 지나간다

[www.aprperformance.com]

즉 기존의 설명은 날개 앞에서 아래위로 갈라진 공기는 날개 끝에서 만나기 때문에 날개 위쪽을 흐르는 공기 속도가 아래쪽보다 빨라 양력이 발생한다고 설명하지만, 새로운 설명으로는 날개 아래쪽보다 위쪽을 흐르는 공기 속도가 빨라 양력이 발생하고 날개 끝에서 위쪽, 아래쪽을 흐르는 공기는 만나지 않는다는 것이다.

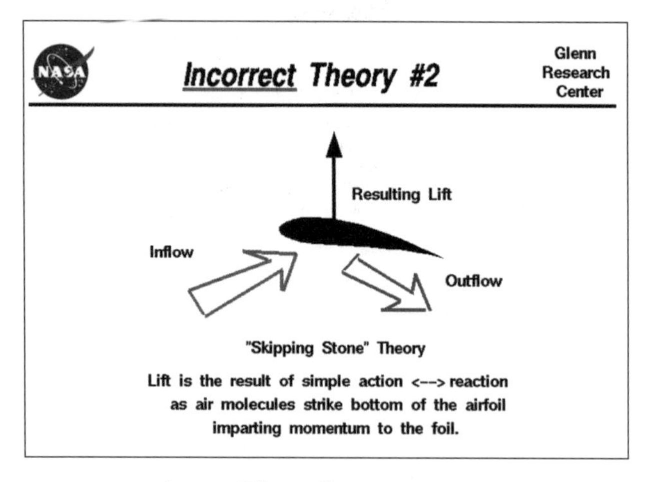

Incorrect Theory 2[www.grc.nasa.gov]

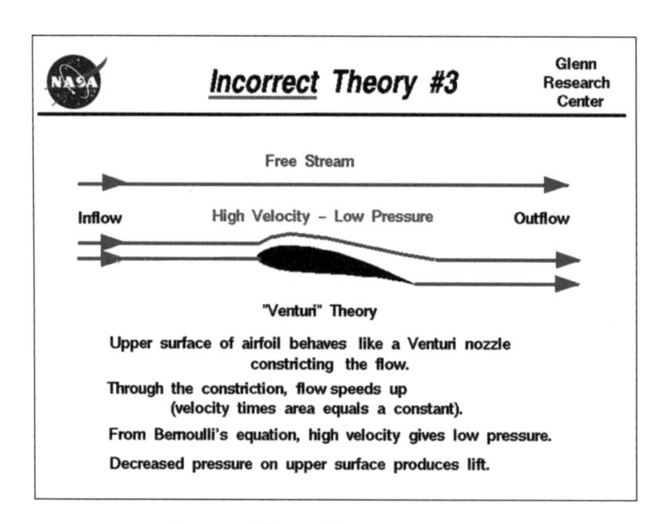

Incorrect Theory 3[www.grc.nasa.gov]

Incorrect Theory 2 이론은 날개 밑에서 공기가 충돌하여 그 반작용으로 날개가 떠오른다(양력)는 이론이다.

수면에 작은 각도로 돌을 던지면 통통 튀어 나아가는 것처럼, 날개 밑에서 공기가 충돌하면 그 반대되는 힘으로 날개가 떠오른다는 설명이다. 그러나 시뮬레이션 결과 날개 아래쪽만이 아닌 위쪽에서도 물수제비 효과가 발생하는 것으로 밝혀졌다. 공기 흐름의 방향이 변화하는 모든 부분이 물체 아래쪽 표면에 의해서만 생긴다고 추정했기에 이런 오류가 생긴 것이다.

Incorrect Theory 3 이론은, 벤투리 파이프 같은 관 안쪽을 흐르는 유체가 목이 좁아지는 부분을 통과할 때 속도가 빨라진다는 이론이다. 벤투리관을 절반으로 잘라서 아래쪽만을 생각하면 날개 윗면이 불룩 튀어나와 있어 날개 윗면을 지나는 공기가 더 좁은 경로를 만나므로 날개 윗면의 속도가 빨라지고 이에 따라 압력이 낮아진다는 설명이다. 그러나 날개 윗면은 관 내 유동이 아니라 물체 외부의 유동이므로 이 이론 역시 잘못된 것이다.

비행체에 작용하는 힘은 4가지로 구분할 수 있다. 4가지는 양력(Lift), 비행체 무게(Weight), 엔진 등 추진기관의 힘에 따른 추력(Thrust), 앞으로 나가는 추진에 따른 공기 저항 항력(Drag)이다.
양력과 항력은 공기의 흐름에 의해서 발생하는 힘이므로 속도의 수직 위 방향이 양력이고 속도의 수평 반대 방향이 항력에 해당한다. 수평 비행 시 비행체 무게는 기체 축(Body Axis) 아래 방향이고, 추력은 기체 축 앞 방향에 해당한다.

받음각이 0°일 때 양력과 무게가 같은 축에 있고 항력과 추력이 같은 축에 있게 된다. 그러나, 저받음각에서는 근사적으로 양력과 무게가 같은 축에 있고 항력과 추력이 같은 축에 있다고 할 수 있다.

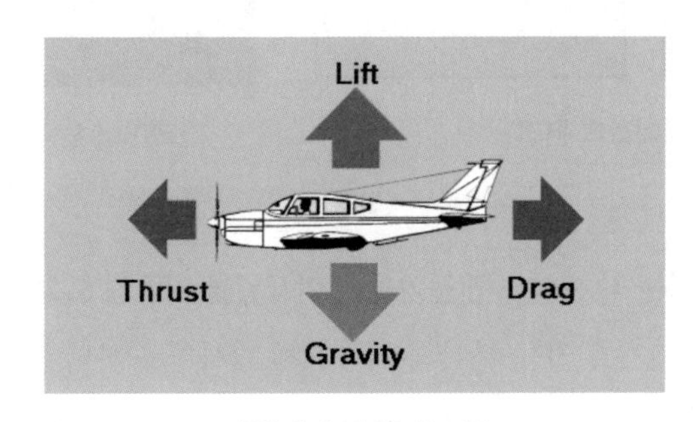

비행체에 작용하는 힘

[www.aviation-history.com]

수평 비행하는 경우 비행체의 움직임은 비행체에 작용하는 4가지 힘의 크기에 따라 결정된다.

수평 비행의 경우: Lift = Weight	등속 비행의 경우: Thrust = Drag
상승 비행의 경우: Lift 〉 Weight	가속 비행의 경우: Thrust 〉 Drag
하강 비행의 경우: Lift 〈 Weight	감속 비행의 경우: Thrust 〈 Drag

▲ 비행체에 작용하는 힘의 크기

토막상식 무거운 배가 물 위에 뜨는 원리는 무엇일까?

: 아르키메데스의 원리(Archimedes' Principle).

아르키메데스가 기원전 220년경 시라쿠사의 왕 히에론의 명에 따라 왕관이 순금으로 만들어진 것인지 은이 섞여 있는지를 조사하던 중 목욕탕에서 우연히 발견했다. '찾아냈다, 알아냈다'라는 뜻의 "유레카(Eureka)"를 외치면서 알몸으로 달려 나갔다는 이야기는 유명하다.

유체 속에 잠겨 있는 물체에는 물체의 부피와 같은 부피의 유체 무게만큼의 부력(Buoyancy)이 작용하는 것이 아르키메데스의 원리며, 철로 제작한 커다란 컨테이너 수송선이라도 물에 뜰 수가 있다.

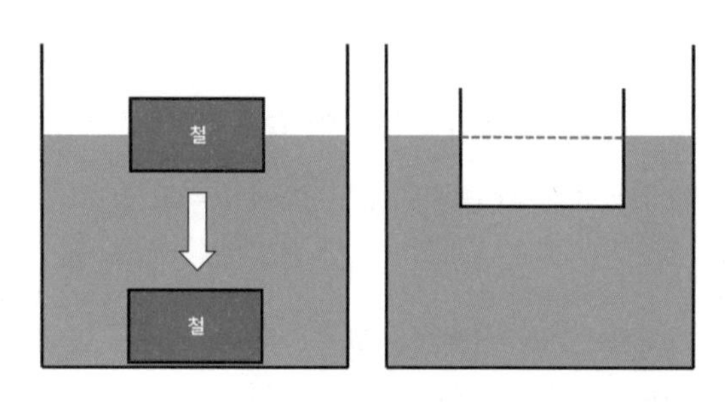

아르키메데스의 원리

컨테이너 수송선[Pixabay, dendoktoor]

토막상식 미사일을 개발하는 각 분야의 전문가들은 미사일을 어떻게 보고 있을까?

: 각 분야의 전문가마다 자기가 일하는 분야의 입장에서 미사일을 본다.

전문가는 자신의 전문 분야 지식 관점으로 미사일을 설계한다. 이렇게 설계된 미사일은 다음 그림과 같이 해당 전문 부체계 분야에만 최적인 기형적 미사일로, 원하는 성능을 발휘할 수 없다. 따라서 요구되는 미사일 성능을 만족시키도록 설계하기 위해서는 체계(System) 관점에서 각 부체계 분야에 대한 상호 절충(Trade Off)이 필요하다.

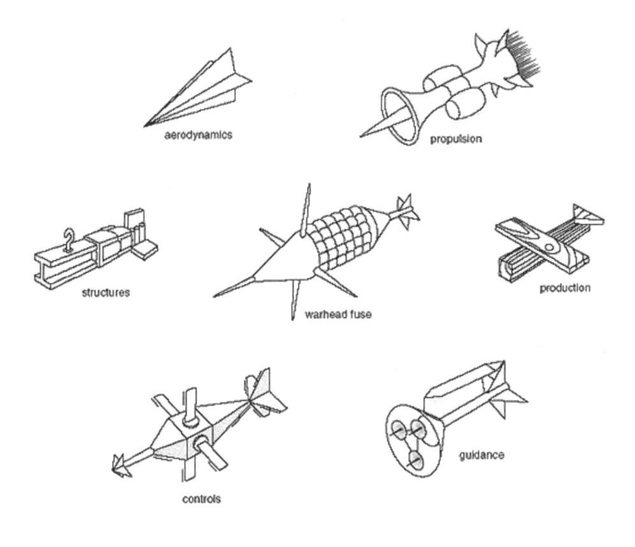

다양한 전문가 관점에서 보는 미사일 설계

[Systems Engineering Principles and Practice]

3 풍동 시험

풍동(Wind Tunnel)은 비행체가 특정 비행 속도로 비행하는 공기역학적 상황을 지상에서 시험하기 위해 사용하는 장치로, 풍동을 이용한 시험이 풍동 시험(Wind Tunnel Test)이다.

보통 축소모형(Subscale Model)을 풍동의 시험부(Test Section)에 넣고 고정한 후 비행체의 비행 속도로 바람을 불어 비행체가 비행하는 것을 모사하여 시험한다. 실제 비행체를 만들어 날리는 것은 시간과 비용이 많이 들고 위험하다. 또 실제 비행 중 공기역학적인 문제점이 생기면 원인을 규명하여 수정하기가 어렵기 때문에 미리 지상에서 풍동에 축소모형을 집어넣고 다양한 비행 상황을 설정하고 시험을 한다.

풍동 시험부 크기의 제한으로 축소모형 풍동 시험을 할 때 중요하게 고려해야 하는 것은 상사성(Similarity)이다. 실제 비행체의 크기보다 작은 축소모형으로 풍동 시험을 하여 실제 크기의 공기역학적인 특성을 예측하기 위해서는 상사성 법칙(Similarity Law)에 맞도록 공기역학적 특성 변수(Reynolds Number, Mach Number 등)를 맞추어 시험하거나 보정해 주어야 한다.

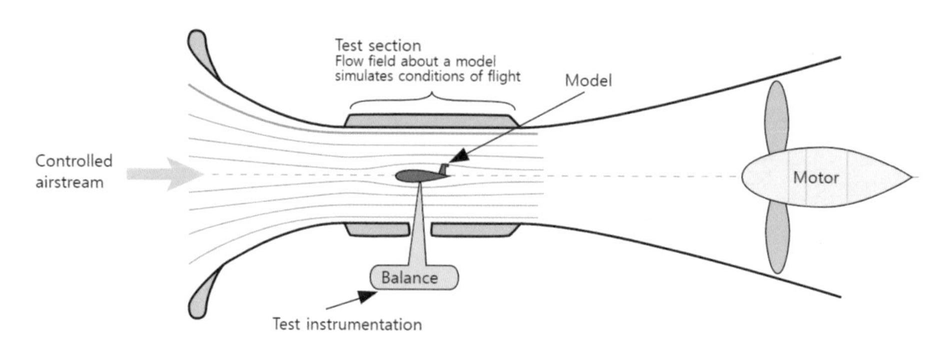

풍동 시험의 개념[Wiki, CC BY 2.5, Tomia and Liftarn]

전투기, 미사일 등의 군사용 비행체의 형상 설계(Configuration Design)뿐만 아니라 자동차 등의 형상 설계를 위하여 풍동 시험을 필수적으로 수행해야 한다. 바람 방향이 수평인 비행체, 자동차 등 개발에는 일반적인 풍동을 사용하고, 스핀(Spin), 낙하산 시험 등에는 수직 방향으로 바람이 부는 수직 풍동(Vertical Wind Tunnel)을 사용한다.

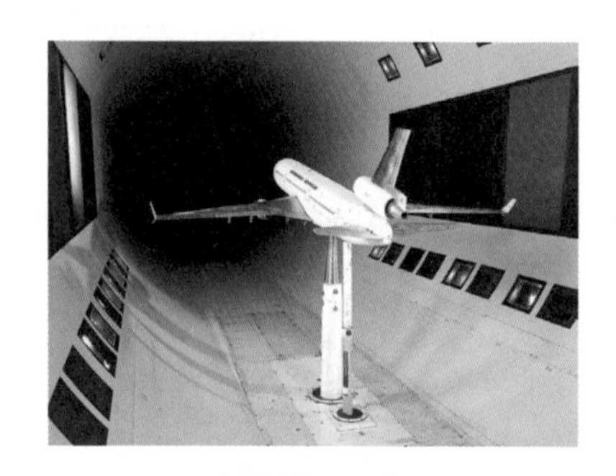

비행체 풍동 시험

[Wiki, Public Domain, NASA]

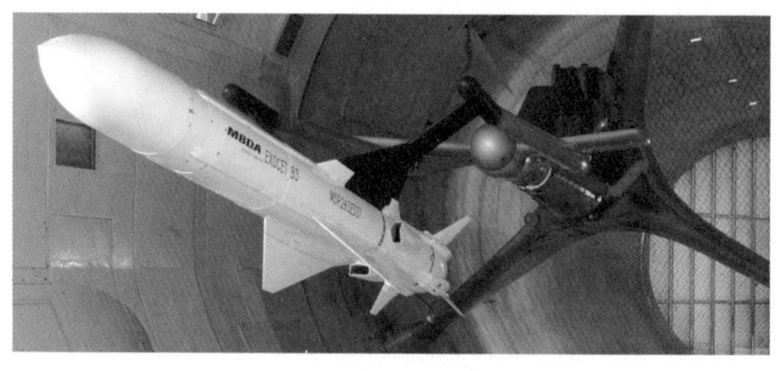

Exocet 풍동 시험

[www.mbda-systems.com]

최초의 수직 풍동[www.indoorskydivingsource.com]

실내 스카이다이빙[suffolktimes.timesreview.com]

풍동은 모사 가능한 유동의 속도로 분류할 수 있는데 음속보다 작은 속도 영역에서 가능한 아음속(Subsonic) 풍동부터 극초음속(Hypersonic) 풍동까지 있다. 아음속, 천음속(Transonic), 초음속 영역의 시험이 가능한 3중 음속 풍동(Trisonic Wind Tunnel)도 있다.

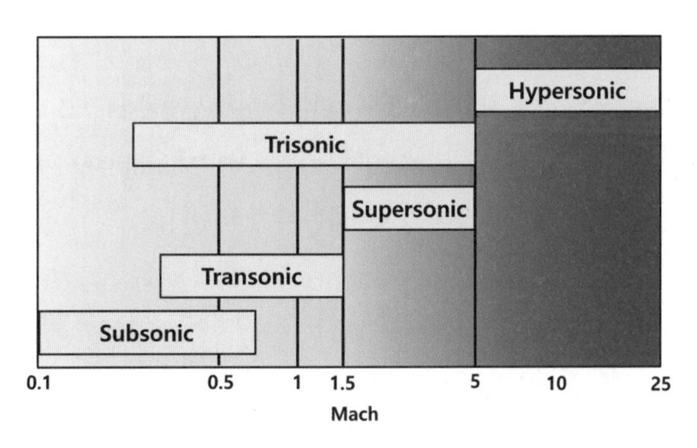

속도에 따른 풍동의 분류

□ 최초의 동력 비행과 풍동 시험

1903년 12월 17일 미국 노스캐롤라이나주 키티호크(Kitty Hawk)에서 라이트 형제(Wright Brothers)가 플라이어(Flyer)로 최초로 동력 비행했다.

동생 오빌은 복엽 비행기를 조종하여 역사적인 첫 동력 비행에 성공한다. 이륙에 성공하여 시속 43 km의 강한 맞바람을 받으며 두 차례 비행하였다. 오빌이 12초 동안 37 m를 처음 비행했고 속도는 약 시속 10.9 km, 이어 형 윌버가 59초 동안 260 m를 비행하였다. 이 첫 비행이 우리가 자주 보는 라이트 형제의 첫 비행 장면이다.

라이트 형제도 그림과 같은 풍동 시험 장치로 풍동 시험을 했다.

라이트 형제의 비행 장면

[위키, 퍼블릭 도메인, John T. Daniels]

라이트 형제의 풍동 시험 장치(복제품)

[www.nationalmuseum.af.mil]

라이트 형제의 최초의 동력 비행 시험보다 2.5년 먼저인 1901년 8월 14일 Gustave Whitehead(독일에서 미국으로 이주, 본명은 Gustav Weißkopf)가 단엽(Monoplane) 비행기로 코네티컷(Connecticut)주 Fairfield에서 동력 비행에 성공했다는 주장이 있다.

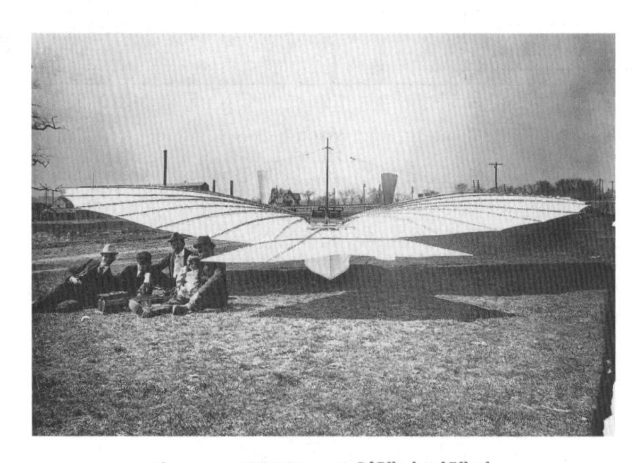

Gustave Whitehead 일행과 비행기

[Wiki, Public Domain, Valerian Gribayedoff]

그러나 라이트 형제의 비행이 더 인정받는 이유는 풍동 시험 등을 통해 과학적 접근 방법으로 비행기를 설계한 점, 또 조종날개를 조종하여 비행기의 안정성을 확보하여 비행한 점 등 비행기로 발전을 이룩한 라이트 형제의 업적 때문일 것이다.

토막상식 최초로 헬리콥터 동력 비행을 한 사람은 누굴까?

: 프랑스 발명가 폴 코누(Paul Cornu).

1907년 18 kW(24마력) 엔진을 이용하여 반대 방향으로 회전하는 2개의 6 m 로터를 이용한 헬리콥터로 비행했다. 상승 높이는 1.5 m, 1분이었다. 회전익(Rotating Wing)으로 동력 비행에 최초로 성공한 것이다.

최초의 동력 비행 헬리콥터[Wiki, Public Domain, Unknown]

토막상식 어뢰도 풍동(Wind Tunnel)에서 시험할 수 있을까?

: 어뢰 등 수중에서 움직이는 수중 무기체계는 풍동이 아닌 수조(Water Tunnel)에서 시험한다. 풍동에서 공기가 흘러가는 것처럼 수조에서는 물이 흘러간다고 생각하면 이해하기 쉽다.

소형 수조(0.3 * 0.1 m)[www.ifd.ethz.ch]

4 구조 시험

구조 시험(Structural Test)은 개발 초기 기체구조 설계를 확정하기 전에 무기체계 구조물의 구조 안전성을 평가하여 무기체계 설계 수명 및 내구성 평가와 설계 보완, 변경을 위한 기초 자료를 획득하는 것이 목적이다.

구조물이 파괴되는 이유는 구조물의 설계와 제작 또는 운용상의 부주의, 충분한 검토 없이 새로운 설계 기법 또는 소재의 적용 때문이다.

파괴 사유	개선 방안
구조물의 설계와 제작 또는 운용상의 부주의	• 설계상의 문제는 파괴 역학적 접근으로 해결 • 프로세스를 통한 개선: 과실, 해석의 오류, 기준 이하의 재료 사용

새로운 설계 기법 또는 소재 적용	• 새로운 소재나 설계 기법 • 광범위한 실험과 분석을 통해 예측 가능 기법 개발

▲ **구조물 파괴 사유와 개선 방안**[아카데미, 재작성]

대표적인 구조물 파괴 사례는 다음 그림과 같이 1988년 4월 28일 미국에서 있었던 Aloha 243편(보잉 737-200) 동체 일부 파괴다. 이 비행기는 19년간 89,000여 회 운항(약 1일에 12회 이착륙)하였으며, 파괴 원인으로는 반복적인 운항으로 인한 피로 파괴였다.

미국 Aloha 243편 동체 파괴[www.aviation-accidents.net]

구조 시험의 종류로는 다음과 같은 세부 시험이 있다.

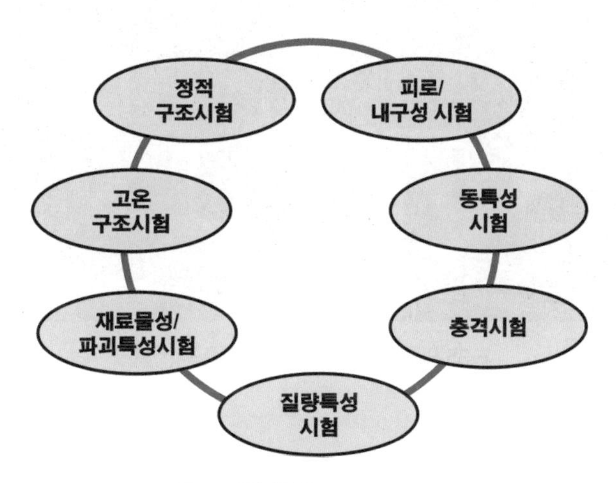

구조 시험 종류[아카데미, 재작성]

구조 시험 방법으로는 인장 시험(Tensile Test), 벤딩 시험(Bending Test) 등이 있고 복합적으로 진동을 가하면서 하는 시험, 열을 가하면서 하는 시험 등 다양한 시험 방법이 있다. 인장 시험에 사용하는 시험용 휘플트리(Whiffletree)와 구조 시험 예를 소개한다.

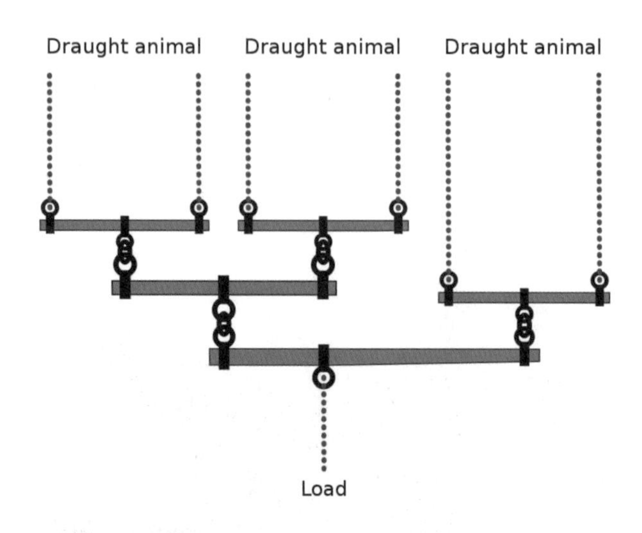

시험용 휘플트리(Whiffletree)[Wiki, CC BY-SA 3.0, Richard New Forest]

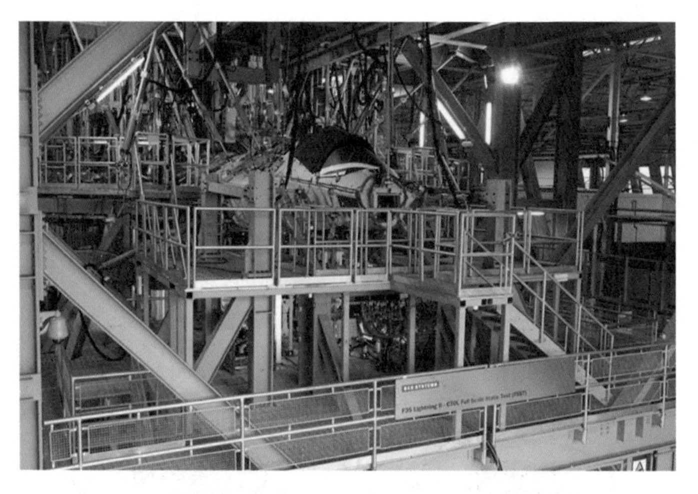

F-35 Static Structural Test[www.f-16.net]

5 마이크로파 탐색기

탐색기(Secker)는 사람의 눈에 해당하는 장비로 통상 미사일의 첨두부에 장착하고 미사일 비행 중 표적을 탐지, 포착, 추적하여 표적까지의 거리, 방향 및 각도를 출력한다. 원하는 탄착지(표적)로 유도하기 위한 종말 호밍 유도신호는 탐색기 신호를 받아 특정 목표를 달성하기 위하여 고안된 알고리즘을 거쳐 생성된다.

탐색기의 종류는 마이크로파 탐색기(Microwave Seeker)와 적외선 영상 탐색기(Image Infrared Seeker), CCTV 영상 탐색기, 레이저 탐색기, mm Wave 탐색기가 있다. 먼저 마이크로파 탐색기에 대하여 알아본다.

□ 마이크로파 탐색기의 동작 방식

마이크로파 탐색기의 동작 방식에는 Active(능동), Semi-Active(반능동), Passive(수동)의 3가지가 있다. 능동은 자신이 전파를 보내고 표적에서 반사되어 온 전파를 자신이 받아 표적의 위치, 크기 등을 계산한다. 반능동은 전파를 보내는 쪽과 받는 쪽이 다른 방식이다. 수동은 전파를 보내지 않고 표적에서 나오는 전파를 추적하여 표적으로 향한다.

마이크로파 탐색기 동작 방식

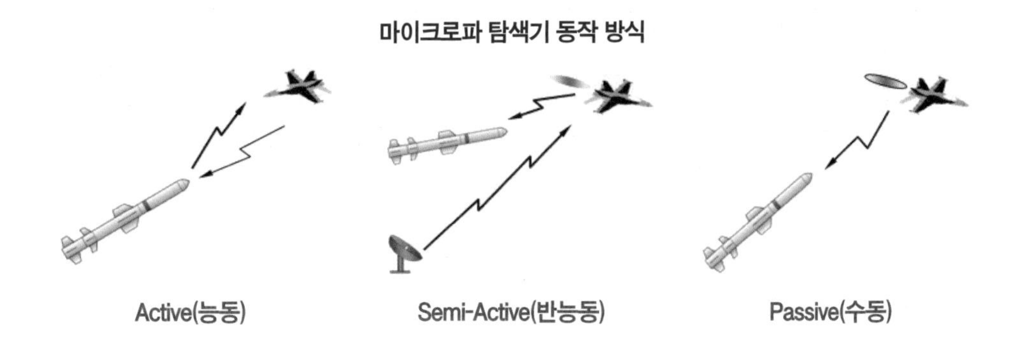

마이크로파 탐색기는 지상에 있는 레이더를 소형화해서 미사일에 탑재했다고 생각하면 이해하

기 쉽다. 마이크로파 탐색기를 탑재한 미사일은 표적 근방에 가서 탐색기를 작동시켜 표적을 탐색(검출)하고 분석(선택)하여 표적으로 공격해 들어간다.

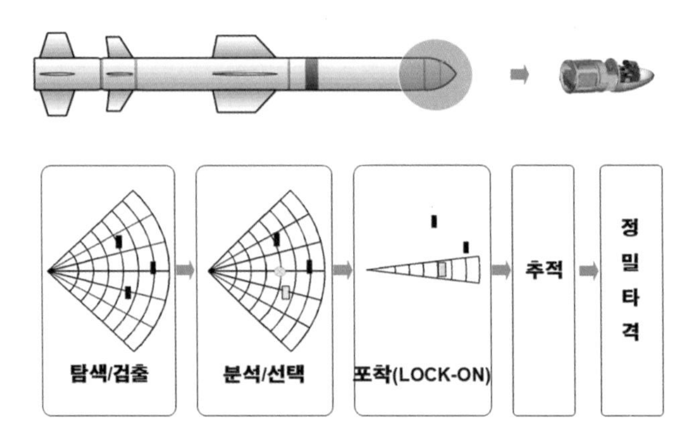

마이크로파 탐색기 작동 순서[아카데미, 재작성]

전파는 파장(주파수)에 따라 여러 가지 이름으로 분류할 수 있고 용도 또한 달라진다.

Frequency Band Name	Frequency Range	Wavelength (Meters)	Application
Extremely Low Frequency (ELF)	3-30 Hz	10,000-100,000 km	Underwater Communication
Super Low Frequency (SLF)	30-300 Hz	1,000-10,000 km	AC Power (though not a transmitted wave)
Ultra Low Frequency (ULF)	300-3000 Hz	100-1,000 km	
Very Low Frequency (VLF)	3-30 kHz	10-100 km	Navigational Beacons
Low Frequency (LF)	30-300 kHz	1-10 km	AM Radio
Medium Frequency (MF)	300-3000 kHz	100-1,000 m	Aviation and AM Radio
High Frequency (HF)	3-30 MHz	10-100 m	Shortwave Radio
Very High Frequency (VHF)	30-300 MHz	1-10 m	FM Radio
Ultra High Frequency (UHF)	300-3000 MHz	10-100 cm	Television, Mobile Phones, GPS
Super High Frequency (SHF)	3-30 GHz	1-10 cm	Satellite Links, Wireless Communication
Extremely High Frequency (EHF)	30-300 GHz	1-10 mm	Astronomy, Remote Sensing
Visible Spectrum	400-790 THz (4*10^14-7.9*10^14)	380-750 nm (nanometers)	Human Eye

주파수 밴드 분류와 용도[www.antenna-theory.com]

Q. **주파수 숫자 뒤의 k, M, G, T의 의미는 무엇일까?**

A. **SI(국제단위계) 접두어다. 수의 크기에 따라 접두어를 정의해 놓고 있다.**

배수	기호	접두어	배수	접두어	기호
$1 * 10^{30}$	Q	퀘타(quetta)	$1 * 10^{-30}$	q	토(quecto)
$1 * 10^{27}$	R	론나(ronna)	$1 * 10^{-27}$	r	론토(ronto)
$1 * 10^{24}$	Y	요타(yotta)	$1 * 10^{-24}$	y	욕토(yocto)
$1 * 10^{21}$	Z	제타(zetta)	$1 * 10^{-21}$	z	젭토(zepto)
$1 * 10^{18}$	E	엑사(exa)	$1 * 10^{-18}$	a	아토(atto)
$1 * 10^{15}$	P	페타(peta)	$1 * 10^{-15}$	f	펨토(femto)
$1 * 10^{12}$	T	테라(tera)	$1 * 10^{-12}$	p	피코(pico)
$1 * 10^{9}$	G	기가(giga)	$1 * 10^{-9}$	n	나노(nano)
$1 * 10^{6}$	M	메가(mega)	$1 * 10^{-6}$	μ	마이크로(micro)
$1 * 10^{3}$	k	킬로(kilo)	$1 * 10^{-3}$	m	밀리(milli)
$1 * 10^{2}$	h	헥토(hecto)	$1 * 10^{-2}$	c	센티(centi)
$1 * 10^{1}$	da	데카(deca)	$1 * 10^{-1}$	d	데시(deci)

▲ **SI(국제단위계) 접두어**[위키]

토막상식 10의 100제곱은 무엇일까?

: $1 * 10^{100}$ = 구골(googol)

구골! 어디서 많이 들어 본 단어가 아닌가? 인터넷 검색엔진 업체 구글(Google)은 처음에 구골(Googol)로 등록하려다가 실수로 사명을 잘못 표기해 구글로 등록한 것이 지금까지 쓰이고 있다고 한다.

□ SI(국제단위계)

국제단위계(國際單位系, 프랑스어: Système international d'unités, 약칭 SI)는 도량형의 하나로, MKS 단위계(Mètre-Kilogramme-Seconde)라고도 불린다. 국제단위계는 국가별로 상이하게 적용하는 단위를 미터법을 기준으로 현재 세계적으로 일상생활뿐만 아니라 상업적으로나 과학적으로 널리 쓰이는 도량형이다. [위키]

국제단위계에서는 7개의 기본 단위가 정해져 있다. 이것을 SI 기본 단위(국제단위계 기본 단위)라고 한다.

순번	물리량	이름	기호
1	길이	미터	m
2	질량	킬로그램	kg
3	시간	초	s
4	전류	암페어	A
5	온도	켈빈	K
6	물질량	몰	mol
7	광도	칸델라	cd

▲ **기본 단위**[위키, 재작성]

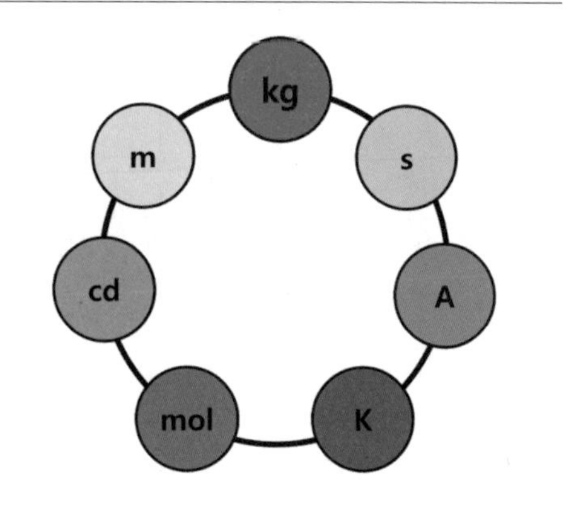

기본 단위[위키, 재작성]

기본량이 아닌 물리량을 유도량이라고 하며 정의식이나 실험식같이 물리량 사이에 성립하는 관계식을 이용하여 기본량이나 이미 있는 유도량으로부터 유도된다. 이 유도량의 단위를 유도 단위라고 한다.

순번	유도량	이름	기호
1	넓이	제곱미터	㎡
2	부피	세제곱미터	㎥
3	속도	미터 매 초	m/s
4	가속도	미터 매 초 제곱	m/s^2
5	밀도	킬로그램 매 세제곱미터	kg/㎥
6	농도	몰 매 세제곱미터	mol/㎥
7	광휘도	칸델라 매 제곱미터	cd/㎡

▲ **유도 단위**[위키, 재작성]

SI(국제단위계) 표기 방법은 다음과 같다.

- 어떤 양을 수치와 단위 기호로 나타낼 때 그사이를 한 칸 띄고, 단위는 소문자로 표기
- 사람의 이름에서 유래한 단위 기호는 대문자
  - V(Volt), W(Watt), A(Ampere), J(Joule), F(Farad), N(Newton), Hz(Hertz) 등
- 나라마다 숫자 표기에 사용되는 쉼표의 용법이 다르므로 모든 숫자는 세 자리씩 띄어서 표기(예: 123 456 789 m)
- 소수점을 찍을 때는 쉼표, 마침표 둘 중 하나만 선택해서 사용
- 단위 기호는 복수의 경우에도 변하지 않음
- 나라마다 billion, trillion이 의미가 다르므로 ppb, ppt의 사용 금지
- 숫자 1과 문자 l의 구별을 위하여 리터(Liter)는 과학자의 이름에서 유래하지 않았지만, 대문자(L)가 표준이고 소문자(예: ℓ) 표기를 허용

올바른 표현	올바르지 않은 표현
35 mm	35mm, 35MM
3 km	3KM, 3Km, 3kM
5 kg	5KG, 5Kg, 5kG

- 예외: 평면각의 도, 분, 초의 기호와 수치 사이는 띄우지 않는다.

올바른 표현	올바르지 않은 표현
25°, 25°23‘, 25°23‘27“	25 °, 25 °23 ‘, 25 °23 ‘ 27 “

- 국제단위계에는 HDD 용량, 메모리 크기 등을 표현하는 이진 접두어를 2^{10}(1,024)을 기본으로 하여 다음과 같이 정의되어 있다.

SI 접두어(Metric Prefix) 배수 10^3(1,000)			이진 접두어(Binary Prefix) 배수 2^{10}(1,024)		
배수	기호	접두어	배수	기호	접두어
$1 * 10^{24}$	Y	요타(yotta)	$2^{80} = 1.209 * 10^{24}$	Yi	요비(yobi)
$1 * 10^{21}$	Z	제타(zetta)	$2^{70} = 1.180 * 10^{21}$	Zi	제비(zebi)
$1 * 10^{18}$	E	엑사(exa)	$2^{60} = 1.153 * 10^{18}$	Ei	엑스비(exbi)
$1 * 10^{15}$	P	페타(peta)	$2^{50} = 1.126 * 10^{15}$	Pi	페비(pebi)
$1 * 10^{12}$	T	테라(tera)	$2^{40} = 1.100 * 10^{12}$	Ti	테비(tebi)
$1 * 10^{9}$	G	기가(giga)	$2^{30} = 1.074 * 10^{9}$	Gi	기비(gibi)
$1 * 10^{6}$	M	메가(mega)	$2^{20} = 1,048,576$	Mi	메비(mebi)
$1 * 10^{3}$	k	킬로(kilo)	$2^{10} = 1,024$	Ki	키비(kibi)

▲ **2진 접두어**[위키, 재작성]

□ RCS

RCS[53]는 레이더(Radar)에 탐지된 목표물 크기(반사 단면적)를 말하는데 발사된 전파가 어떤 대상물에 반사되어 돌아온 레이더 신호의 크기를 통해 측정된다. 레이더에 나타나는 반사 단면적 크기를 최소화하는 것이 항공기 분야에 있어서 스텔스(Stealth) 기술이다.

토막상식 레이더에 잡히지 않는 최초의 스텔스 공격기는?

: 미국 록히드마틴 F-117 나이트호크(Nighthawk).

F-117의 독특한 모습은 스텔스 능력을 최대로 발휘하기 위한 형상 때문이다. 후퇴익과 다이아몬드 형상의 동체를 가지고 폭탄 창들을 모두 기체 내부에 수납하였고, 기체 외부에는 레이더 전파 흡수용 특수 페인트를 사용해 RCS를 낮춘다.

당시 쓰인 전파 흡수 물질(RAM)[54]은 140 km 밖에서 레이더에 탐지될 수 있는 수준의 물체를 23 km 밖에서 겨우 포착할 수 있는 수준까지 떨어뜨리는 능력을 자랑했으나, 내구력이 별로 좋지 않아 출격할 때마다 새로 도색해야만 했다.

53) RCS: Radar Cross Section

54) RAM: Radio Absorbing Material, Radio frequency Absorbing Material

F-117 나이트호크

F-117 외형[Wiki, Public Domain, Ɛ, Aaron Allmon II]

F-117 내부[Wiki, Public Domain, Ɛ, Lyle Jansma]

□ 스텔스 항공기의 탄생 비화

레이더에 탐지되지 않는 스텔스 항공기를 세계 최초로 만든 나라는 미국이다. 그러나 미국이 스텔스 항공기를 만들 수 있던 것은 냉전 시대의 적이었던 소련의 논문 때문이었다.

1962년 당시 소련 모스크바의 중앙무선 기술 과학연구소의 물리학자이자 수학자였던 표트르 우핌체프(Pyotr Ufimtsev)가 「물리적 반사 이론에 의한 전자파 예각 파동 방법」[55]이라는 논문을 발표했다.

미국은 1975년 베트남 전쟁 패배의 악몽에서 벗어나지 못하고 있었는데, 이유 중 하나는 많은 군용기를 소련제 지대공 미사일에 격추당했기 때문이었다. 또한 중동에서 벌어진 6일 전쟁에서 이스라엘이 소련제 지대공 미사일에 의해 다수의 전투기를 잃는 것을 보고 충격을 받아, 피격률을 줄이고 생존율을 높일 수 있는 방법을 찾기 위해 고민하고 있었다.

록히드사 첨단 기술 개발 연구소 '스컹크 웍스(Skunk Works)' 팀의 수학자이자 레이더 전문가였던 데니스 오버홀저(Denys Overholser)는 소련의 우핌체프 논문을 접하게 된다.

가치는 가치를 알아볼 수 있는 사람의 눈에만 보이는 법. 데니스 오버홀저는 우핌체프의 논문을 읽고 그 이론의 현실화 가능성을 확신하였다. RCS를 정확히 계산할 수 있는 컴퓨터 프로그램을 5주 만에 만들어 냈는데 이것은 이후 스텔스기 개발에 매우 중요한 역할을 하게 된다.

록히드사는 스텔스기의 현실화 가능성을 입증할 시제기 설계 및 개발에 착수하게 된다. 당시 스

---

55) Method of Edge Waves in the Physical Theory of Diffraction

컹크 웍스 책임자 벤 리치(Ben Rich)의 주도하에 세계 최초의 시도가 이루어졌다. 레이더에 어느 정도 탐지되는지 팜데일 근처의 모하비사막 야외 시험장에서 시험하였다. 레이더를 작동시켰지만, 반사 신호가 없어 시제기가 기둥에서 떨어진 것으로 생각했다.

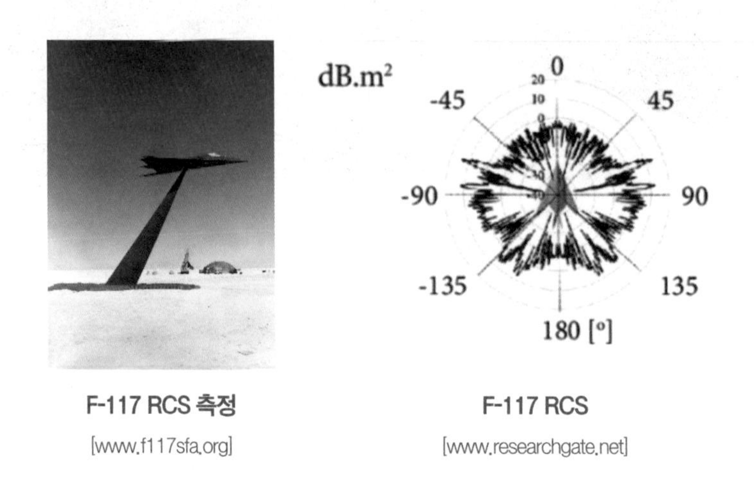

F-117 RCS 측정

[www.f117sfa.org]

F-117 RCS

[www.researchgate.net]

F-117의 RCS는 0.0025 ㎡(B-52의 RCS는 100 ㎡).

[Radar Detection and Stealth Bomber: What Future for Stealth Technology?]

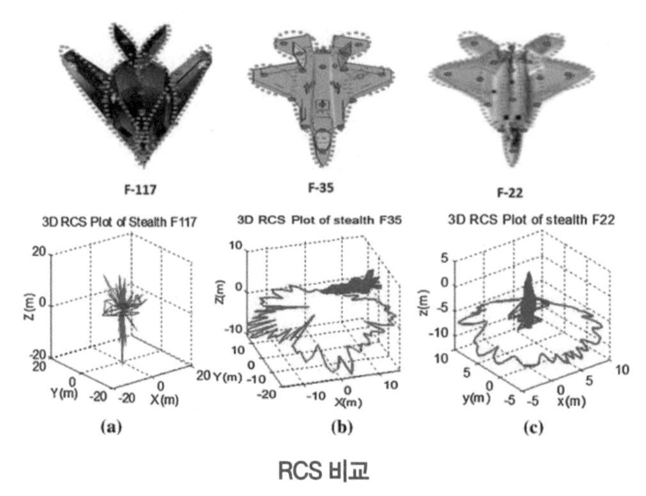

RCS 비교

[Track-before-detect for complex extended targets based sequential monte carlo Mb-sub-random matrices filter]

스컹크 웍스의 스텔스기는 1977년에 최초로 비행에 성공하였고, 1978년에 작전 운용이 가능한 F-117A의 개발이 시작되었다. 1982년에 미국 공군에 제1호기가 인도되었으며, 1988년에 처음으로 일반 대중에게 사진이 공개되었다.

미국은 F-117의 존재를 감추기 위해 A-7을 위장용으로 내세웠다. 리비아 폭격 당시 미국은 F-117을 이용하려 했으나 기밀이 너무 일찍 유출될까 두려워 결국 F-111이 투입되었고 큰 손실을 보게 된다.

1991년 사막의 폭풍 작전은 F-117의 폭격을 시작으로 개시되었다. 이는 세계 최고 수준의 방공망을 가졌다고 평가받는 바그다드의 중심으로 들어가는 위험한 폭격이었지만 F-117의 희생은 0이었다.

나이트호크 특유의 검은색은 스텔스 페인트 색이 아니고 단지 밤에만 운용하도록 교리를 만들었기 때문에 눈에 안 띄도록 검게 칠한 것이라 한다.

미국 공군은 F-117의 성능이 나빠서가 아니고, 유지비용이 너무 비싸다는 이유로 2008년 4월 22일 퇴역시켰고, 이후로는 스텔스 폭격 임무를 F-22 랩터 전투기가 맡고 있다.

그러나 퇴역했던 F-117A 4대가 2019년 2월 F-16 전투기 편대와 함께 비행하는 것이 다시 포착되었다. 미국 공군은 현재 F-117A 52대를 유사시 재가동이 가능하도록 특수 보관하고 있다. 재취역 추정 이유로는, 스텔스기로 적 영토에 은밀히 침투한 뒤 지하의 견고한 표적을 GBU-27[56](레이저 유도 벙커버스터)로 폭격할 수 있는 유일한 기종이고, 같은 스텔스기인 F-22 랩터와 F-35는 벙커버스터와 같은 대형 폭탄을 달 수 없기 때문이다.

GBU-27을 투하하는 F-117[Wiki, Public Domain, EDWARD SNYDER]

---

56) GBU: Guided Bomb Unit

토막상식 **RCS를 크게 하는 방법은?**

: 코너 리플렉터(Corner Reflector)를 이용한다.

RCS를 감소시키는 방법과는 반대로 실제의 물리적 크기보다 RCS를 크게 하는 방법은 코너 리플렉터를 이용하는 방법이다. 3면이 각각 90도로 이루어진 코너 리플렉터의 한쪽에 전파가 들어오면 2번 반사되어 들어온 방향으로 거의 손실 없이 나간다.

실제 물리적인 크기는 작지만, RCS를 크게 만들 필요가 있는 대형 함정 모의 표적 제작 등에 응용한다.

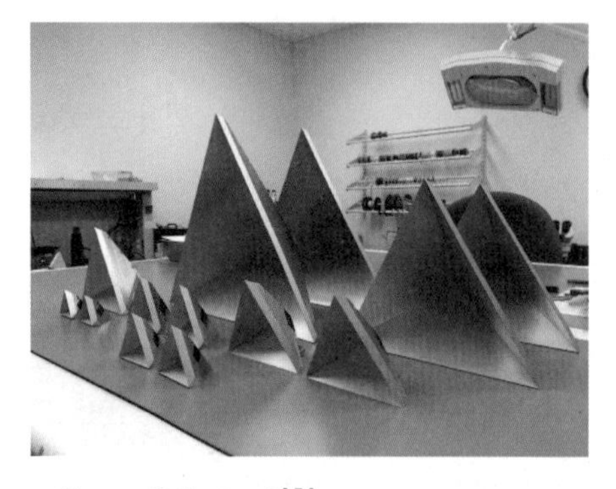

Corner Reflector 외형[www.everythingrf.com]

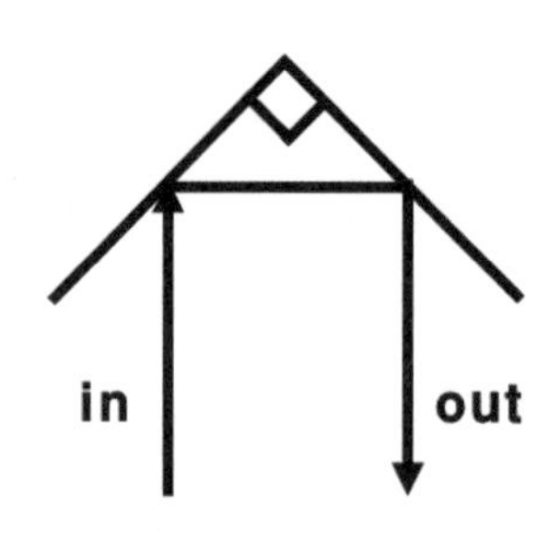

전파경로

토막상식 **수상함에도 스텔스 기능이 있는 함정이 있을까?**

: 공중에 스텔스 기능의 F-117이 있다면 수상함에는 미국 해군의 스텔스 줌월트급 구축함(Zumwalt Class Destroyer)이 있다.

줌월트 항해[news.usni.org]

구분	내용	구분	내용
전장	190 m	전폭	24.6 m
만재 배수량	14,500 t	흘수선	8.4 m

▲ **줌월트 규격**[Wiki]

줌월트급의 스텔스 성능(피탐 능력)은 어느 정도일까? 줌월트급은 스텔스 형상이어서 RCS가 100 ㎡ 크기로, 어선과 같은 수준이다. 보통 구축함 5,000 ㎡ 크기에 비해 굉장히 혁신적인 수준이다.

토막상식 능동형 마이크로파 탐색기를 탑재한 미사일은 재공격(Reattack) 가능할까?

: 가능하다.

능동형 마이크로파 탐색기는 송신한 전파가 표적(목표물)에 반사되어 돌아오는 시간으로 표적까지의 거리(km)를 알 수 있지만, 적외선 탐색기는 알 수 없다.

표적까지의 남은 거리를 비행 속도로 나누면 표적까지 도달 시간(탄착 시간, Time to Go)을 계산할 수 있다. 이 시간이 지나도 신관에서 충격 감지 신호가 나오지 않는다면 이는 표적에 맞지 않은 것으로 유도조종장치에서 재공격 판단 기준이 된다.

능동형 마이크로파 탐색기를 탑재한 미사일이 모든 공격모드에서 재공격 가능한 것은 아니고 해면 밀착(Sea Skimming) 모드 즉 수평 비행할 때만 가능하다. 예를 들어 Pop Up(경사 공격) 모드로 공격할 때 표적에 명중하지 못하면 미사일이 해수면과 충돌하기 때문에 재공격할 수 없다.

6 적외선 영상 탐색기

적외선 영상(IIR)[57] 탐색기는 표적에서 방사되는 적외선을 받아들이는 적외선 검출기(IR Detector)를 이용하여 표적을 탐지한다.

57) IIR: Image Infrared

□ 적외선 영상 탐색기의 동작 원리

적외선 영상 탐색기의 동작 원리는 물체에서 방출하는 전자기파를 이용한다. 모든 물체는 절대온도 영도(-273.15 ℃, 0 K) 이상의 온도를 갖고 있으며, 온도에 대응하는 전자기파를 방사한다. 물체의 온도가 높을수록 대응되는 전자기파 파장은 짧아지며 에너지는 온도의 4제곱에 비례하여 증가한다.

예를 들어 태양이나 전구의 필라멘트와 같이 온도가 수천 도에 달하는 물체들의 대응파장이 가시광 대역에 있음에 반하여, 상온 부근의 물체들은 방사파장이 적외선 대역으로 국한된다. 얼음덩어리와 같이 매우 차갑다고 생각되는 물체들은 더 긴 파장으로 편이된 적외선을 방출한다.

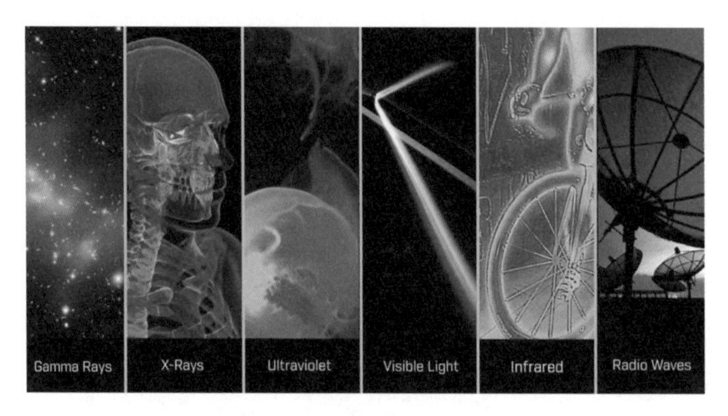

다양한 영상 종류[www.flir.com]

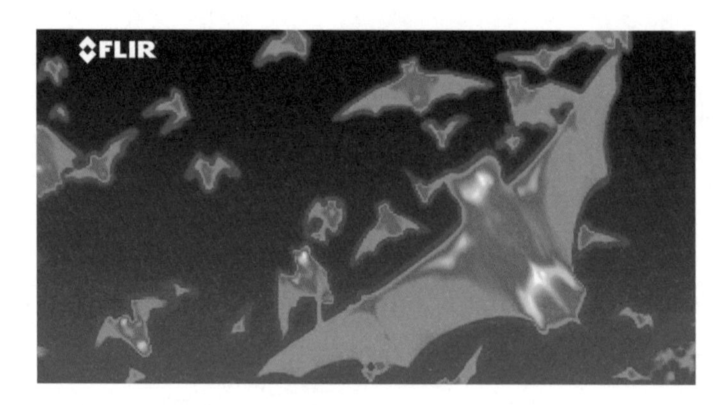

IR 영상[www.flir.com]

단소자 검출기(Single Detector)를 이용하는 1세대 적외선 탐색기는 표적을 찾기 위하여 수평 수직 스캔(Scan), 코니칼 스캔(Conical Scan) 등 다양한 주사 방법이 있으며, 2세대에서는 선형 검출기(Line Detector)를 이용하여 좀 더 선명한 표적을 탐지할 수 있었다. 기술 발달에 따라 3세대에서는 검출기를 평면 형태로 배치하여 사진을 찍는 것처럼 한 번에 적외선 영상을 획득할 수 있다.

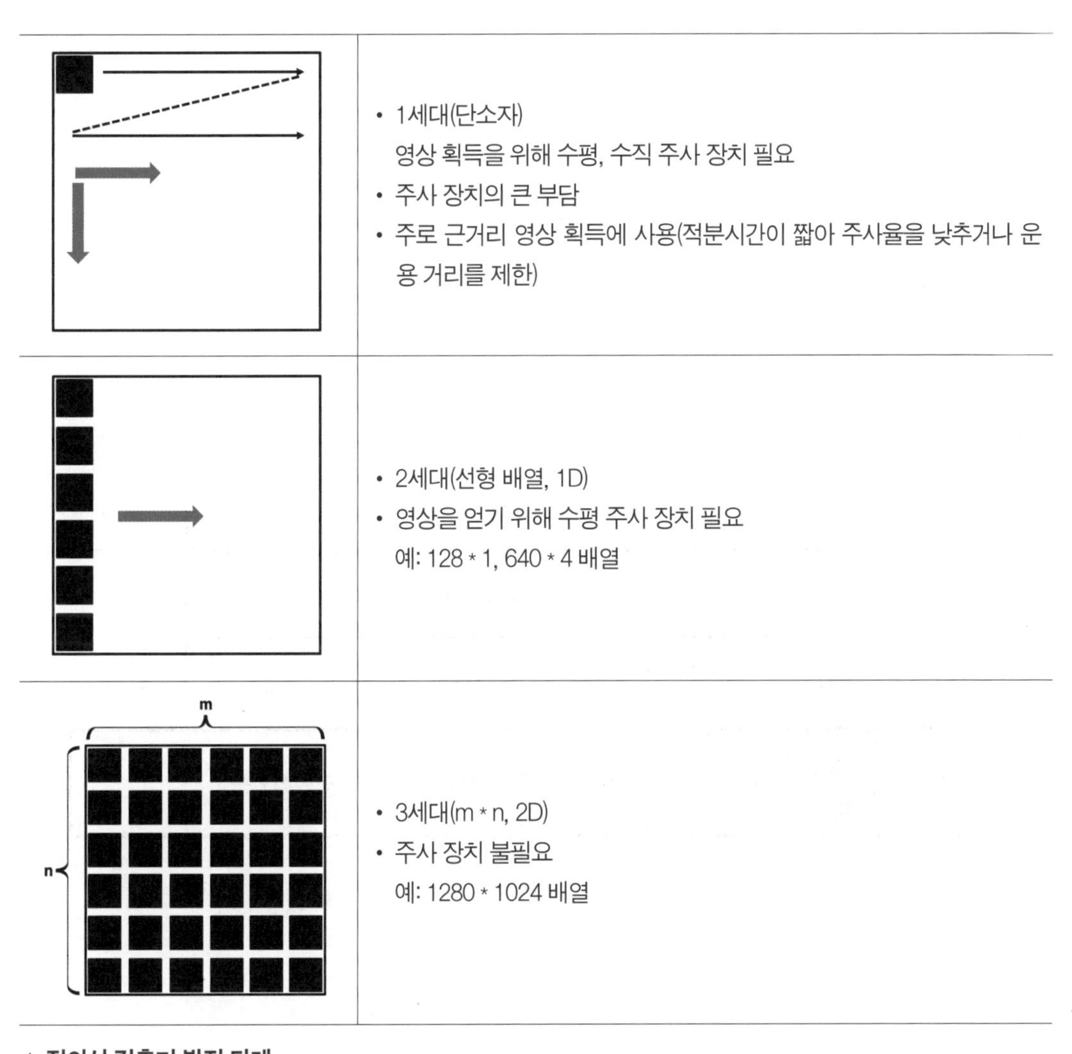

1세대	• 1세대(단소자) 영상 획득을 위해 수평, 수직 주사 장치 필요 • 주사 장치의 큰 부담 • 주로 근거리 영상 획득에 사용(적분시간이 짧아 주사율을 낮추거나 운용 거리를 제한)
2세대	• 2세대(선형 배열, 1D) • 영상을 얻기 위해 수평 주사 장치 필요 예: 128 * 1, 640 * 4 배열
3세대	• 3세대(m * n, 2D) • 주사 장치 불필요 예: 1280 * 1024 배열

▲ **적외선 검출기 발전 단계**

IIR 탐색기를 탑재한 미사일은 크게 발사 전 표적 포착 후 발사 모드와 발사 후 표적 포착 모드 2종류가 있다. 표적 포착 후 발사 모드는 일반적인 운용 모드로 대전차, 대공 미사일에 주로 적용되고 있고, 발사 후 표적 포착 모드는 중·장거리 표적 타격을 위한 모드로 장거리 비행 후 표적 근처에서 획득한 적외선 영상 정보와 발사 전에 발사통제장비를 통해 미리 주입(장입)한 표적 영상 정보를 비교하며 유도조종을 통해 정확하게 표적을 점 조준 타격(Pin-point Attack) 할 수 있다.

□ 파장에 따른 적외선의 밴드 구분

가시광선은 전자파의 광파 영역 중 0.38~0.77 ㎛ 파장 대역으로 사람의 눈으로 감지할 수 있는 파장 영역이다.

적외선은 0.77 ㎛~1 nm(1,000 ㎛) 파장 대역으로 가시광선과 레이더/통신 파장 영역 사이에 존재하는 전자파이다. 적외선은 일반적으로 대개 0.77~3 ㎛까지를 근적외선(SWIR),[58] 3~6 ㎛까지를 중적외선(MWIR),[59] 6~15 ㎛까지를 원적외선(LWIR)[60]이라 하고 15 ㎛ 이상 1,000 ㎛까지(1 nm)를 극원적외선(EWIR)[61]이라고 한다.

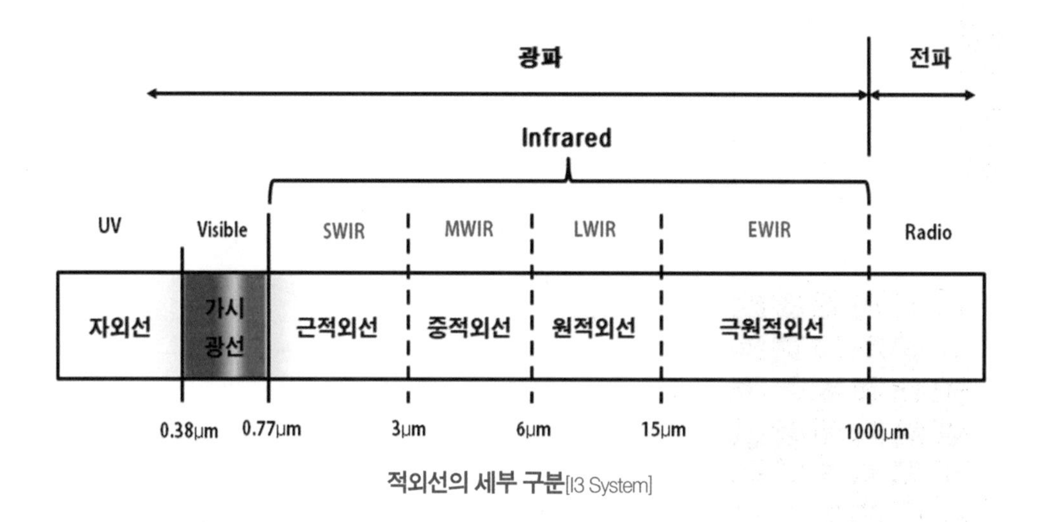

적외선의 세부 구분[I3 System]

58) SWIR: Short Wave IR
59) MWIR: Medium Wave IR
60) LWIR: Long Wave IR
61) EWIR: Extreme Wave IR

적외선 영역 중에서 실제 사용하는 영역은 일반적인 군사 표적들이 방출하는 에너지의 파장 영역, 검출기의 검출 특성과 대리투과 특성 때문에 1 ㎛ 근처의 근적외선, 3~5 ㎛의 중적외선 및 8~12 ㎛의 원적외선 등 일부 영역만 활용되고 그 밖의 영역은 사용되지 않는다. 무기체계 종류에 따라 이중 모드 적외선 탐색기를 사용하는 예도 있다.

검출기에 영상이 검출되면 처리 내용에 따라 3단계로 구분한다.

구분	내용
탐지(Detection)	표적의 존재 여부
인지(Recognition)	표적의 종류 판별(예: 사람, 차량)
식별(Identification)	표적의 기종 구분(예: 탱크 T62, T34 등)

▲ 영상 검출 처리 단계

□ 적외선 검출기 냉각 방식

적외선 검출기를 작동시키는 방법에는 냉각 방식과 비냉각 방식의 2가지가 있다.

구분	장점	단점	원리
냉각 방식	• 성능 우수 • 높은 온도 해상도	• 가격 고가(수천만 원) • 극저온용 냉각장치 필요 • 시스템 복잡	광전형 (Photon Type)
비냉각 방식	• 소형 경량, 저전력 • 가격 저렴(수백만 원) • 시스템 간단	• 상대적으로 낮은 성능 • 원적외선 대역에서만 가능	열전형 (Thermal Type)

▲ 적외선 검출기 냉각 방식

적외선 검출기의 성능은 '얼마나 미세한 적외선 신호까지 감지할 수 있는가'로 결정된다. 작은 적외선 신호를 감지하기 위해서는 적외선 영상 검출기 주변의 열잡음(Thermal Noise)을 제거해야 하는데 냉각 방식의 적외선 검출기에 냉각기를 부착하여 적외선 검출기(센서) 온도를 극저온으로 떨어뜨려 감지 속도, 정확도, 영상 품질이 매우 높은 검출기로, 주로 군사용으로 사용된다. 냉각 방식은 몇 가지가 있으며 각각의 특징은 다음과 같다.

적외선 영상(좌: 냉각, 우: 비냉각)[www.sjelectronics.co.uk]

32 km/h로 회전하는 타이어를 캡처한 영상이다. 좌측 사진에서 타이어가 회전하지 않는 것처럼 보이지만 냉각식 카메라의 매우 빠른 캡처 속도로 인해 타이어의 움직임이 정지된 것처럼 보이는 것이다. 비냉각식 카메라 캡처 속도는 회전하는 타이어를 캡처하기에는 너무 느려서 휠 스포크가 투명하게 보인다.

방식	동작 원리	특징
열전 냉각 (Thermo-Electric Cooler)	펠티어 효과[62)] (Peltier Effect)	• 상온 대비 -100 K 달성 가능(4~5단) • 사용 편리, 고신뢰도, 낮은 효율 • 열 방출 문제
줄-톰슨 냉각기 (J-T Cooler)	줄-톰슨 효과[63)] (Joule-Thomson Effect)	• 질소: 77 K, 아르곤: 87 K • 소형, 신속, 저렴, 가동 부품 없음 • 고순도, 고압 냉각 기체 필요
스털링 냉각기 (Stirling Cooler)	스털링 사이클[64)] (Stirling Cycle)	• 77 K 이하 저온 가능/온도 조절 가능 • 냉각 기체 공급 불필요 • 냉각 시간 무제한(장시간, 반복 사용) • 무게, 진동, 열 방출 문제

▲ 냉각 방식별 특징

62) 펠티어(Peltier) Effect: 서로 다른 종류의 도체(금속 또는 반도체)를 접합하여 전류를 흐르게 할 때 접합부에 줄(Joule) 열 외에 발열 또는 흡열이 일어나는 현상

63) 줄-톰슨(Joule-Thomson) Effect: 기체가 단열 팽창 시 온도가 떨어지는 현상

64) 스털링(Stirling) Cycle: 등온 압축-등적 냉각-등온 팽창-등적 가열을 통한 냉각(냉장고 압축기를 이용한 냉각과 유사)

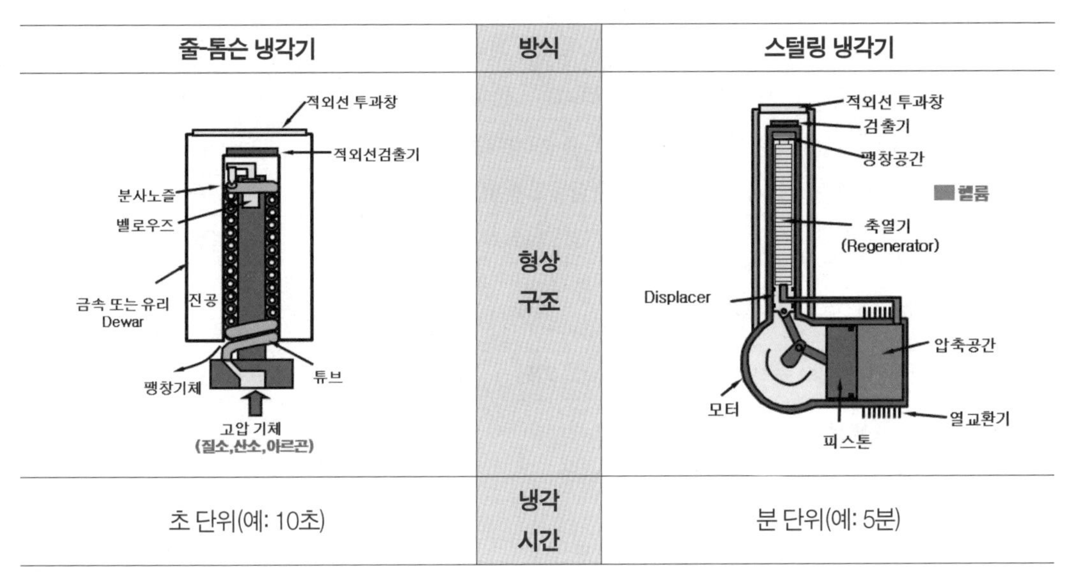

줄-톰슨 냉각기	방식	스털링 냉각기
(그림)	형상 구조	(그림)
초 단위(예: 10초)	냉각 시간	분 단위(예: 5분)

▲ 냉각 방식 비교

적외선 탐색기의 장단점은 다음과 같다.

장점	• 수동성: 표적 자체의 방사 에너지를 이용하므로 별도의 조사기(Illuminator)가 불필요하며 사격 후 망각 운용 가능, 주야 상관없이 운용 가능 • 은밀성: 별도의 조사가 필요 없으므로 적에게 노출되지 않아 은밀 공격 가능 • 정밀성: 적외선 영역의 높은 분해능을 이용하여 정밀한 유도 가능
단점	• 대기 영향: 구름, 안개 등 기후환경에 취약 • 각도 추적: 별도의 조사가 필요 없이 수동형으로 운용되므로 거리 또는 상대속도 정보를 얻을 수 없어 각도 추적(Angle Tracking)에 국한됨

▲ 적외선 탐색기의 장단점

마이크로파 탐색기와 적외선 영상 탐색기의 특성 비교는 다음과 같다.

마이크로파 탐색기	항목	적외선 탐색기
능동, 반능동, 수동	사용 모드	수동
없음(전천후성)	기후 의존도	높음
가능	거리 측정	불가

길	표적 포착 거리	비교적 짧음
양호	ECCM[65] 능력	매우 우수
취약(일반적으로 대지 표적 불가)	표적 분리/식별	매우 우수
우수	종말유도 정확도	매우 우수
큼	구경(Diameter)	작음
대함, 대공, 대탄도 미사일 등	적용	대지, 대함, 대공 등 거의 모든 미사일
종합적인 ECCM 능력	기타	복잡한 배경에서 표적 식별 가능

▲ 탐색기의 종류별 특성 비교

7 탄두

미사일 탄두(Warhead)는 비행체가 표적까지 안전하게 비행하여 표적에서 주어진 임무(폭발 성능 등)를 발휘하는 장비로, 개발 시험 중에는 활성 탄두 대신 모의 탄두, 원격측정장치 등 시험 장치를 탑재한다.

탄두의 구성은 3부분으로 탄두 구조물, 주 장약(화약), 신관이다. 탄두 구조물은 내부의 주 장약과 신관을 보호하고 폭파 시 파편 등을 발생시킨다. 주 장약은 탄두가 폭발하는 에너지원을 공급한다. 신관은 탄두를 안전하게 보관, 기폭 시킨다.

탄두의 종류는 표적에 따라 달라진다.

□ 화약

화약은 중국의 4대 발명품(종이, 나침반, 인쇄술, 화약) 중의 하나로 춘추전국시대 불로장생의 묘약을 찾는 과정에서 우연히 발명되었다.

65) ECCM: Electronic Counter Counter Measure

흑색화약(Black Powder) 또는 화약(火藥, Gunpowder)은 초석(硝石)이라 불리는 질산칼륨, 숯, 황의 혼합물이다. 연소할 때 많은 양의 기체가 발생하며 급격히 팽창하여 탄체를 발사하는 추진제로도 사용된다. 화약은 질산칼륨 75 %, 숯 15 %, 황 10 %의 조성비로 이 구성물 중에서 질산칼륨이 가장 중요한 위치를 차지하는데 질산기에 의한 지속적인 산소 공급이 다른 구성물들의 연소와 폭발을 촉진하기 때문이다.

기존의 화약을 흑색화약이라 부르게 된 것은 19세기에 무연 화약이 발명되고 난 뒤에 구별하려고 붙인 이름이다. 흑색화약은 검은색 숯가루가 들어 있어 검은색이라 흑색화약이라 부르며, 무연 화약은 어두운 붉은색이다.

□ 연소와 폭발 차이

연소와 폭발은 비슷하면서도 차이가 있다. 연소는 가연 물질이 산소와 천천히 반응하여 열을 지속적으로 내는 현상이고, 폭발은 입자의 크기가 작아 산소와 접촉하는 표면적이 넓어 다량의 급격한 연소를 통하여 짧은 시간에 압력과 온도가 높아지는 현상이다. 즉 원자로(천천히 반응)와 원자폭탄(급격한 반응)과 같은 개념이다. 보통 폭발의 반응속도는 연소의 10^3~10^6배 수준이다.

격렬한 폭발 반응을 내려면 더 많은 산소를 공급해야 한다. 화약 성분 중에 초석(질산칼륨 KNO_3)이 들어 있는 이유는 산소를 계속 공급하여 높은 폭발력을 얻으려는 목적이다.

순간적인 반응은 연소 효율이 낮으며 이를 높일 수 있다면 새로운 종류의 화약이 된다.

연소	구분	폭발
숯 덩어리	형상	숯 분말

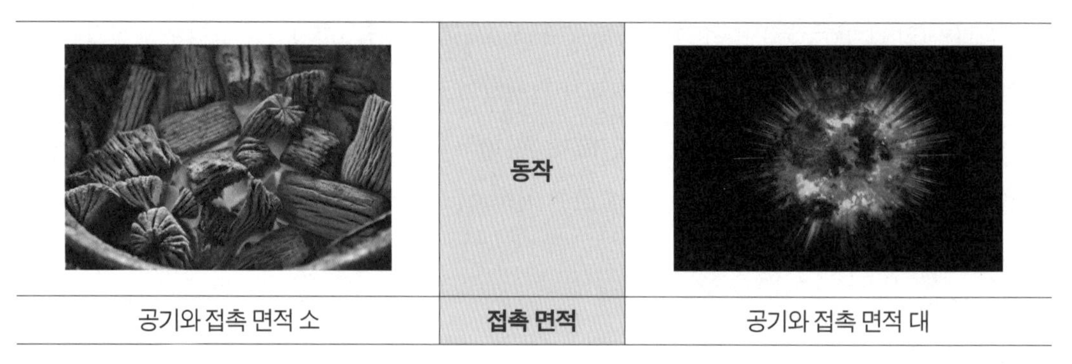

	동작	
공기와 접촉 면적 소	**접촉 면적**	공기와 접촉 면적 대

▲ 연소와 폭발의 비교

토막상식 다음 그림 A, B 중에서 열량이 큰 쪽은 어디일까?

: A(Exercise).

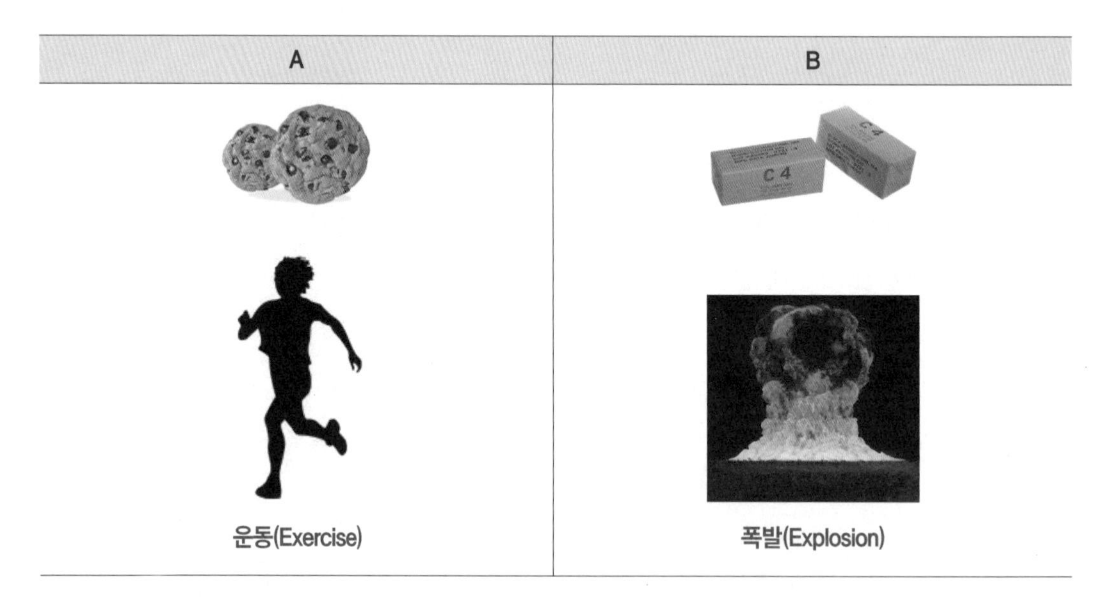

A	B
운동(Exercise)	**폭발(Explosion)**

▲ [지현진, 아카데미]

많은 사람이 B를 선택했을 것이다. 폭약이 터지는 것을 보고 B를 선택할 수는 있지만 총열량은 A가 훨씬 크다. A는 인체가 먹고 나서 천천히 소화시키며, B는 순간적으로 에너지를 내며 작동(폭발)한다. [지현진, 아카데미]

위 A, B 경우에 대하여 각각의 열량을 계산해 보면 다음과 같다.

A	B
101 kcal(20 g 기준)	31.8 kcal(20 g 기준)

Q. 차량 충돌 시 에너지는 어느 정도일까?

A. 조건에 따라 TNT 등가량으로 환산해 보자.

가정:

- 차량 중량(m): 2,000 kg
- 충돌 속도(V): 64 km/h = 17.8 m/s

구분	에너지	폭파 속도
TNT[66]	4.1 kJ/g	6,900 m/s

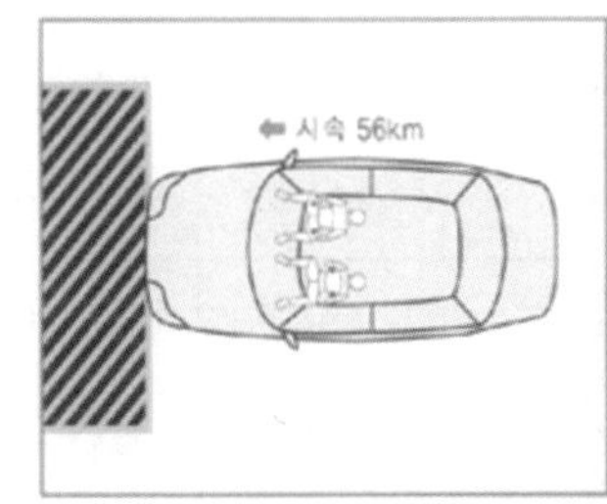

자동차 정면충돌 시험[국토교통부]

$$\text{운동 에너지} = \frac{mV^2}{2} = \frac{2000*17.8^2}{2} = 317\ kJ$$

$$\therefore \text{충돌 에너지의 TNT 등가량} = \frac{317}{4.1} = 77.3\ g$$ [이재민, 아카데미]

□ 탄두 안전도(둔감화) 시험

탄두에서 가장 중요한 성능은 위력(폭발력)이다. 그러나 탄두(부스터 포함) 등은 보관 및 작전대

66) TNT: 2,4,6-Trinitrotoluene, 1863년 독일 화학자 빌 브란트(J. Willbrand)가 염색약을 만들다가 만들어 냈다.

기 중에 화재, 충격 등의 우발적 사고에 항상 노출되어 있다. 아군이 보유하고 있을 때는 고성능 탄두의 위력이 오히려 문제가 된다. 특히 항공모함처럼 밀집된 공간에서 폭발, 화재 발생 시에는 타무장으로 화염 전파, 사고가 파급되는 등 문제가 커진다. 이런 문제 때문에 화재나 피격 등의 사고로부터 인적, 물적 자원을 보호하기 위하여 둔감탄약(둔감탄, IM)[67] 개발이 요구되었다.

미국 항공모함 비행갑판에서 여러 번의 사고가 일어났으며 대표적인 사례가 1967년 7월 29일 베트남 통킹만 해역에서 작전 중이던 포레스탈(Forrestal) 항공모함에서 일어난 폭발 사고다. 포레스탈 항공모함뿐만 아니라 다른 항공모함에서도 유사한 사고 사례가 있었고 육상에서도 사고가 있었다.

포레스탈 폭발 사고는 포레스탈의 함미 쪽 비행갑판에서 로켓 오발로 인한 폭발 및 화재가 발생한 사고다.

위치	날짜	폭발물	사망 / 부상	피해 (Then-year $)
USS Oriskany	26 Oct 66	Actuated Flare	44/156	$ 10 million
USS Forrestal	29 Jul 67	Zuni Rocket	134/161	$ 182 million
USS Enterprise	15 Jan 69	Zuni Rochet	28/343	$ 122 million
USS Nimitz	26 May 81	Sparrow missile Warhead	14/48	$ 79 million
Camp Doha, Kuwait	11 Jul 91	A motor pool fire	3/49	102 Vehicles $ 15 million
Spin Boldak, Afghanistan	28 June 02	BM-21 rocker fired by unknowns hit	32/70	Undetermined
Jalalabad, Afghanistan	10 Aug 02	Stored Explosives were accidentally detonated	26/90	Undetermined

미국의 주요 폭발 사고[아카데미]

포레스탈 사고 발단은 비행갑판에 있던 VF-11 비행대대의 110번 F-4B 팬텀 II 전투기의 4연장 LAU-10 로켓 포드(Pod)에 장전되어 있던 주니(Zuni, 5인치/127 mm) 로켓 한 발이 과전류, EMI[68] 등에 의한 문제로 발사되었다. 다행히 주니 로켓은 안전장치가 풀리지 않아 로켓 자체는 폭발하지 않았다.

67) IM: Insensitive Munition, 둔감탄
68) EMI: Electromagnetic Interference

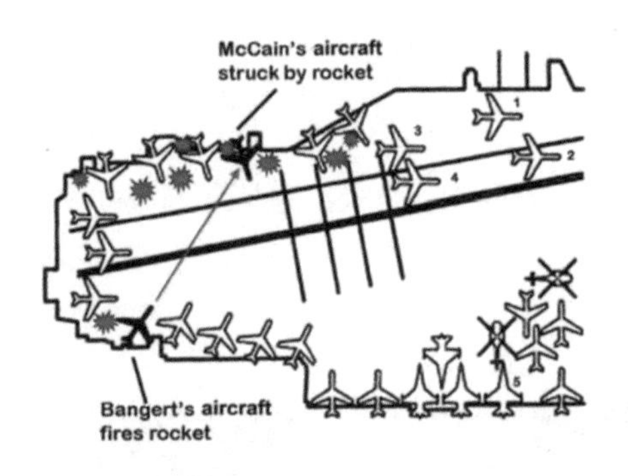

사고 당시 항공모함 갑판 배치도

[nsc.nasa.gov, System Failure Case Studies]

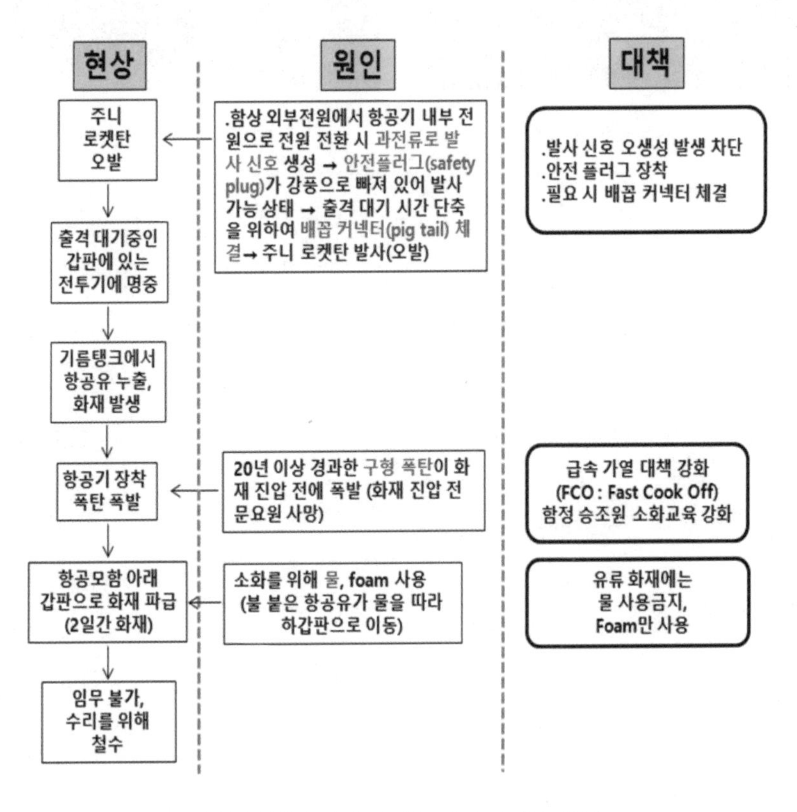

미 항공모함 포레스탈 사고 원인 분석 및 대책

그러나 F-4B 팬텀 II 전투기 맞은편에서 이륙 대기 중이던 VA-46 비행대대의 A-4E 스카이호크 전투기 외부 연료탱크에 주니 로켓이 명중해 화재가 발생했다. 화재 사고로 1,000파운드 AN-M65

폭탄 2발이 비행갑판에 떨어졌으며, 첫 화재 1분 36초가 지나고 한 발이 폭발했다. 수 초 만에 반대쪽 외부 연료탱크까지 폭발했다.

화재는 2일간 계속되었고, 포레스탈 항공모함은 임무를 계속할 수 없어 수리를 위하여 결국 조선소로 철수하였다.

화재[위키, 퍼블릭 도메인, Ⓒ, Mason]

사고 후[위키, 퍼블릭 도메인, Ⓒ, JGKlein]

이런 사고를 계기로 해서 미국 해군은 1982년 탄두, 부스터 등의 둔감탄약(안전도)을 평가하는 MIL-STD-2105[69]를 제정하게 된다. 둔감탄약이란 외부로부터 인가될 수 있는 각종 자극(열, 충격 등)에도 폭발 반응을 일으키지 않는 탄약을 지칭한다. MIL-STD-2105에 둔감탄약 관련한 시험 항목이 있다.

SN	시험 항목	자극 요소
1	급속가열(FCO)[70] 시험	화재 발생
2	완속가열(SCO)[71] 시험	근처의 화재
3	탄자충격 시험(BIT)[72]	탄자에 의한 충격
4	파편충격 시험(FIT)[73]	파편에 의한 충격
5	동조폭발 시험(Sympathetic Detonation Test)	근접 탄약 폭발
6	성형작약제트 충격 시험 (Shaped Charge Jet Impact Test)	성형작약 제트에 의한 충격

▲ MIL-STD-2105 시험 항목

69) MIL-STD-2105: Hazard Assessment Tests for Non-Nuclear Munitions
70) FCO: Fast Cook Off
71) SCO: Slow Cook Off
72) BIT: Bullet Impact Test
73) FIT: Fragment Impact Test

둔감탄약 시험 절차는 피시험물 17개 중 먼저 3개로 기본안전 시험(Basic Safety Test)을 수행하고, 14개로 둔감 시험(IM Test)을 수행하는데 대표적인 시험 번호와 순서는 다음과 같다.

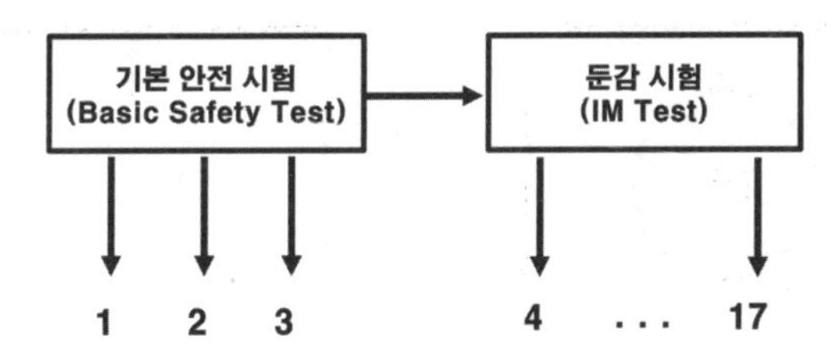

MIL-STD-2105 둔감탄약(IM) 시험 순서

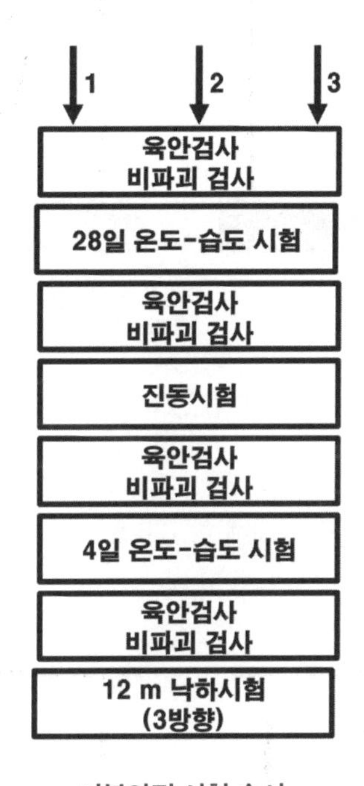

기본안전 시험 순서

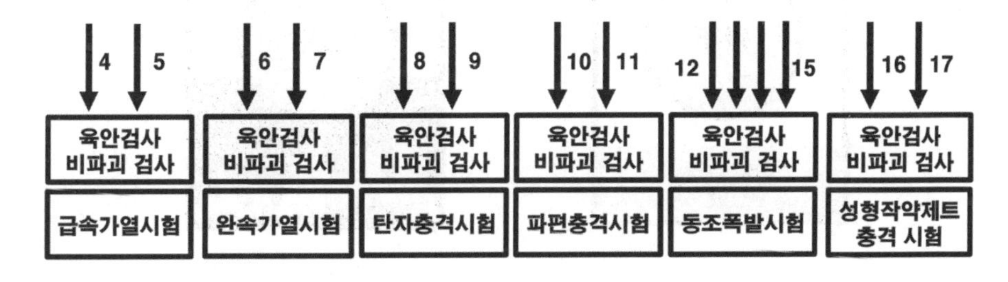

둔감 시험 순서

- 12 m 낙하 시험: 탄두 취급 시 낙하했더라도 안전한지를 확인하기 위하여 12 m 높이에서 피시험물을 낙하시키는 시험이다.

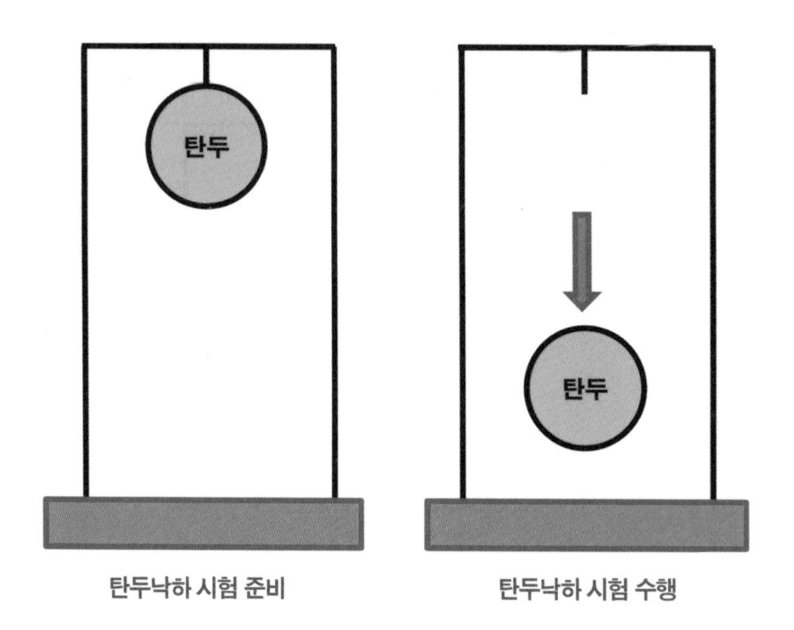

탄두낙하 시험 준비　　탄두낙하 시험 수행

둔감탄약(IM) 시험 항목 중 중요한 4가지 시험 방법을 정리하면 다음과 같다.

- 급속가열(FCO) 시험: 피시험물 아래에 항공유를 채운 후 화재를 발생시킨다.

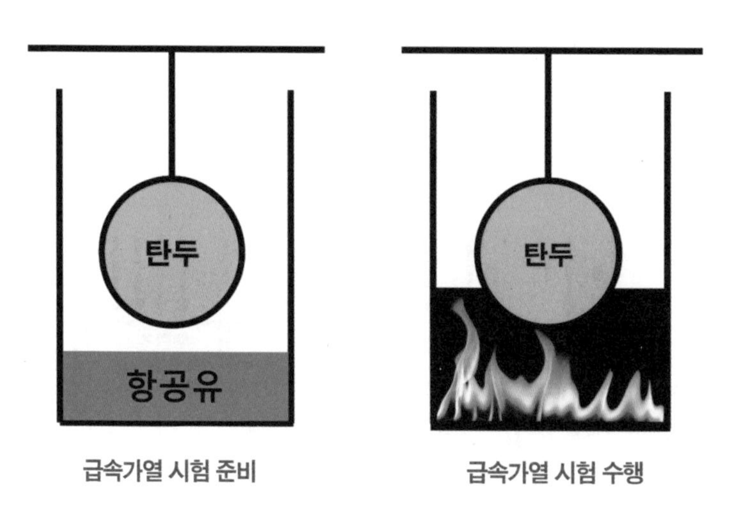

급속가열 시험 준비　　급속가열 시험 수행

• 완속가열(SCO) 시험: 히터를 이용하여 피시험물의 반응이 일어날 때까지 서서히 계속 가열한다.

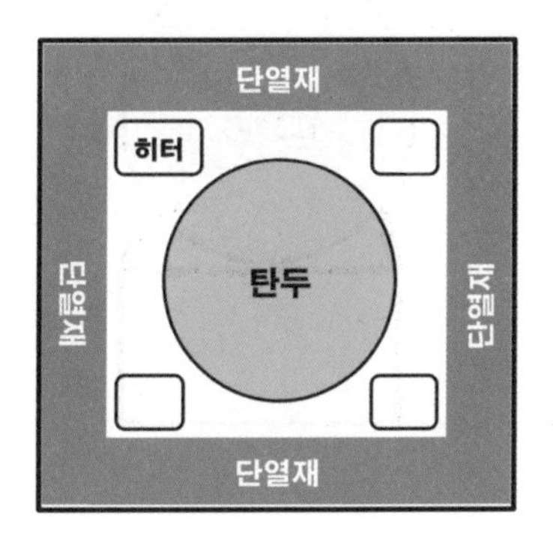

완속가열 시험 준비

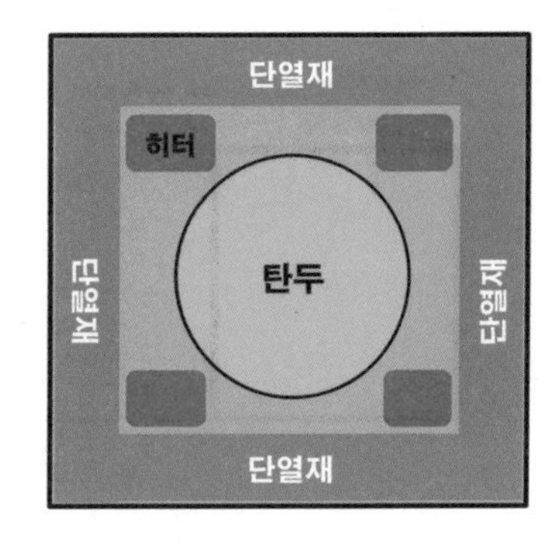

완속가열 시험 수행

• 탄자충격 시험(BIT): 피시험물에 캘리버(Caliber) 50총으로 탄환을 발사한다.

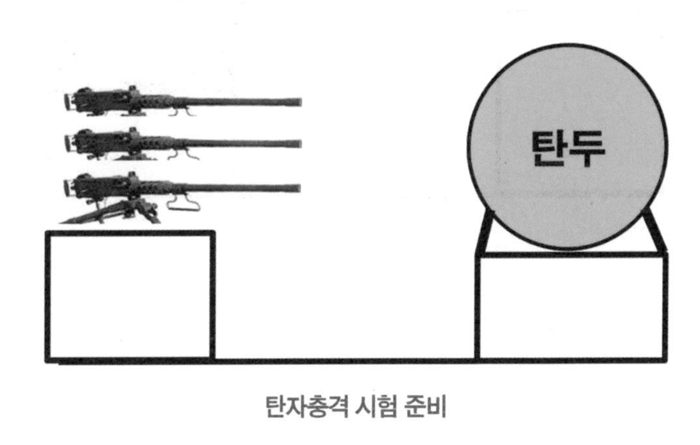

탄자충격 시험 준비

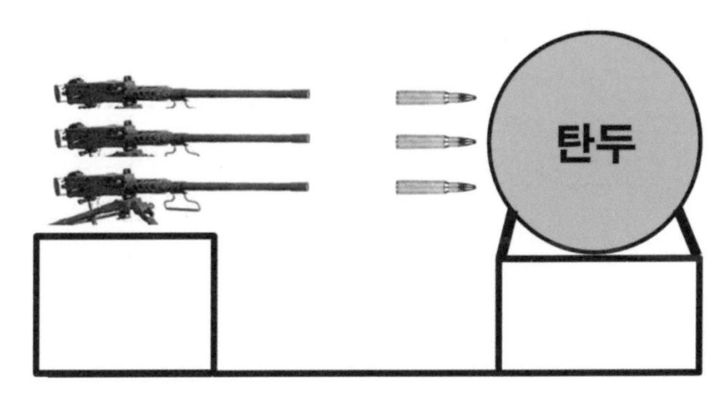

탄자충격 시험 수행

• 파편충격 시험(FIT): 피시험물에 총으로 모의파편(Fragment)을 발사한다.

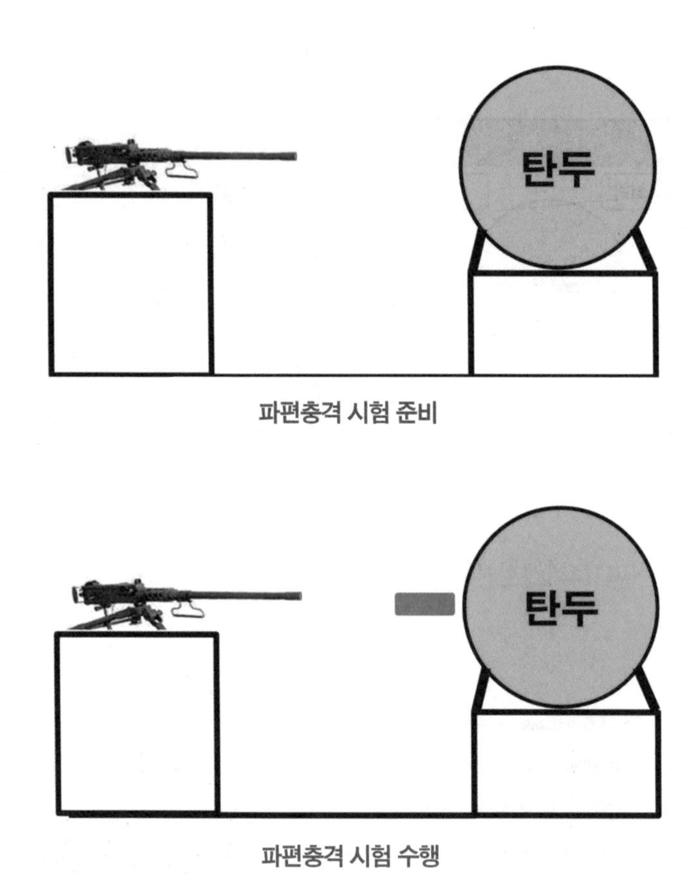

파편충격 시험 준비

파편충격 시험 수행

둔감탄약 시험 결과에 대한 판정을 위하여 반응등급은 6가지로 구분한다.

반응등급	내용
Type Ⅰ	폭굉반응(Detonation Reaction)
Type Ⅱ	부분 폭굉반응(Partial Detonation Reaction)
Type Ⅲ	폭발반응(Explosion Reaction)
Type Ⅳ	폭연반응(Deflagration Reaction)
Type Ⅴ	연소반응(Burning Reaction)
Type Ⅵ	무반응(No Reaction)

▲ 반응등급

성능(위력) 좋은 탄두 개발도 좋지만, 아군이 보관 중일 때는 안전해야 한다. 이율배반적인 요구사항이지만 꼭 만족시켜야 하는 규격이다.

□ 탄두 철판 관통 시험과 위력 시험

하푼 같은 대함 무기체계의 탄두는 단일 고폭탄으로 탄두의 위력이 좋아야 하는 것은 기본이고, 무기효과 극대화를 위해서는 표적함의 현측에 충돌했을 때 현측 철판을 관통할 수 있어야 한다.

탄두의 표적 관통 능력을 시험하기 위하여 CMG[74]를 이용한 관통 시험을 하는데 이 방법은 무반동포의 원리와 같다.

CMG 가운데 추진제를 넣고 한쪽에는 탄두를 반대쪽에는 더미(Dummy)를 넣는다. 가운데 추진제를 연소시키면 추진제 연소에 따라 압력이 생기고 이 압력으로 탄과 더미를 양쪽으로 동시에 밀어내게 된다. 추진제 양을 조절하면 우리가 원하는 비행 속도(탄착 속도)를 낼 수 있다.

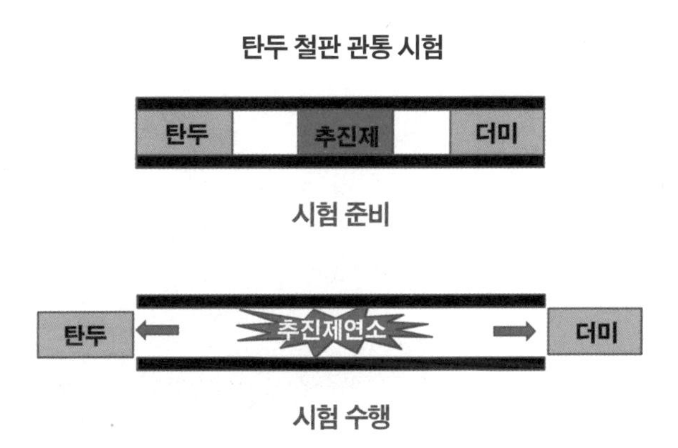

CMG를 이용한 표적 관통 시험은 구성이 간단하지만 속도 조절이 어렵고, 부수적인 시험에 제한이 있다. 이런 제약 없이 시험하는 방법으로 슬레드 시험(Sled Test)이 있다.

슬레드 시험을 위해서 길이가 아주 긴 직선 레일을 설치하고 레일 위에 이동체(Sled Carrier)를 놓는다. 이동체 위에 피시험물을 고정하고, 추진기관으로 추력을 발생시켜 이동체를 원하는 속도로 이동(비행)시켜 표적에 충돌한다.

슬레드 시험은 탄두 완성품, 신관에 대하여 수행하는 최종 성능 시험으로 실제 미사일에 탑재된 탄두/신관의 동적 성능을 가장 잘 모사하는 시험이다.

74) CMG: Counter Mass Gun

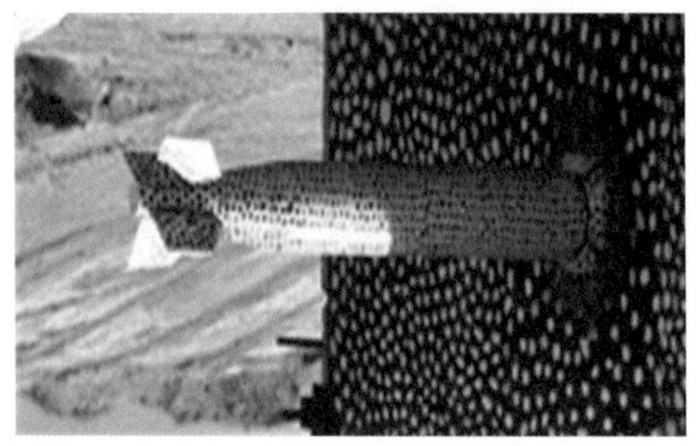

Sled Test 장면[www.sandia.gov]

탄두 위력 시험(Arena Test)은 탄두 위력을 확인하기 위한 시험으로 탄두를 지상에 정치시키고 탄두를 기폭 시켜 탄두 위력을 평가한다.

탄두 위력 시험 준비(탄두 정치)[www.itea.org]

탄두 위력 시험 수행[www.researchgate.net]

□ 특수 목적 탄두

제2차 세계대전 직후까지 전쟁은 대량 살상과 파괴가 불가피하였다. 20세기 후반에 시작된 과학기술 발전은 걸프전/이라크전에서 보는 바와 같이 대량 살상을 피하고 필요한 표적만을 최소한으로 파괴시키면서 승리하는 전쟁 개념으로 변하고 있다.

기존의 인마 살상, 구조물 파괴 등 하드 킬(Hard Kill) 탄두와는 다르게 비살상 소프트 킬(Soft Kill) 탄두가 있는데 비살상 탄두로는 다음과 같은 종류가 있다.

- 탄소섬유탄: 전력 공급 시설 및 전자 장비 기능을 마비
- 전자기 펄스(EMP)[75]: 탄 폭발 시 전자 장비 등을 마비, 파괴
- 고출력 마이크로파(HPM)[76] 무기: 전자 장비 등을 마비, 파괴
- 레이저 무기: 고출력 레이저광으로 미사일, 로켓, 포탄 등을 무력화
- 고섬광 발생탄: 각종 광학 센서 및 전투원 시력을 마비, 파괴
- 고출력 음향무기: 고출력 음파에 의해 전투원을 무력화
- 비살상 화생제: 강력부식제, 금속 연화제, 연료 변환제

여러 가지 비살상 탄두 중에서 탄소섬유탄과 EMP탄에 대해서 알아본다.

탄소섬유탄[77]은 전도성의 탄소섬유를 살포하여 전장의 전력 공급체계 및 각종 전기전자 장치를 마비시키는 비살상 무기로 1991년 걸프전, 1995년 코소보-세르비아전에서 사용한 사례가 있다.

EMP탄은 강력한 전자파를 발생시켜 전자 회로를 사용하는 전력 통제 시설 및 통신 시스템, 지하 벙커 시설 내 전자 장비 기능을 마비 또는 파괴하는 비살상 무기다. 지금까지 전쟁에 사용된 사례는 없다.

---

75) EMP: Electromagnetic Pulse

76) HPM: High Power Microwave

77) Carbon Fiber Bomb 또는 Blackout Bomb, Graphite Bomb

탄소섬유탄

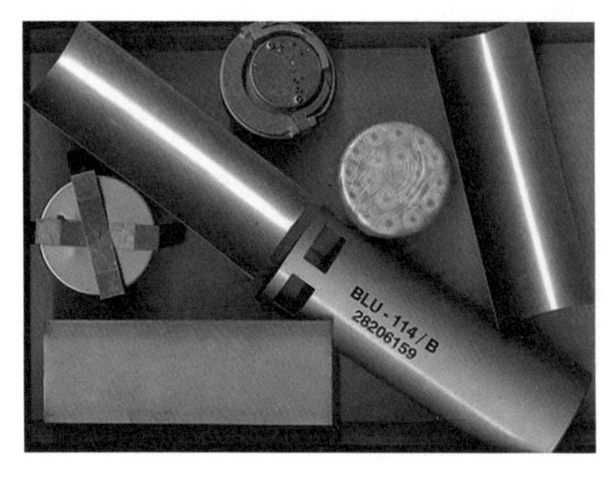

[Wiki, CC BY-SA 3.0, Marko M]

[footyclub.ru]

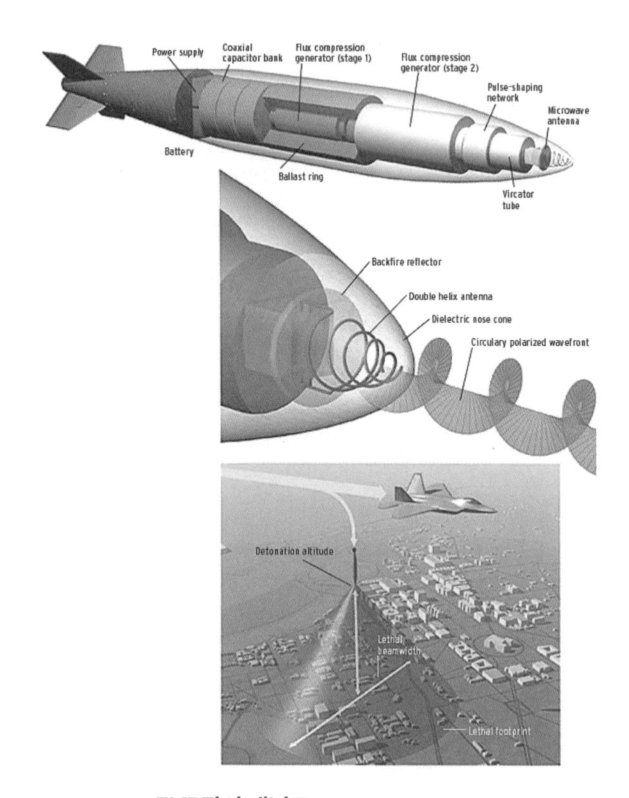

EMP탄의 개념도[www.theregister.com]

토막상식 불꽃놀이(Fireworks)는?

: 불꽃놀이는 금속 원소를 불꽃에 넣으면 특유의 색이 나타나는 것을 이용한 것으로, 행사, 축제 등

을 위해 흑색화약을 이용한 저폭발성 놀이다.

불꽃놀이[국방과학연구소 이한배]

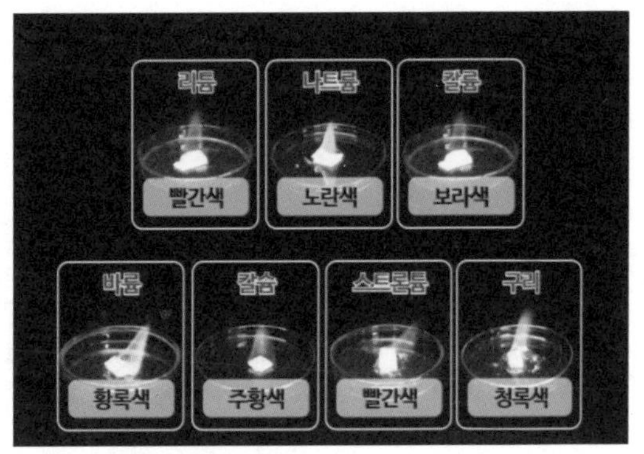

여러 원소의 불꽃 반응[if-blog.tistory.com]

□ 미사일 탄두 종류 표시

미사일 탄두에 있는 노란색 밴드의 의미는 뭘까? 이는 취급자가 어떤 종류의 탄두인지 구별하기 위한 색상이다.

미사일 전방부인 탄두의 노란색 밴드(Yellow Band)는 미사일에 탑재된 탄두가 고폭[78]탄두임을 표시한다.

미사일 컬러 밴드[Wiki, Public Domain, ©, Jane West]

78) 고폭: HE, High Explosive

다른 사례를 보자. 폭이 넓은 1번의 갈색 밴드는 원격측정장치용 안테나(Wrap Around Antenna), 2번의 하늘색(Light Blue) 밴드는 더미(Dummy, Inert) 탄두, 3번의 갈색 밴드는 Low Explosive(엔진 연료 및 파이로 등 보기류), 4번의 갈색 밴드는 Low Explosive(Rocket Propellent, 부스터 추진제)를 의미한다.

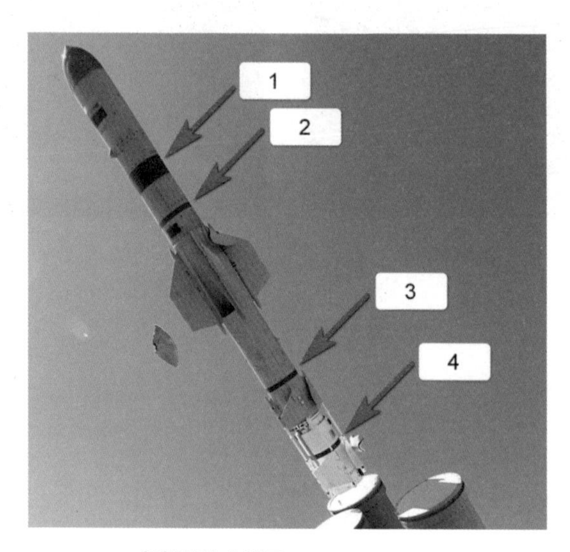

미사일 컬러 밴드[www.seaforces.org]

다음 그림은 전시장에 전시된 하푼으로 1번(탄두), 2번(엔진 및 보기류)의 하늘색 밴드는 각각 더미를 나타낸다. 전시장에는 안전을 위하여 전부 더미를 탑재한 미사일을 전시해야 하기 때문이다.

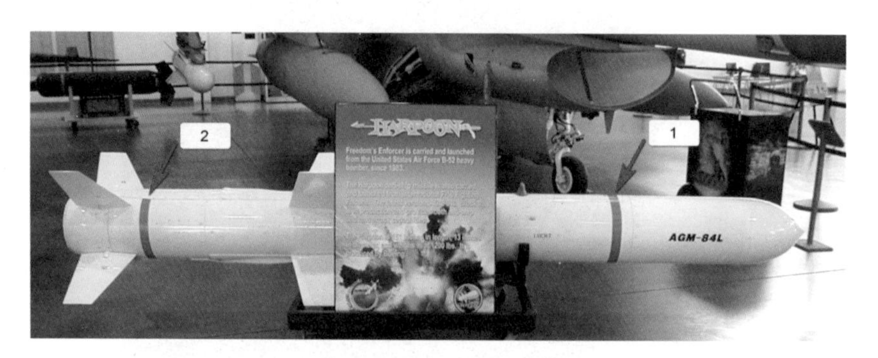

전시장의 하푼

[www.skytamer.com. 자세한 사항은 MIL-STD-709D Notice 1, DEPARTMENT OF DEFENSE DESIGN CRITERIA STANDARD: AMMUNITION COLOR CODING(03 May 2011) 참조.]

8 신관

신관(Fuze)은 미사일 탄두의 수송, 저장, 취급, 발사 시 탄두의 확실한 안전을 보장하는 장치로, 발사 후 장전하여 최적 위치(조건) 또는 최적 시간에 탄두를 기폭 시킴으로써 무기 효과를 극대화하는 장치다.

보통 대함 미사일 신관에는 2가지 모드(순발 모드, 지연 모드)가 있다. 표적(함정)에 충돌하는 순간 작동하는 순발 모드와 충돌부터 일정 시간 지연 후 기폭하는 지연 모드가 있어 표적의 크기 등 작전 환경에 따라 발사 전에 발사통제장비에서 선택한다.

신관의 4대 기능은 아래 표와 같고, 종류는 표적에 따라 달라진다.

기능	내역
안전	정상 발사 전까지 기폭장치와 주 장약을 격리, 절대 안전 보장
장전	발사 후 기폭장치와 주 장약을 정렬, 폭발 메커니즘 구성
탐지/인지	표적을 탐지/인지(유무, 시간, 방향, 종류, 취약부 등)하여 기폭 여부 판단
기폭	기폭 신호 발생 및 기폭 에너지를 탄두에 인가하여 탄두 폭발 시동

▲ 신관의 4대 기능

□ 신관의 주요 구성품

신관의 주요 구성품은 표적탐지장치, 안전장전장치, 폭발계열 3가지다.

구성품	기능
표적탐지장치(TDD)[79]	빛, 전파, 시간, 관성 센서 등 각종 센서를 이용하여 표적을 탐지, 탄두 기폭 신호를 출력

79) TDD: Target Detecting Device

안전장전장치(SAD)[80]	수송, 저장, 취급 시 탄의 안전을 보장. 발사 시 신관 작동 조건을 감지하여 장전
폭발계열 (Explosive Train)	기폭 에너지를 순차적으로 증가시켜 탄두를 폭발

▲ 신관의 주요 구성품 및 기능

표적탐지장치(TDD)의 종류는 다음과 같다.

방법	내용
충격 감지	충격 스위치, 압전 센서, 크러시(Crush) 스위치 등을 사용하여 표적을 탐지
근접 감지	레이더, 전파, 음향 등을 방사하고 표적에서 반사된 신호를 수신하여 표적을 탐지
시한 감지	내장된 시한원(타이머 등)을 사용하여 미리 설정된 시간에 작동
공간 감지	가속도 센서 등을 이용하여 건물 내부, 갱도 등 표적 내부 공간을 감지
자기장 감지	지구 자기장, 자속 변화 등을 감지하여 표적을 탐지
음향/지진동 감지	음향, 지진동 등을 감지하여 표적의 위치, 종류 등을 탐지
지능형 감지	다중 센서(적외선, mm파, GPS[81] 등) 및 센서 융합 등을 통해 표적을 감지

▲ 표적탐지장치의 종류

안전장전장치(SAD)의 기능은 다음과 같다.

기능	내용
안전(Safety) 기능	• 독립적인 2개 이상의 신호를 조합(발사, 가속도, Spin, 압력 등) • 비장전 상태에서 기폭관이 기폭 되었을 때 연결관이나 전폭관으로 기폭 에너지가 전달되지 않아야 함(Detonator Safe) • 탄약 또는 미사일이 발사관/발사대에 있는 동안에 기폭관이 기폭 되지 않도록 해야 함(Bore Safe)
장전(Arming) 기능	• 신관이 안전한 상태로부터 기폭 작동을 할 수 있는 상태로 전환 • 안전장치가 해제되고 폭발계열이 일직선으로 정렬

▲ 안전장전장치의 기능

80) SAD: Safety and Arming Device

81) GPS: Global Positioning System

폭발계열(Explosive Train)은 기폭관(Detonator), 연결관(Lead), 전폭관(Booster)으로 구성된다.

구분	내용
기폭관	• 기계적, 전기적 에너지를 화약 에너지로 변환시키는 장치 • 열, 충격, 마찰, 방전(Electrical Discharge) 등에 민감
연결관	• Detonation Wave를 기폭관으로부터 전폭관으로 전달
전폭관	• 하나 이상의 연결관 또는 기폭관에 의해 점화되며 탄두를 작동시킴

▲ 폭발계열의 구성 및 기능

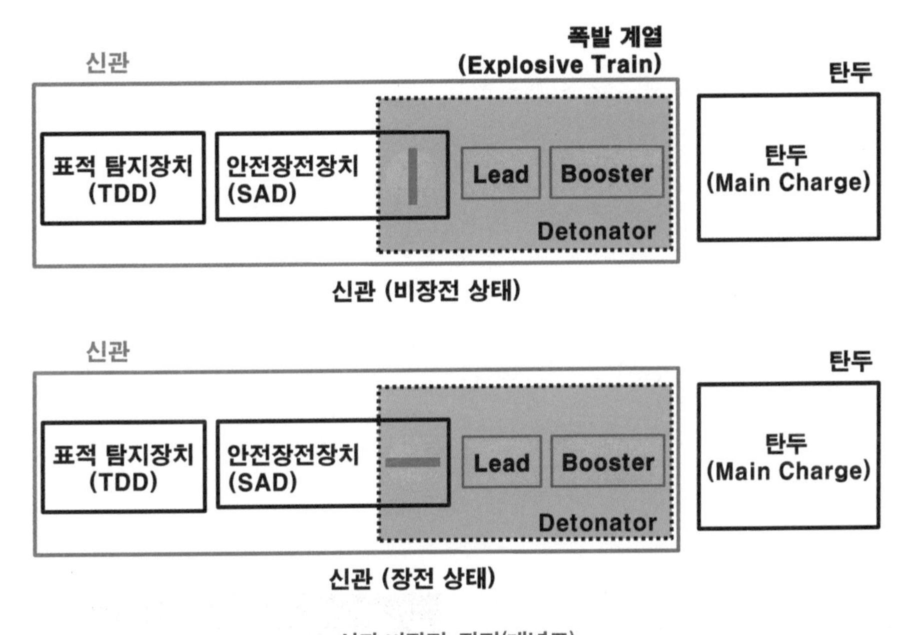

신관 비장전, 장전(개념도)

탄두를 한 번에 기폭 시키지 않고 단계를 거쳐 기폭 시키는 이유는 뭘까? 탄두(Main Charge)를 점화(작동)시키려면 오랜 시간 동안 큰 에너지가 필요하다. 그러나 기폭관은 민감도는 높지만 큰 에너지를 장시간 낼 수 없다. 그래서 연결관, 전폭관을 사용한다.

연탄에 불을 붙이려면 성냥만으로는 불가능하므로, 성냥으로 번개탄에 불을 붙이고, 번개탄이 연탄에 불을 붙이는 것과 같은 원리다.

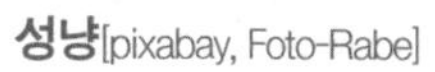

성냥[pixabay, Foto-Rabe]

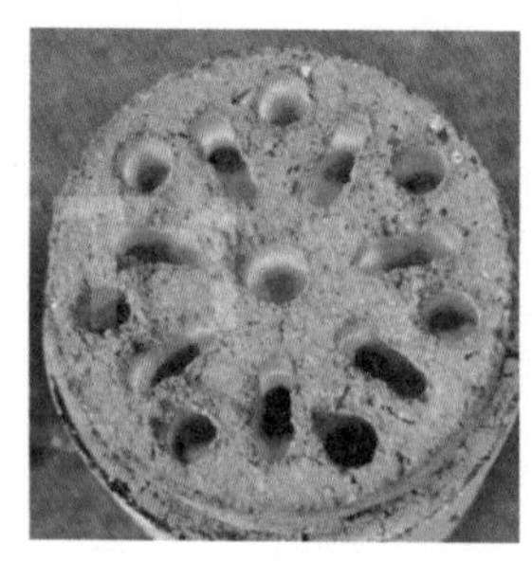

번개탄[www.danawa.com]

연탄[www.babsang.or.kr]

□ 신관의 분류

신관은 장착 위치에 따른 분류, 구성 부품에 따른 분류, 기능에 따른 분류가 있다.

장착 위치에 따른 분류	구성 부품에 따른 분류	기능에 따른 분류
탄두(Nose) 신관	기계식	충격, 충격 지연 신관
탄저(Base) 신관	전자식	시한 신관
탄내(Internal) 신관	기계/전자/화공식	근접 신관
탄미(Tail) 신관	기타(MEMS)	기타 신관 (공간 감지 침투형, 센서 감응 신관, 탄도 수정 신관 등)

▲ 신관의 분류

미사일용 신관[kamanproduction.sfa-us.com]

□ 러일전쟁 시 일본이 승리한 이유

쓰시마 해전은 1905년 5월 27일~5월 28일 러일전쟁 중 쓰시마섬 부근 바다에서 일본 연합함대와 러시아 발트 함대 사이에서 벌어진 전투이다. 쓰시마 해전에서 일본이 승리한 결정적인 이유는 신관의 높은 작동 신뢰도 때문이다. 전함을 주력으로 한 함대가 정면으로 격돌한 최대의 해전이었다. 러시아 함대는 전함, 순양함 대부분이 침몰 혹은 나포당해 대부분의 전력을 이 해전에서 잃어버렸지만 일본 함대의 피해는 경미했다.

시모세 화약(下瀬火薬, 시모세 가야쿠)은 일본 제국 해군 기술자 시모세 마사치카가 피크린산을 성분으로 실용화한 폭약(작약)이다. 러일전쟁 당시 일본 해군이 채택하였고, 러일전쟁에서 큰 전과를 올린 한 요인이 되었다. 일본 육군에서는 '황색약(黃色藥)'이라고 불렀다.

이주인 신관(伊集院信管)은 일본 제국 해군의 이주인 고로 대좌가 고안한 탄저 신관으로 1900년에 채택되었다. 포탄이 비행하는 동안 꼬리 나사가 회전하여 안전장치를 제거하며 러일전쟁에서 시모세 화약과 함께 널리 사용되었다. 매우 민감하여 포탄이 어디에 명중해도 폭발한 것으로 알려져 있다.

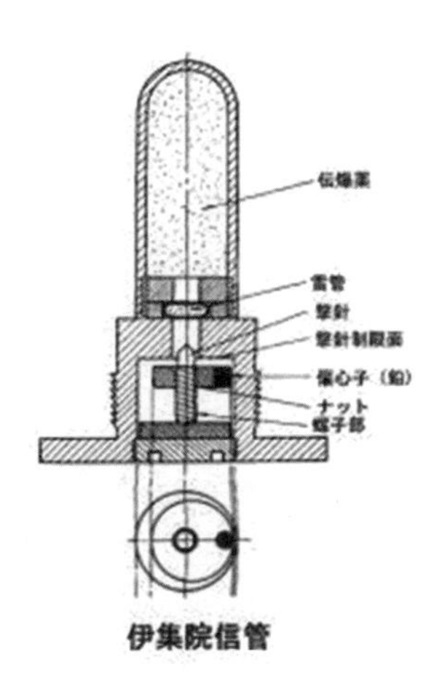

이주인 신관[blog.daum.net]

쓰시마 해전 결과에 대한 미국 해군연구소의 보고서(Naval Ordnance Lab. Report 1111) 서문에는 신관의 중요성에 대해 "쓰시마 해전에서 일본 함대가 러시아 함대에게 완벽하게 승리할 수 있었던 중요한 요인 중의 하나는 바로 러시아 함대의 신관 불발로 포탄을 터뜨려 주지 못한 것이다"라고 기록되어 있다.

신관(信管)에 '믿을 신' 자가 들어 있는 것만 보아도 신관의 신뢰성이 얼마나 중요한지 알 수 있다.

□ VT 신관

근접 신관(Proximity Fuze)은 제2차 세계대전 중에 공중폭발(Airburst) 개념을 도입해 미군이 사용한 신관이다. 영국 탄약국의 V섹션이 이 프로그램을 추진했고 코드명을 T로 했기 때문에 VT라는 자료도 있고, 가변 시한(Variable Time) 신관이라는 자료도 있다.

근접 신관의 동작 원리는 신관 내부 전자 회로에서 레이더처럼 고주파를 발사하면 주변의 표적에 반사되어 돌아오는 고주파를 검출하여 폭탄을 기폭 시킨다.

VT 개발에는 2가지 어려운 점이 있었다. 첫 번째는 진공관을 이용한 전자 회로를 소형화해야 하고 높은 가속도를 견디어야 했으며, 두 번째는 막대한 개발비가 필요하다는 것이었다. 그러나 미국은 군 인력 손실을 최소화하기 위하여 개발을 결정한다.

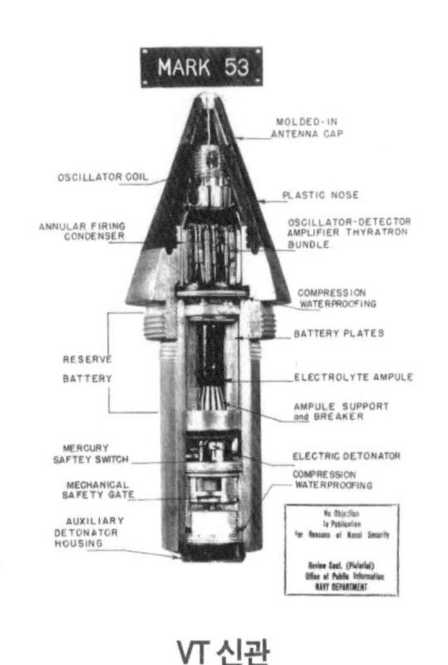

VT 신관

[리그베다 위키, Public Domain, ©, US Navy]

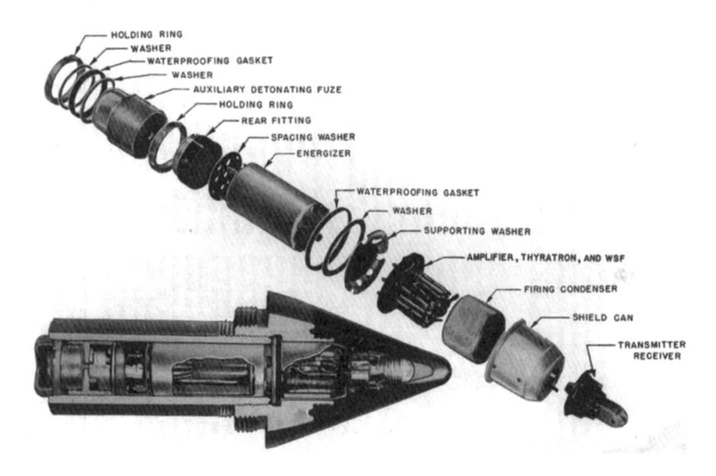

VT Fuze Mk 53 Mod 5 분해도

[michaelhiske.de]

VT 개발비는 맨해튼(원자폭탄 개발) 계획에 필적하는 거액의 자금이 투입되었고, 개발 완료된 이후에도 처음 생산단가는 매우 비쌌다. 1942년도 기준으로 VT 한 개 가격(신관 자체 가격)이 732 달러로 이는 당시 자동차 한 대 값으로 현재 가치로는 9,347달러였다. 그러나 포탄에 사용하기 때문에 수요가 엄청 많아 대량생산에 들어가면서 1945년도 기준으로는 18달러, 현재 가치로 약 221 달러까지 떨어졌다.

나치 독일은 1930년대부터 VT 신관과 유사한 물건을 만들려고 노력했었으나 단가가 엄청 높아서 포기할 수밖에 없었다. 전쟁도 돈이 많이 있어야 할 수 있나 보다.

VT 신관 내부 구성[maritime.org]

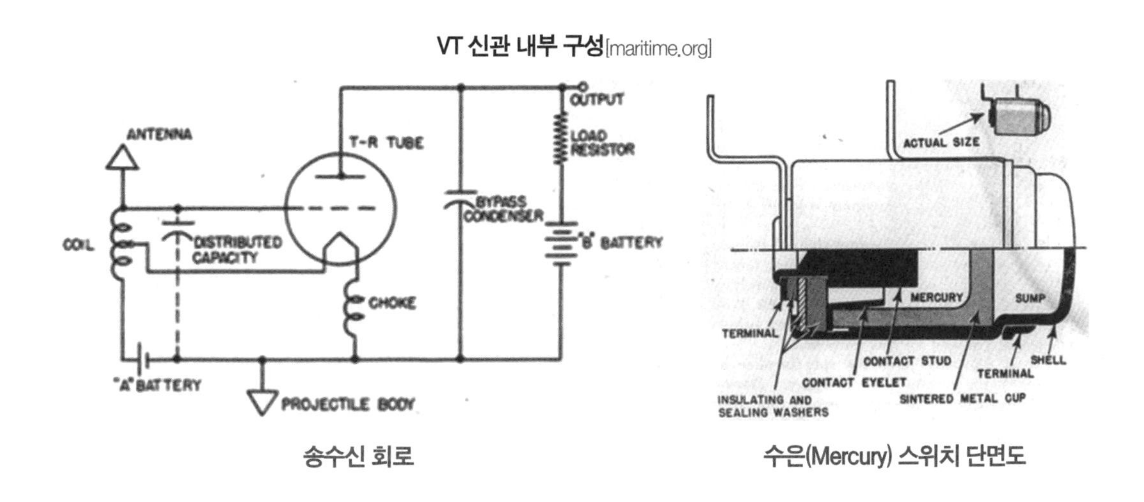

송수신 회로 **수은(Mercury) 스위치 단면도**

초기에는 적이 불발탄을 노획해서 복제하는 것을 막기 위해 해상전이나 영국 본토로 독일이 공격해 올 때 방어용 대공포에만 사용하였으나, 이후 일본과 독일 모두 실용화하기 어려운 상황이라고 판단된 이후로는 좀 더 적극적으로 사용하기 시작했다.

영국으로 공격해 오는 V1, 태평양 전쟁에서 일본의 가미카제 공격에 대응하는 대공포 등에 사용해서 좋은 성과를 거두었다.

9 관성항법장치

관성항법장치(INS)[82]는 외부의 도움 없이 내장된 자이로스코프(Gyroscope 또는 Gyro)와 가속도계(Accelerometer) 등의 관성 센서 신호를 적분 또는 계산하여 비행체의 현재 위치, 속도, 자세를 출력하는 장치다.

관성항법장치의 특징은 다음과 같다.

- 외부의 정보 없이 단독으로 비행체의 위치, 속도, 자세를 알 수 있다.
- 전파 방해나 날씨 변화에 대한 영향이 없다.
- 오차 특성은 관성 센서의 정확도, 운행 궤적, 운용 시간에 따른다.
- 운용 시점에서 운반체의 초기 위치 정보가 필요하다.

▲ 관성항법장치의 특징

□ 나는 어디에?

자동차로 이동할 때 목적지까지 남은 거리와 방향은 도로에 있는 이정표를 보고 알 수 있다. 또한 자동차 내부에 있는 주행 거리계(Odometer)를 통하여 출발점에서부터 현재까지 어느 정도 거리를 왔는지 알 수 있다. 목적지까지의 남은 거리는 총거리에서 지금까지 이동한 거리를 빼면 계산할 수 있다.

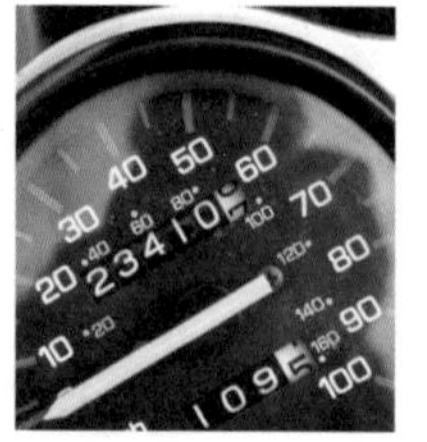

도로표지판과 주행거리계[Pixabay]

82) INS: Inertial Navigation System

비행기로 이동할 때는 자동차처럼 바퀴를 지상과 계속 접촉할 수 없으므로 이런 방법은 불가능하다. 비행기의 현재 위치를 아는 방법은 비행기 조종사가 지상의 지형지물(Landmark)을 찾아보는 방법이 초기에는 유용했다.

Landmark[Pixabay, Walkerssk]

Landmark[Pixabay, PedroMora]

배로 항해 중인 경우는 망망대해에서 현재 내 위치를 파악하기는 쉽지 않다. 나침반으로는 남북 방향을 알 수 있지만 내가 어느 위도에 있는지 알기가 쉽지 않다. 그래서 육분의(Sextant)라는 장비를 이용하여 수평면과 별 사이의 각도를 측정하여 현재의 위도 위치를 파악해 왔다.

육분의(Sextant)

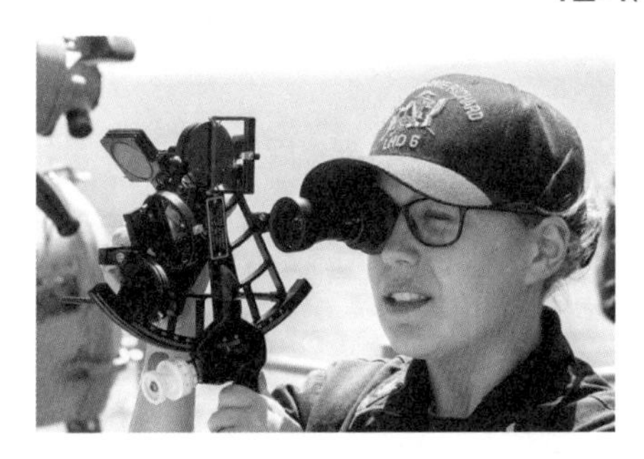

육분의 운용

[Wiki, Public Domain, ©, Jason R. Zalasky]

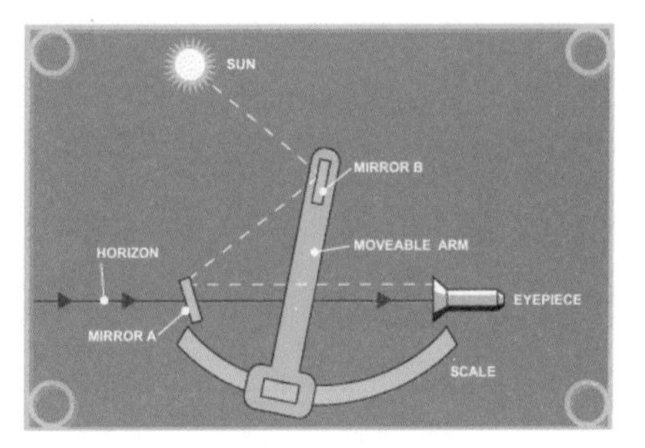

육분의 작동원리

[www.pbs.org]

육분의 장비 운용개념은 미국의 달 착륙 프로젝트인 아폴로(Apollo) 계획의 사령선(Command Module)에서도 사용하였다.

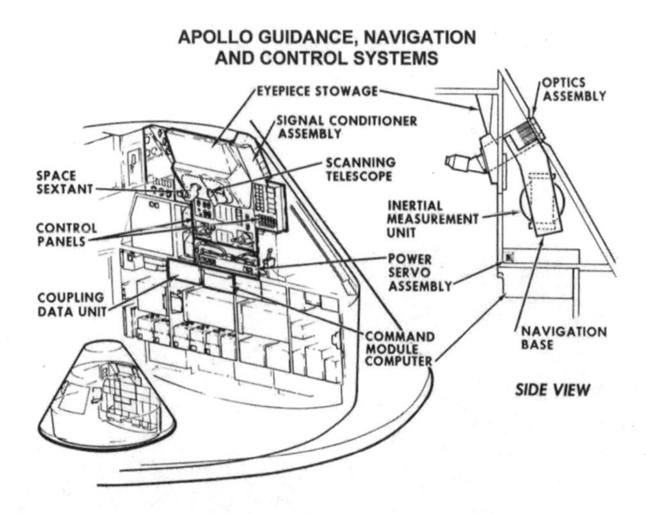

Apollo 사령선 내부 육분의 사용[Wiki, Public Domain, Є, DarylC]

요즘은 GPS가 있어 언제 어디서나 위도, 경도를 찾는 것은 문제가 아니지만, 예전에는 경도 측정이 어려웠다. 1707년 10월 22일 밤, 영국 해군은 최악의 해난사고를 당했다. 21척의 전함으로 구성된 영국 함대가 본국으로 귀환 도중 실리 제도에서 대규모 난파당했다. 추측항법(Dead Reckoning)으로 웨상섬 서쪽의 안전지대를 통과하고 있던 것으로 생각하고 있었으나 경도 계산을 잘못하고 안개까지 겹쳐 갑자기 나타난 실리 제도의 암초를 만나 4척의 배가 침몰해 1,647명이 수장되었다.

이 일을 계기로 영국 정부는 1714년 의회에서 경도법을 통과시키고 정밀한 경도를 찾는 자에게 20,000파운드의 상금을 내걸었다. 당시 20,000파운드라면 어마어마한 금액(지금 돈으로 수십억 원)이었으며 경도 찾기가 그만큼 어렵다는 것을 방증하는 것이었다.

당시에 북극성을 기준 삼아 위도는 쉽게 계산할 수 있었고, 지구 자전으로 인해 1시간 차이가 나는 두 지점의 경도 차이가 15도라는 사실은 알고 있었지만, 망망대해에서 정확한 경도는 구할 수가 없었다.

두 지점의 시간 차이를 측정하려면 기준 시간이 필요한데 이는 태양이 정남향에 오는 남중 시각을 이용할 수 있다. 경도의 기준점(0도)인 그리니치 천문대의 남중 시각은 12시므로, 바다 위 측정

지점에서 남중 시각을 확인하면 그 위치의 경도는 그리니치 천문대와 측정 지점의 시간 차이로 계산할 수 있다. 즉 정확한 시계가 필요했다.

크리스티안 하위헌스(Christiaan Huygens)가 발명한 진자식 시계는 해상에서는 사용 불가능했다. 영국 북부 시골의 시계공인 존 해리슨(John Harrison)이 태엽을 이용한 항해용 시계(Marine Chronometer)를 제작해 정확한 경도를 찾는 데 성공했으나 이를 시기하는 사람들 때문에 뒤늦게 경도법 현상금을 받았다. 캐비닛 크기의 시계 H1을 시작으로 개량을 거듭해 직경 13 cm 크기의 H4까지 개발했다.

이후 해리슨의 항해용 시계는 대양 항해의 필수품이 됐다. 이는 19세기까지 장거리 항해에 필수품이 됐고, 영국의 대양 제패에 크게 이바지했다.

존 해리슨의 첫 시계 H1

[www.mpoweruk.com]

존 해리슨의 4번째 시계 H4

[www.mpoweruk.com]

Q. 3차원 공간을 비행하는 미사일의 경우는 어떻게 현재의 위치(이동 거리)와 비행체의 자세(각도)를 알 수 있을까?

A. 가속도계와 자이로를 이용한다.

3차원 공간에서는 가속도계를 이용하여 가속도를 측정하고 이로부터 비행 속도와 이동 거리(위치)를 알아낸다. 자이로를 이용하여 미사일 회전 각속도를 측정하고 이로부터 미사일의 자세를 알 수 있다.

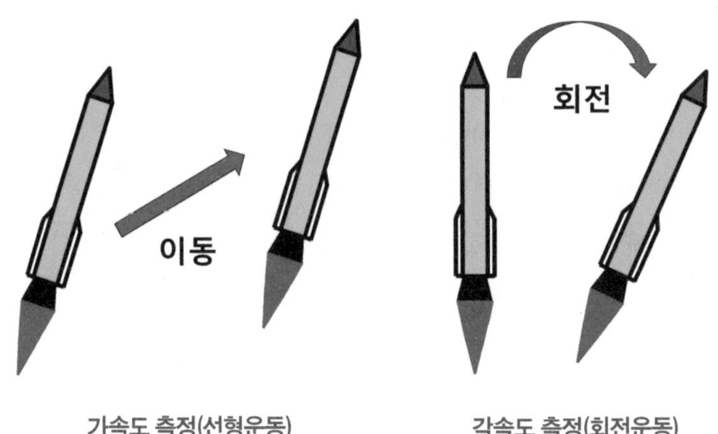

가속도 측정(선형운동) 각속도 측정(회전운동)

□ 가속도계와 자이로

가속도계(Accelerometer)가 가속도를 받으면 내부의 스프링은 가속도의 크기에 비례하여 길이가 변한다. 스프링의 길이 변화를 전기 신호로 변환하여 가속도를 측정한다. 다만 가속도계는 1축만 측정할 수 있기 때문에 3축을 측정하기 위해서는 가속도계 3개를 서로 직각(x, y, z)으로 배치한다.

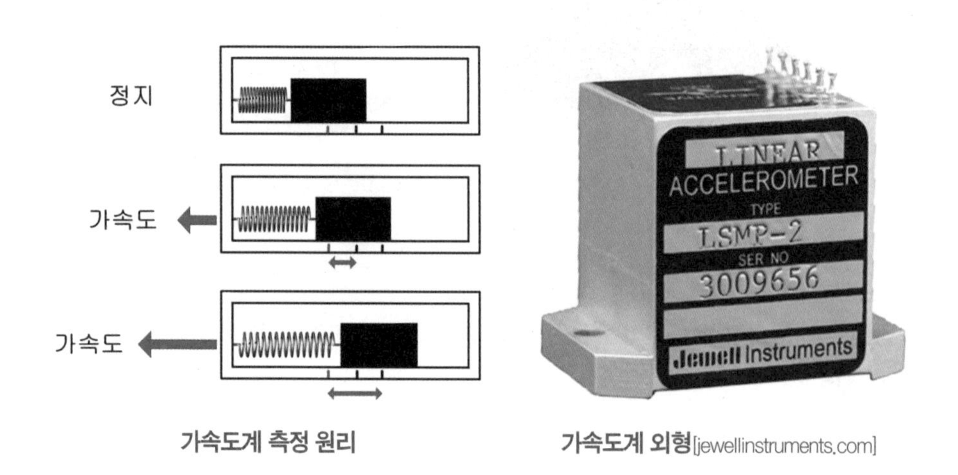

가속도계 측정 원리 가속도계 외형[jewellinstruments.com]

측정한 가속도를 적분하면 속도가 되고, 속도를 적분하면 이동 거리가 된다. 초기 위치에다 3축 이동 거리를 더하면 3차원상(x, y, z)의 현재 위치를 알 수 있다.

기계식 자이로 내부에 전기모터(Electric Motor)를 이용하여 고속으로 회전하는 팽이(Wheel)가 있다. 이 팽이의 회전축(Spin Axis)에 그림과 같은 외부 회전력(미사일의 회전 1)이 가해지면, 외부 축이 회전(출력 2)하므로 출력을 얻을 수 있다.

자이로도 공간상에서 1축 회전만 측정할 수 있기 때문에 자이로 3개를 서로 직각 방향으로 배치하여 공간상 3축 회전을 센싱(감지)한다.

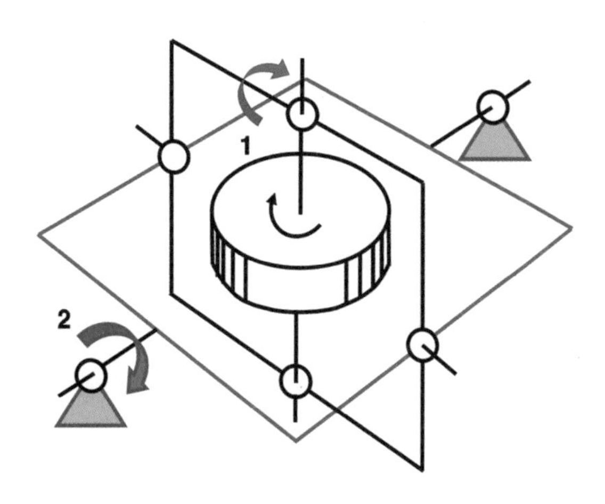

자이로 작동원리

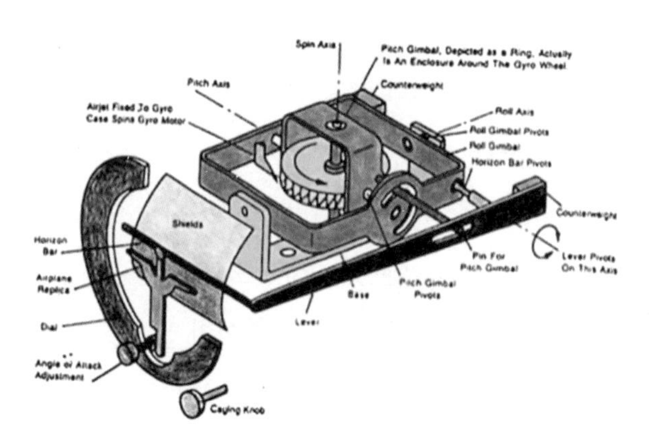

자이로 내부[engineeringinsider.org]

토막상식 **일상생활에서 거리(각도), 속도(각속도), 가속도(각가속도)의 사용 예는?**

거리(Distance)	속도(Velocity)	가속도(Acceleration)
경부고속도로 길이 416.1 km	도로 주행 제한 최고속도 110 km/h	지구 중력 가속도 9.8 m/s^2

각도(Degree)	각속도(Angular Velocity)	각가속도(Angular Acceleration)
피겨 스케이팅 김연아 선수의 트리플 점프 회전 각도 = 360° * 3회전 = 1,080°	지구의 회전 각속도 = 360°/24 h = 15°/h	-

관성항법은 자세와 위치를 결정하기 위해서 특정 기준좌표에 대한 상대성을 고려해야 한다. 자세와 위치의 운동학은 3차원 관성공간의 가속도량을 기준 좌표계에서 측정해 내는 것이 핵심이며 이런 측정 방법은 크게 2가지로 분류되는데 GINS,[83] SDINS[84] 방식이 있다.

GINS(Gimbal) 방식은 자이로와 가속도계가 안정대에 고정되어 있어 비행체가 움직여도 3차원 공간상에 항상 일정한 방향으로 유지할 수 있다. 그러나 SDINS(Strapdown) 방식은 자이로와 가속도계가 비행체에 고정되어 있어 비행체의 움직임과 똑같이 움직이게 된다. GINS는 안정대(Stable Platform)를 이용하여 가속도계를 항법 좌표계에 유지하는 반면, SDINS는 동체 좌표계와 항법 좌표계 사이의 계산된 자세를 이용하여 항법 좌표계 가속도 성분을 측정한다.

GINS는 컴퓨터가 발전되지 않았던 시대의 구현 방식이며, SDINS는 20세기 후반 급속도로 발전된 컴퓨터 성능과 함께 출현하여 주류를 이루고 있다. GINS의 기준 좌표계를 일정하게 유지해 주기 위한 안정대의 김블(짐벌, Gimbal) 제어 기술이 핵심이며, SDINS는 외부의 회전운동을 고려한 넓은 동작범위를 갖는 자이로 기술과 시간에 따라 변하는 비선형 6 자유도 운동 방정식의 실시간(Real Time) 수치계산 기법이 핵심기술이다.

---

83) GINS: Gimbaled Inertial Navigation System

84) SDINS: Strapdown Inertial Navigation System

GINS와 SDINS 구성은 그림과 같다.

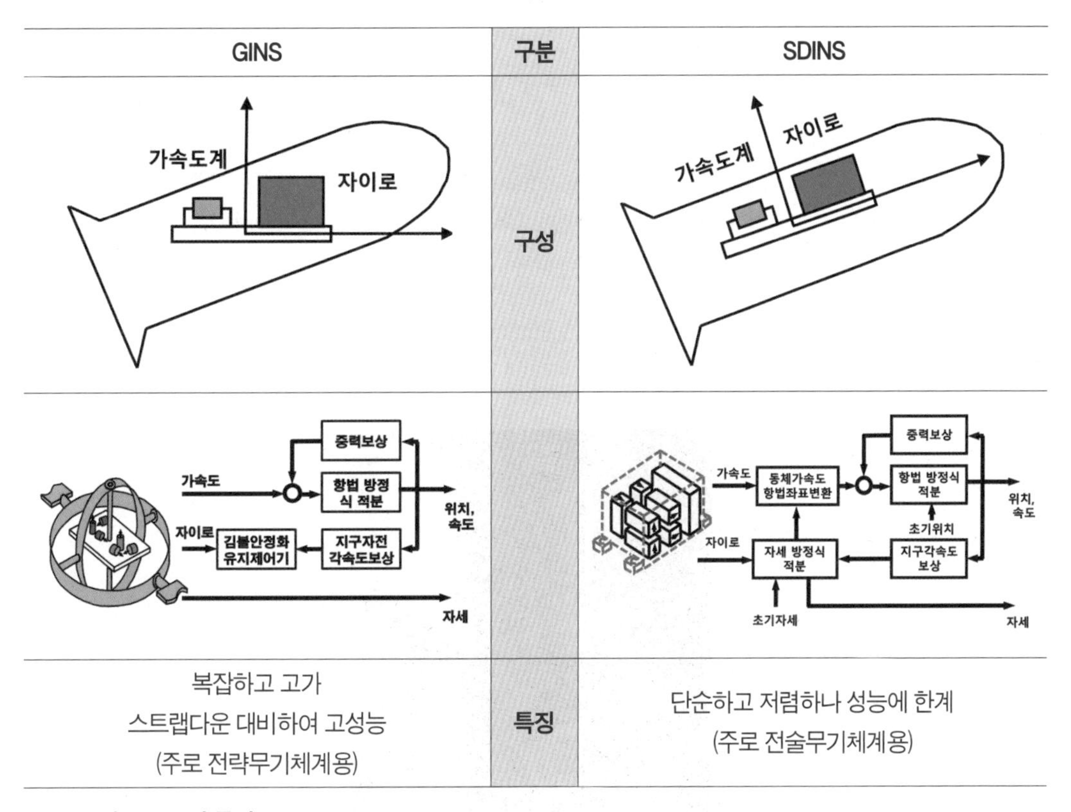

GINS	구분	SDINS
	구성	
복잡하고 고가 스트랩다운 대비하여 고성능 (주로 전략무기체계용)	특징	단순하고 저렴하나 성능에 한계 (주로 전술무기체계용)

▲ **GINS와 SDINS의 특징**[아카데미, 재작성]

공간상에서 항상 일정한 방향을 유지하는 GINS의 특성을 이용한 제품으로 어린아이들의 과자를 담는 용기 자이로볼(Gyro Bowl)이 있다. 어떤 자세로 그릇을 잡고 있어도 흘리지 않는다. 자이로볼을 일부러 바닥에 떨어뜨리지 않는 한.

자이로볼[www.amazon.com]

토막상식 자이로스코프(Gyroscope)라는 이름은 누가 명명했을까?

: 자이로스코프(Gyroscope) = Gyro(회전) + Scope(관찰용 기구, ~보는 기계)의 합성어로 프랑스인 레옹 푸코(Léon Foucault)가 명명하였다.

> 푸코는 자이로를 지구의 자전과 관련된 실험에 사용하였으며, '자이로스코프'라는 이름을 생각해 내었다. 지구의 회전을 보는 실험은 마찬로 실패하였다. 각 실험 시간은 변화를 관측하기 어려운 8~10분으로 제한되어야 했기 때문이다. 1860년대에 들어서면서, 전기모터가 만들어져 이 구상을 실행할 수 있게 하였다. [위키]

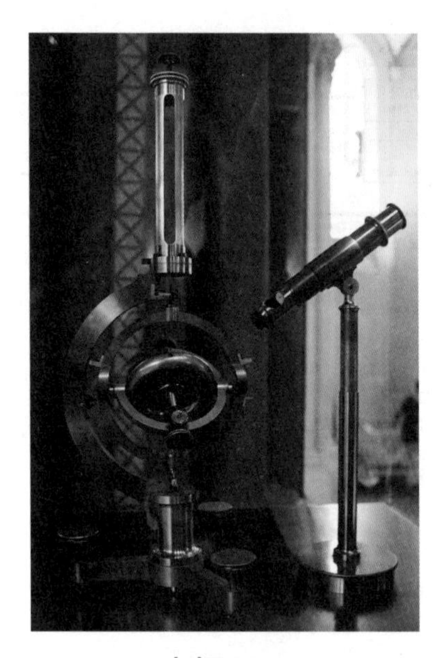

자이로스코프

[Wiki, Public Domain, Stéphane Magnenat]

토막상식 지구의 자전은 누가 처음 증명했을까?

: 프랑스의 레옹 푸코(Léon Foucault).

푸코 진자는 프랑스의 과학자 레옹 푸코가 지구의 자전을 증명하기 위해 고안해 낸 장치이다. 지구가 자전한다는 사실은 오래전부터 알려진 사실이었지만, 그것을 눈으로 볼 수 있는 실험으로 증명한 첫 사례가 바로 이 푸코의 진자다.

1851년 푸코는 팡테옹의 돔에서 길이 67 m의 실을 내려뜨려 28 kg의 추를 매달고 흔들리게 놓아두었는데, 시간이 지남에 따라 진동면이 천천히 회전하였다. 일반적으로 진자에 작용하는 힘은 중력과 실의 장력뿐이므로 일정한 진동면을 유지해야 하지만(여기서 공기의 저항은 무시한다), 진자를 장시간 진동시키면 지구 자전 방향의 반대 방향으로 돌게 된다. 이는 지면이 회전하는, 다시 말해 지구가 자전하는 것을 입증했다고 할 수 있다. [위키]

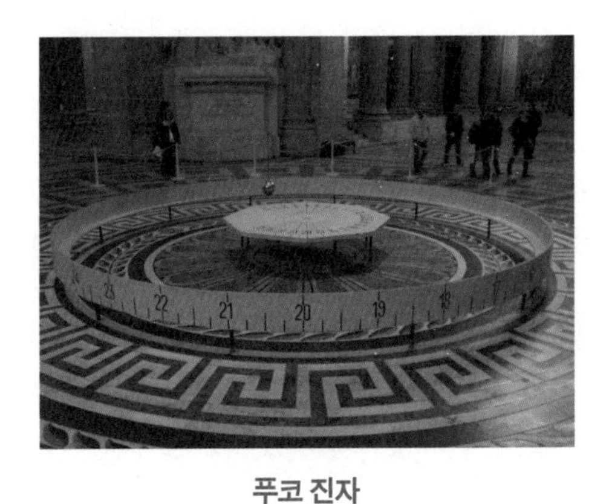

푸코 진자

[위키, 퍼블릭도메인, Arnaud 25]

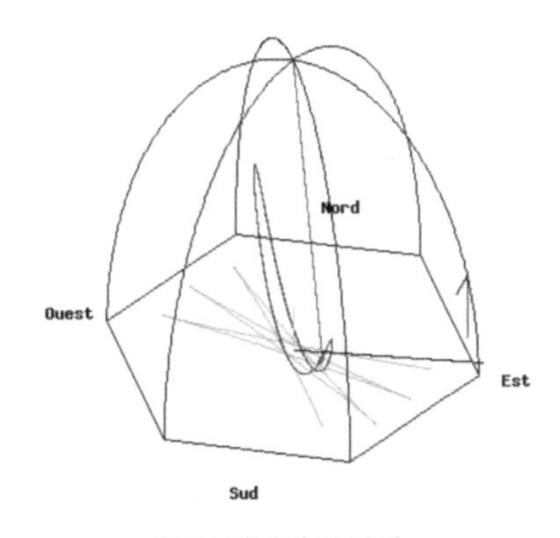

푸코 진자의 움직임

[space.stackexchange.com]

3차원 공간상을 비행하는 비행기, 미사일 등의 축 방향 정의는 다음과 같다. 오른손 법칙(Right Hand Rule)을 따른다.

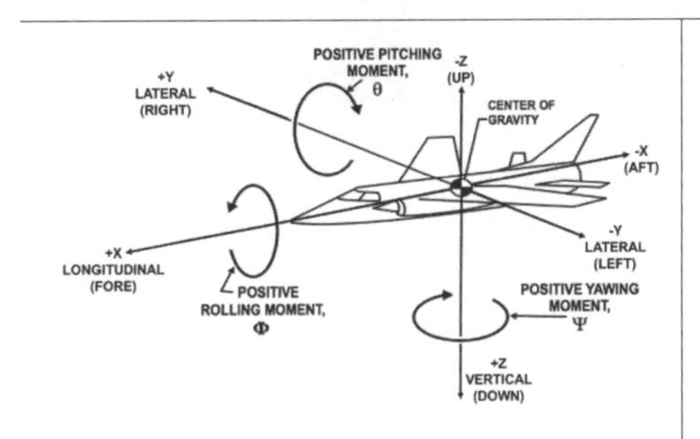

축 방향 정의[MIL-STD-810]

축 방향	구분	방향
x 축	Roll(Longitudinal)	회전 방향
y 축	Pitch(Lateral)	상하 방향
z 축	Yaw(Vertical)	좌우 방향

▲ 축 방향 정의

□ 자이로의 발전

기계식 자이로인 각속도 자이로(RG),[85] 각속도 적분자이로(RIG),[86] 동조 자이로(DTG)[87]에 이어 광학식 자이로인 링 레이저 자이로, 광섬유 자이로, 반도체식인 멤스 자이로, 반구형 공진기 자이로(HRG)[88]로 발전하고 있다.

• **링 레이저 자이로(RLG)**[89]

- 빛의 간섭 효과 등을 이용하여 만든 자이로스코프
- 기계식 자이로스코프보다는 가볍고 정밀한 것이 특징
- 사냑효과(Sagnac Effect): 회전 시 링 레이저 공진기 안에서 서로 반대 방향으로 진행하는 두 빛 주파수 간의 차이 발생
- 두 빛 간의 주파수 차이에 의해 발생하는 맥놀이 파동의 수를 검출하여 회전 크기 측정
- 구조 간단, 진동에 강한 내구성
- 디더링(Dithering) 때문에 진동, 소음 있음

▲ 링 레이저 자이로 특징

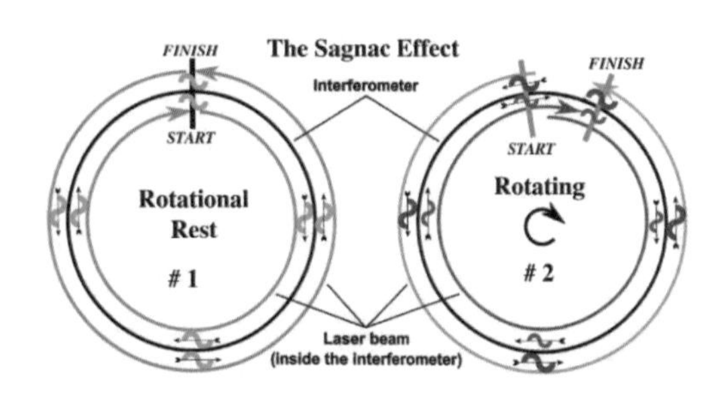

Sagnac 효과[www.living-universe.com]

RLG[aerospace.honeywell.com]

85) RG: Rate Gyroscope
86) RIG: Rate Integrating Gyroscope
87) DTG: Dynamically Tuned Gyroscope
88) HRG: Hemispherical Resonator Gyroscope
89) RLG: Ring Laser Gyroscope

• 광섬유 자이로(FOG)[90]

- 빛의 간섭 효과 등을 이용하여 만든 자이로스코프
- 가동 부분이 없음
- 회전 시 광섬유 고리 안에서 서로 반대 방향으로 진행하는 두 빛 간의 위상차 발생
- 두 빛 간의 위상차에 의해 발생하는 광출력 세기의 변화량을 검출하여 회전 크기 측정
- 수 km 정도의 광케이블을 지나가는 광의 간섭 신호를 이용하여 측정
- 회전 부분이 없음
- 소형, 경량, 고성능, 고신뢰성

▲ 광섬유 자이로 특징

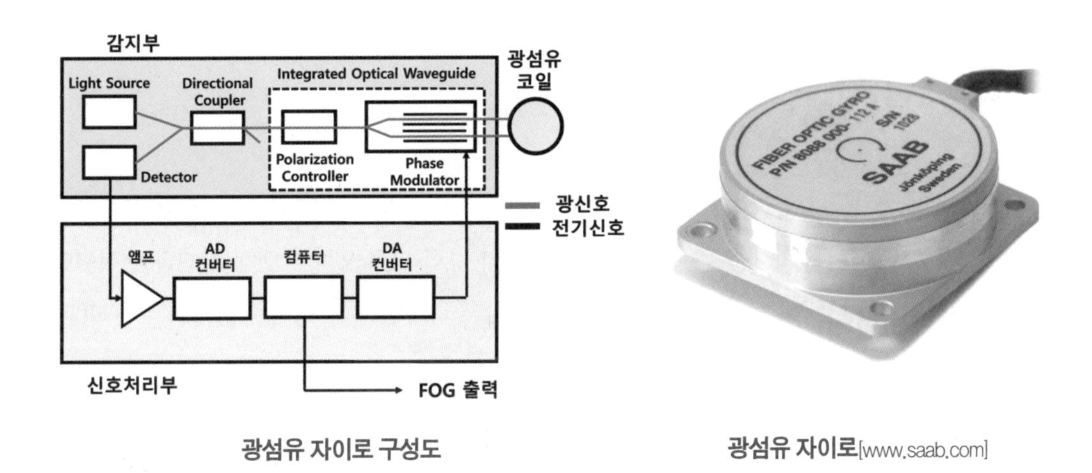

광섬유 자이로 구성도

광섬유 자이로[www.saab.com]

• 멤스(MEMS)[91] 자이로

- MEMS 자이로는 움직이는 질량에 회전각이 인가될 때 생기는 코리올리 힘(Coriolis Force)에 비례한 출력을 검출하여 회전 크기 측정
- 반도체 제작 공정을 이용하므로 소형, 경량, 저가
- 향후 많은 발전과 응용이 기대됨

▲ 멤스 자이로의 특징

---

90) FOG: Fiber Optic Gyro

91) MEMS: Micro Electro Mechanical Systems

멤스 자이로[howtomechatronics.com]

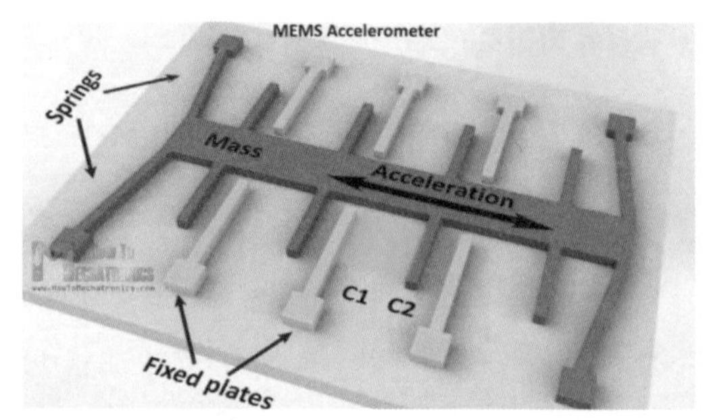

멤스 가속도계[howtomechatronics.com]

자이로와 가속도계는 정밀도에 따라 전략급, 항법급, 전술급, 제어등급의 4가지로 구분할 수 있다.

□ 관성항법장치 오차

관성항법장치는 외부의 도움 없이 스스로 비행체의 속도, 위치, 자세를 알 수 있지만 문제는 초기 항법 오차, 관성 센서 오차에 의하여 시간 경과에 따라 항법 위치 오차가 점점 커진다는 것이다. 즉 사거리가 길수록 CEP[92]가 커져 정밀타격을 목표로 하는 미사일 사용 의미가 없어지는 것이다.

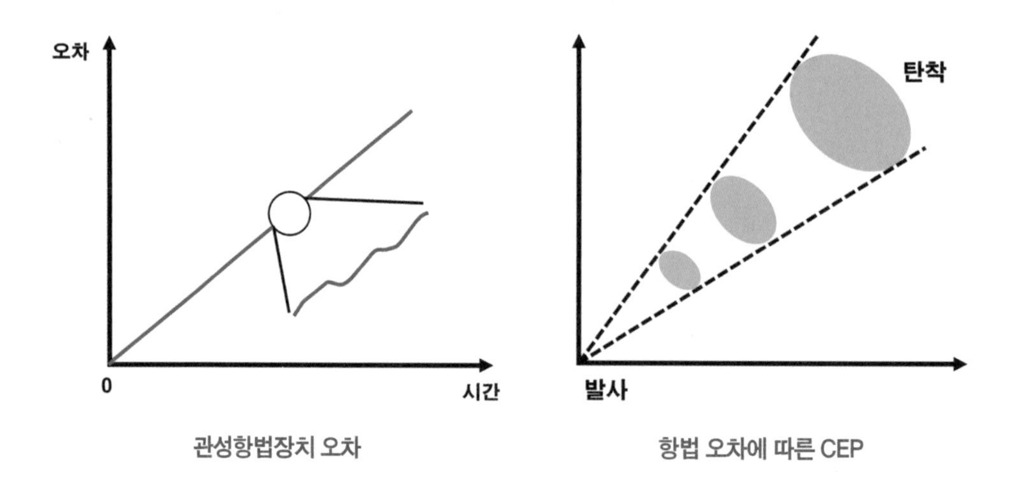

관성항법장치 오차 **항법 오차에 따른 CEP**

관성항법의 정확도는 관성 센서의 성능이 결정하며 이에 따라 탄착 오차가 결정된다.

---

92) CEP: Circular Error Probability, Circular Error Probable, 원형 공산 오차

초기 자세오차	자이로 (deg/hr)	가속도계 (μg)	관성항법장치 형태	사거리 300 km의 탄착 오차
0.01 Mil 급	0.0001	1	김블(짐벌)	3 m
0.1 Mil 급	0.001	20	김블(짐벌)/스트랩다운	30 m
1 Mil 급	0.01	100	스트랩다운	300 m
10 Mil 급	0.1	300	스트랩다운	3 km

▲ 관성 센서 성능과 관성항법의 정확도(예)

초기 자세 오차(방위각, Heading) 1 Mil(밀리 라디안)은 0.057 deg이며 위치 오차는 비행거리의 1,000분의 1 수준으로 자이로 기술 수준의 중요한 지표다.

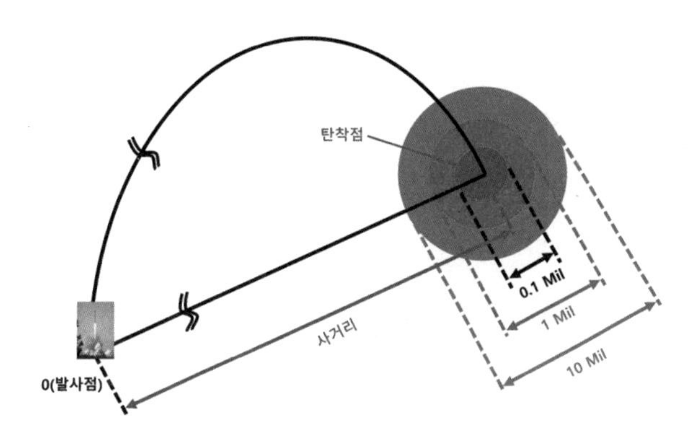

관성항법장치의 정확도와 탄착 오차 개념도

관성항법장치의 항법 오차가 시간에 따라 점점 커지는 것에 대한 대책으로 오차가 아주 작은 고성능 관성 센서를 사용하는 방법도 있으나 경제적인 문제로 바람직하지 않다.

항법 오차를 줄이는 방법으로 관성 센서 이외에 GPS 등의 복합항법 센서를 추가하여 복합항법(Integrated Navigation)으로 하는 방법이 있다.

- 관성항법 오차 증가에 대한 보정 필요
- 위성항법장치(GPS) 재밍(전파 방해, Jamming)에 대한 대비 필요
- 관성항법 및 위성항법의 취약점 보완 필요

▲ 복합항법의 필요성

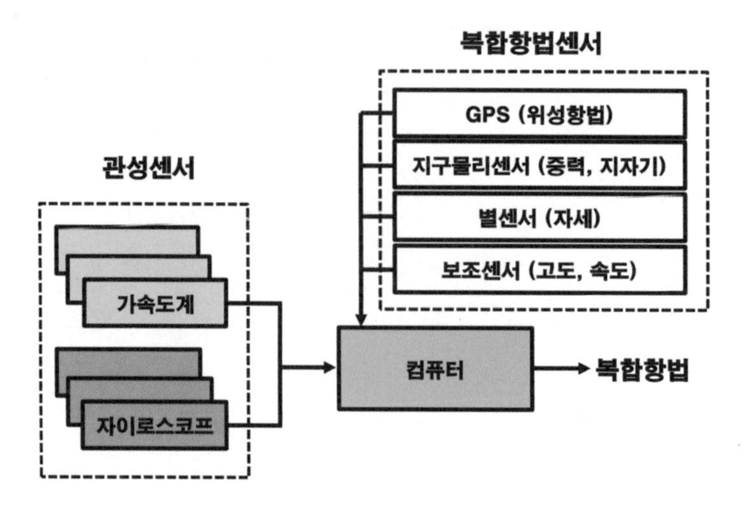

복합항법 개념도[아카데미, 재작성]

관성항법 오차 증가에 대한 보정 필요성, 위성항법의 취약성에 대한 대비 필요성, 관성항법 및 위성항법 취약점 보완을 위해 다중 센서 복합항법이 사용된다.

복합항법은 관성항법의 출력(위치, 속도, 자세)과 또 다른 센서 출력(위치, 속도, 자세)의 차이로부터 항법 오차를 확률적으로 계산(추정)하고, 관성항법의 오차를 Reset(궤환형인 경우)하거나 보상(앞먹임형인 경우)하여 정밀도를 향상시키는 방법이다.

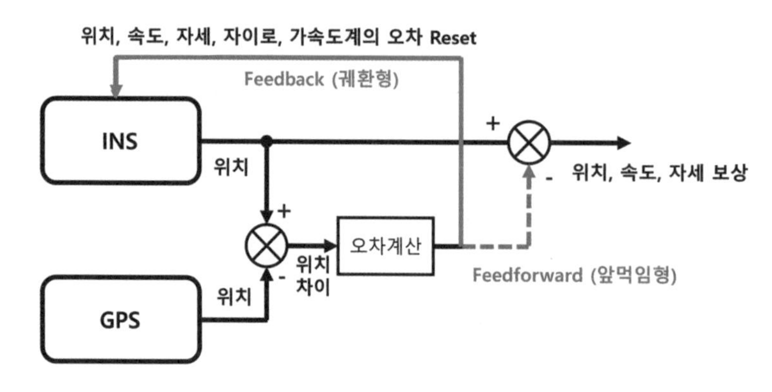

복합항법 동작 원리[아카데미, 재작성]

복합항법용 센서로는 GPS, 도플러 효과를 이용한 Doppler Radar, 압력 센서를 사용하여 대기압과 상대압력을 측정하는 Air Data 센서, 함정의 이동 속도를 측정하는 EM-Log, 중력/지자기 센서, 수심측량계, 별 센서(Star Sensor) 등이 있다.

복합항법 중에서 DB[93] 대조항법은 지구 물리/우주 공간 정보를 활용하여 GPS와 무관하게 장시간 정밀항법 유지 및 은닉항법 기능을 제공하는 항법기술이다.

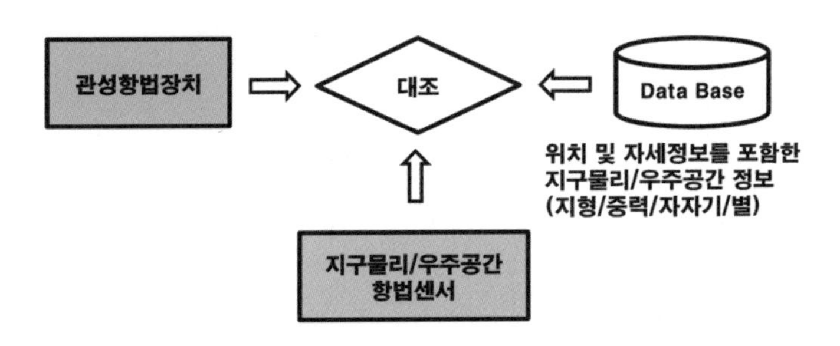

데이터베이스 대조항법[아카데미, 재작성]

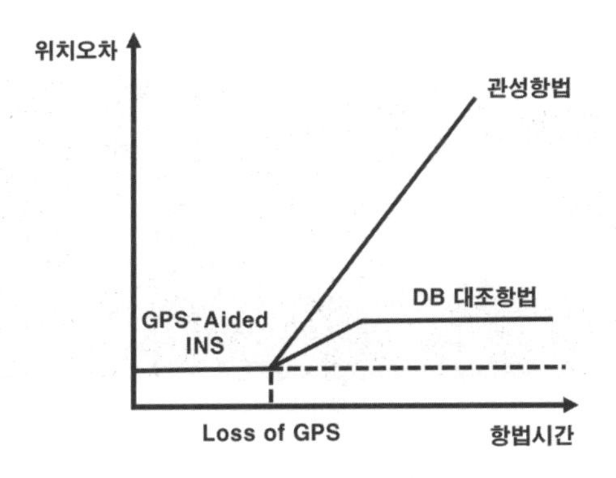

항법 오차 특성[아카데미, 재작성]

관성항법장치뿐만 아니라 위성항법시스템, 전파고도계 등의 다양한 센서 정보를 DB와 비교하여 보정하는 방법으로 지형지도(디지털지도)와 비교하여 항법 정보를 보정하고, 항법을 수행하는 것을 지형대조항법이라 한다.

최근에는 여러 가지 DB 대조항법 기술을 결합한 지능형 복합항법 기술을 연구 중이다.

---

93) DB: Data Base

10 위성항법시스템

위성항법시스템은 세계 어느 곳에서든 4대 이상의 인공위성에서 신호를 받아, 각자의 단말기에서 이를 계산하여 자신의 위치와 시간을 알아낼 수 있는 시스템이다. 종류로는 서비스 지역의 면적을 기준으로 전 세계를 대상으로 하는 GNSS[94]와 일부 지역만을 대상으로 하는 RNSS,[95] 국지 지역을 대상으로 하는 SBAS[96]가 있다.

미국의 GPS는 러시아의 GLONASS 등과 함께 완전하게 운용되고 있는 전 세계 위성항법시스템 중 하나이다. GPS는 미 국방부에서 개발하였으며 공식 명칭은 NAVSTAR[97]로 세계 어느 곳에서든지 인공위성을 이용하여 자신의 위치(위도, 경도, 고도)와 시간을 측정하는 센서로 지구상 어디에서나 기상 조건과 관계없이 24시간 무료로 이용할 수 있다.

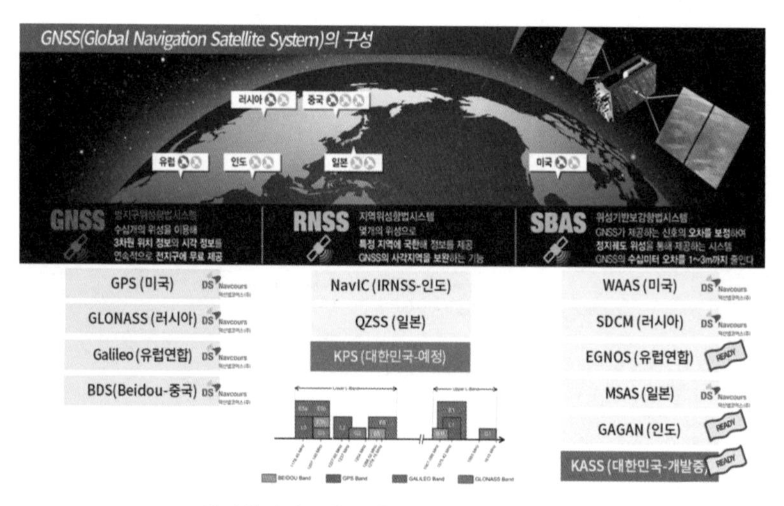

위성항법시스템 종류[덕산넵코어스 소개자료]

---

94) GNSS: Global Navigation Satellite System, 전 세계 위성항법시스템
95) RNSS: Regional Navigation Satellite System, 지역 위성항법시스템
96) SBAS: Satellite Based Augmentation System, 항공항법시스템
97) NAVSTAR: NAVigation System with Timing And Ranging

구분	내용
장점	• 사용자 수 무제한 • 언제, 어디서나 전천후 이용 가능 • 수신 장치가 간단하고 저렴
단점	• 시스템 구축 및 운용비용이 많이 필요 • 적대적 교란에 취약

▲ **위성항법시스템 특징**

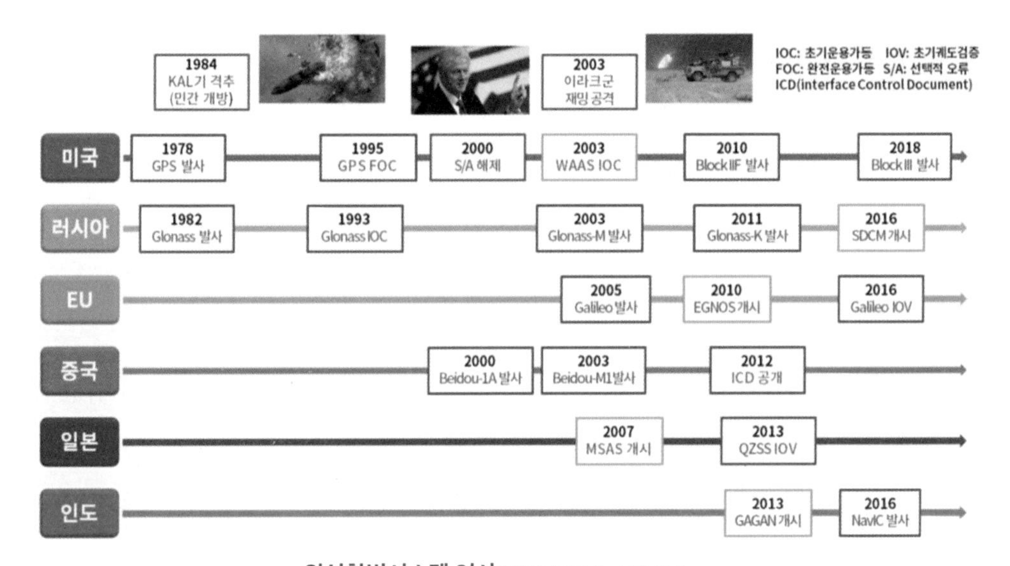

위성항법시스템 역사[덕산넵코어스 소개자료]

GPS는 군용 신호와 민간 신호가 따로 있고 미사일 등의 항법, 측량, 지도 제작, 측지, 시각 동기 등 다양한 목적으로 사용되고 있다.

최근 출시된 스마트 폰은 1~5개(GPS, Beidou, GLONASS, QZSS, 갈릴레오)의 위성 신호를 수신할 수 있는 수신기를 지원하고, 현재 위치 찾기 시 탐색 가능한 모든 수신기를 동시에 사용해서 매우 높은 수준의 정확도로 매우 빠른 시간에 위치를 추적할 수 있다.

GPS 운용 초기에는 미 군용으로만 사용할 수 있었다. 하지만 1983년 대한항공 여객기가 소련의 영공을 침범해 격추된 사건을 계기로 미국의 레이건 대통령이 GPS 완성 시 민간인들이 무료로 사용할 수 있도록 허용할 것을 약속하였다.

1990년부터 GPS 위성 신호를 민간인들이 사용할 경우 정밀한 위치 정보를 얻을 수 없도록 고의로 잡음(SA)[98]을 보내기 시작하였다. 이에 따라 군사용 PPS[99]는 5~15 m의 측위 정밀도를 가졌지만, SPS[100]는 30~100 m의 정밀도를 가지게 되었다.

1993년 12월 8일, 24개의 GPS 위성군이 완성된 후 초기 정상 가동되어 민간 서비스가 시작되었다. 1995년 4월 27일, 21개의 주 위성과 3개의 보조 위성의 배치가 완료되어 완전한 GPS가 가동되기 시작한 후 2000년 5월 1일 미국의 클린턴 대통령이 SA 발생 중단을 선언하여 민간용 표준측위 서비스의 정밀도가 30 m 이하로 정밀해졌다.

GPS는 다음과 같이 3개 부분(우주부분, 제어부분, 사용자부분)으로 구성되어 있다.

- 우주부분(위성시스템)은 사용자가 PNT[101] 서비스를 제공받을 수 있도록 항법신호 및 데이터를 송출하는 위성군으로 구성
- 제어부분(지상시스템)은 위성시스템의 위성 관제와 항법 메시지를 생성하여 위성에 전달하는 지상시스템으로 전체 시스템의 운용 관리를 위한 관제소, 위성 및 항법신호 상태 등을 감시하는 관측소, 위성 제어 및 항법 메시지 전송을 위한 상향링크 안테나국 등으로 구성
- 사용자부분(사용자시스템)은 위성으로부터 항법신호 및 데이터 수신/처리, 위치결정을 수행하는 수신기

98) SA: Selective Availability, 선택적 사용성(고의적 오차)
99) PPS: Precise Positioning System, 정밀 측위 서비스
100) SPS: Standard Positioning System, 민간용 표준 측위 서비스
101) PNT: Positioning, Navigation, Timing

<table>
<tr><th>부분</th><th>내용</th></tr>
<tr><td>
우주부분(Space Segment)
[unstats.un.org]</td><td>항법위성
• 위성 24개(주 21 + 예비 3)
• 기울임 각도 55°, 6개 궤도에 4개씩 배치
• 고도 약 2만 km
• 인공위성에 2개의 세슘 시계와 2개의 루비듐 시계(3만 6천 년에 1초의 오차 발생)</td></tr>
<tr><td>

제어부분(Control Segment)
[unstats.un.org]</td><td>지상제어국
• 미국에 있는 1 개의 주 관제소
• 5개 감시 기지국, 3개의 지상 관제국
• 항법위성의 궤도 및 자세 제어
• 위성의 항법 정보 갱신 및 유지
• 위성항법 시각 유지</td></tr>
<tr><td>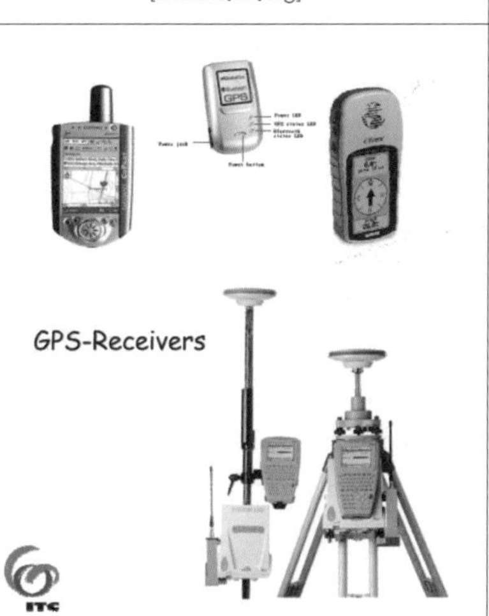

사용자부분(User Segment)
[unstats.un.org]</td><td>항법수신기
• 사용자 단말기
• 전파이용 항법위성과의 거리 측정
• 위치, 속도 및 시간 계산</td></tr>
</table>

▲ GPS 시스템 구성

GPS 서비스 종류는 민간용 서비스와 군사용 서비스로 분류할 수 있다. 민간용 서비스는 민간, 상업, 과학연구 목적으로 L1(1.57542GHz) 주파수의 공개용 C/A 코드로 변조된 신호의 항법 메시지를 통해 일반인에게 서비스하며, 군사용 서비스는 L1(1.57542GHz) 및 L2(1.2276GHz) 주파수의 위성항법신호를 P(Y) 코드로 암호화하여 미군 및 미국 정부에 의해 승인받은 사용자에만 서비스를 제공한다.

GPS 측위 원리는 수신기가 3개 이상의 GPS 위성에서 송신된 신호를 수신하여 위성과 수신기의 위치를 결정한다. 위성에서 송신된 신호와 수신기에서 수신된 신호의 시간 차이를 측정하면 위성과 수신기 사이의 거리(= 시간 차이 Δt * 광속 C)를 구할 수 있는데, 이때 송신된 신호에는 위성의 위치에 대한 정보가 들어 있다. 최소한 3개의 위성과의 거리와 각 위성의 위치로부터 위도, 경도, 고도를 계산할 수 있다.

그러나 시계가 정확하지 않기 때문에 시간 오차(Δt_{offset})를 보정하고자 보통 4개 이상의 위성을 이용해 위치를 결정한다. (수식 4개를 이용하여 미지수 4개의 해를 구할 수 있다.)

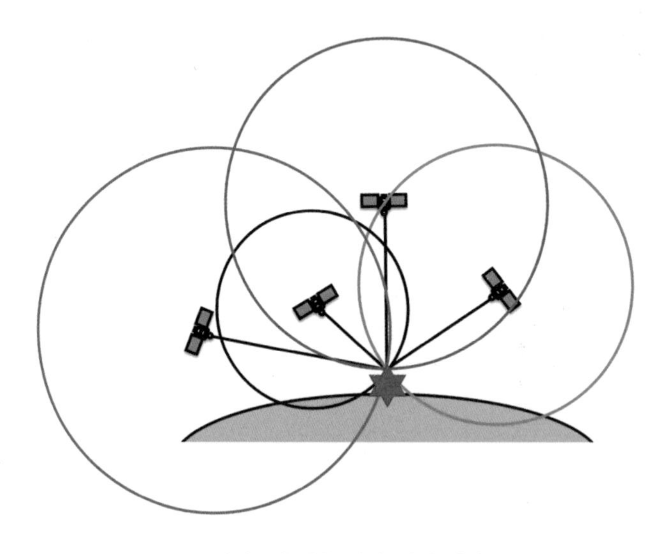

위성 4개 이용 위치, 시간 계산

□ DGPS

DGPS[102]는 GPS의 오차(위치, 시간)를 줄이는 방법으로 지상에 있는 기준국을 이용하여 이곳

---

102) DGPS: Differential GPS, 차분위성항법시스템

의 정확한 위치 정보와 GPS에서 측정한 위치 정보를 비교하여 GPS에서 발생한 오차를 보정한 후 그 보정값을 무선통신망을 이용하여 이용자에게 실시간으로 알려 주는 기술이다. GPS 위성은 약 20,000 km 상공에 위치하므로 지표상의 수신기 간 거리는 위성까지의 거리에 비하여 상대적으로 짧다. 두 수신기가 근거리(100 km 이내)에 위치한다면 위성 신호의 전달 경로는 거의 같다고 볼 수 있으며 두 수신기는 동일한 오차를 갖는 조건에 놓이게 된다.

DGPS의 구성은 DGPS 기준국(Reference Station), 보정 정보 송신 채널(Data Link), 사용자 수신기(User Receiver)의 3부분으로 이루어져 있다.

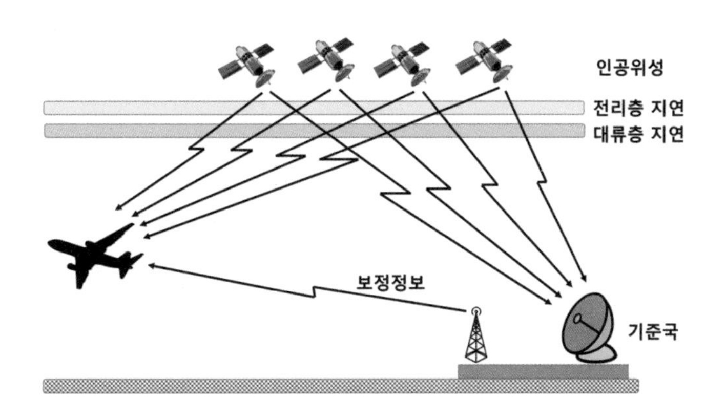

DGPS 오차 보정 원리

우리나라 DGPS 시스템은 1개소 통제국(해양수산부 국립측위정보원)과 11개소의 기준국(RS)[103] 및 8개소의 감시국(IM)[104]으로 구성되어 운영되고 있으며 무선통신망(중파 283.5~325 kHz)을 이용하여 이용자에게 실시간으로 알려 주고 있다.

□ INS와 GPS의 보정 항법

미사일 같은 무기체계의 항법에는 관성 센서가 주(Primary) 센서이거나 유일한(Only) 센서다. 관성 센서는 시간 경과에 따라 오차가 점점 커지는데 이 오차를 보정하기 위하여 GPS를 사용한다.

103) RS: Reference Station
104) IM: Integrity Monitor

다만 GPS는 외부의 교란을 받을 수 있는 단점이 있다.

GPS 재밍 없는 경우	GPS 재밍 있는 경우
• 관성항법장치의 보정 • 미사일 개발 시 탄도 계측에 보조적으로 이용	• 소극적 이용: 재밍(Jamming)[105] 시 GPS 사용 포기(INS 만 사용) • 적극적 이용: AJ[106](항재밍) 기능을 이용하여 재밍에 대해 적극적 대처(INS + GPS)

▲ 상황에 따른 GPS 이용

관성항법 및 위성항법의 상호 장단점 보완에 의한 항법 성능을 개선하기 위하여 INS/GPS 보정 항법을 한다.

INS	구분	GPS
• 관성항법	동작	• 외부 전파에 의한 위치 파악
• 독립적(외부 환경과 무관) • 초기 위치, 속도, 자세 필요	종속성	• 위성 신호 필요
• 100 Hz 이상	Update Speed	• 10 Hz 이하
• 시간에 따라 오차 증가 • 장시간에 큰 오차	항법 오차	• 시간과 무관한 오차
• 재밍에 강함	외부 간섭	• 재밍에 취약
• 각속도, 가속도, 속도, 위치, 자세	제공 정보	• 위치, 속도, (자세)
• 비행 전역에 오차 누적	유도 특성	• 국부적인 오차 유발
• 고기동 특성에 적합	조종 특성	• 저기동 특성에 적합
• 고가(예: $10,000)	가격	• 저가(예: $1,000)

▲ INS와 GPS의 특징

105) Jamming: GPS 신호의 수신 전력은 10^{-16} W 정도의 미약한 신호. 같은 주파수 대역의 큰 신호 전력을 송신하는 재머(Jammer)를 이용하여 전자파 간섭으로 GPS 신호 수신을 방해하는 것

106) Anti Jamming: GPS 재밍 환경에서 재머로부터 영향 범위를 축소시켜 GPS 수신기의 생존성을 향상시키고 원래 기능을 하도록 해 주는 것

□ PNT

PNT 정보기술은 국가 기반 시설뿐만 아니라 경제, 사회, 국방 전반에 활용되는 기반 기술로서, 21세기 미래 전장에서 C4ISR + PGM/플랫폼의 자율화, 지능화, 네트워킹 기반 국방 전력의 PNT 정보통합을 위한 중심 매개체로서 국가안보 전략 차원의 인프라다.

PNT 정보는 정지 또는 이동 중 물체의 위치 및 속도를 특정 좌표계상에서 정밀한 시각을 기준으로 구하여 얻는 정보로 위치(Positioning), 항법(Navigation), 시각(Timing) 정보를 포함한다.

전자기기 국제표준은 위치 정보 및 시각 정보 활용범위가 서비스 레벨에서 시스템 레벨까지 확대됨에 따라 위성항법시스템을 필수 기능으로 정의하고 있다.

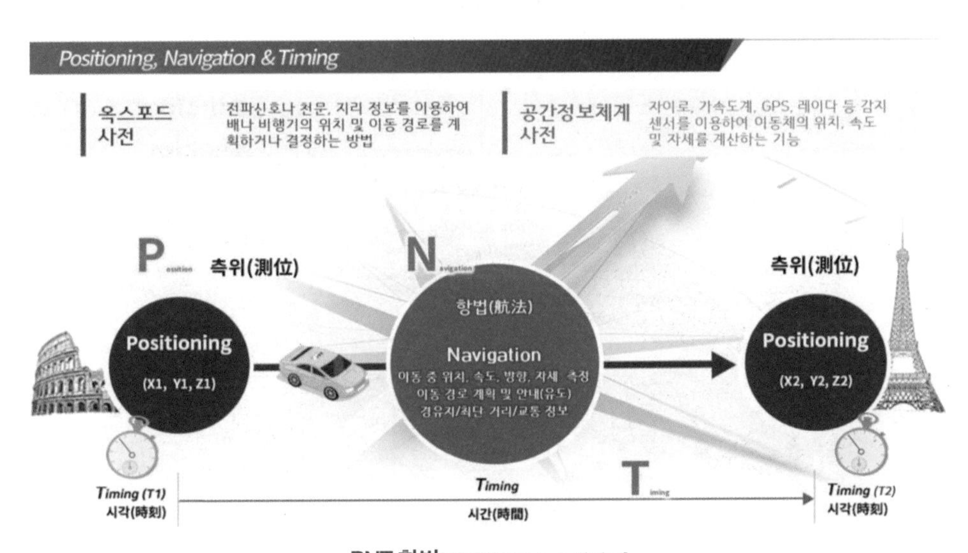

PNT 항법[덕산넵코어스 소개자료]

미국(GPS), 러시아(GLONASS), 유럽(Galileo), 중국(Beidou), 인도(NavIC), 일본(QZSS) 등 우주강국들은 위성항법시스템의 중요성을 인식하고 독자적인 위성항법시스템을 구축, 운영 중이며, 4차산업혁명 등의 변화에 따른 수요 충족, 신규시장 개척 및 미래시장 선점을 위해 위성항법 서비스 고도화 및 다변화를 선도하고 있다.

미국, 러시아는 위성항법시스템의 선두주자로서 기존 시스템의 기능 및 성능 향상을 위한 신규

항법신호 추가, 시스템 안정화 등을 중심으로 현대화를 추진 중이며, 관련 기술, 정책 측면에서 독점적 지위 점유를 통해 후발국을 견제하고 있다.

대한민국도 Galileo에 가입/활용할 수 있지만 한국형 위성항법시스템(KPS)[107]이 2021년 6월 25일 예비타당성 검토를 통과하여 '22~'35년 사이 3.74조 예산으로 수행할 예정으로 '27년에 첫 번째 위성을 발사하고, '34년에 시범운영을 시작하여 '35년까지 완료하는 계획이다.

PNT 정보의 군사적 활용에 따라 항법전(NAVWAR)[108]이라는 분야가 떠오르고 있다. 항법전은 GPS가 전 세계에 공개되어 적대국에서도 군사적으로 이용할 수 있게 됨에 따라 적의 위협이 있으면 아군이 GPS를 사용할 수 있도록 보호(Protect)하고 적의 GPS 사용을 방지(Prevent)하여, 적의 위협 밖에서는 민간의 GPS 사용을 유지(Preserve)하는 것이다.

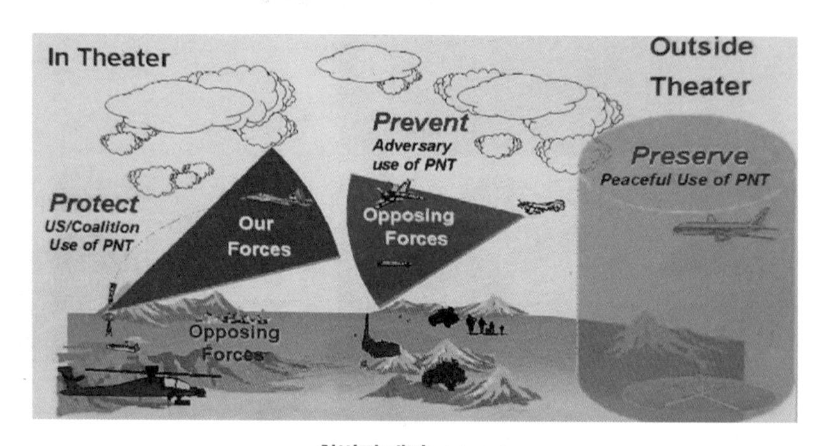

항법전 개념[아카데미]

PNT 정보를 군사적으로 활용 가능한 무기체계는 다음 표와 같다.

무기체계	PNT 정보 활용 무기체계
정밀타격	탄도미사일, 순항미사일, GPS 유도폭탄 등의 항법유도 정보 제공

107) KPS: Korea Positioning System

108) NAVWAR: Navigation Warfare

감시정찰	EO/IR, SAR, 레이더 등의 탑재형 영상 정보 및 지리 정보의 기준위치 제공
지휘통제	통신망 시각 동기와 NCW 위치 기반 전장 상황 인식 및 군수지원의 위치 정보 제공
육해공 플랫폼	저궤도 위성체, 항공기, 헬기, 전차, 수상함, 무인화 체계 등의 항법 정보 제공

▲ **PNT 정보를 군사적으로 활용 가능한 무기체계**[아카데미]

GPS 항법전 대응 발전 방향을 살펴보면 다음과 같다.

항목	내역
위성신호 크기 증강	GPS 현대화 계획에 따른 군 전용 M 코드 신호체계
중계신호 크기 증강	지상파, 공중파 의사위성의 군 전용 신호체계
재밍 대응 수신기 보강	단조 재밍, 잡음 재밍에 대응 기만 재밍, 재방송 재밍에 대응
GPS 재밍 대응 전술개발	재밍 대응 시 무기체계 운용 훈련 저고도, 건물 재밍 방호

▲ **항법전 대응 발전 방향**[아카데미]

항법전 위협과 영향을 정리하면 다음과 같다.

<table>
<tr><th>분류</th><th>위협요소</th><th>PNT 정보 상태</th><th>군 전력의 영향</th></tr>
<tr><td rowspan="2">적대국
전파
교란</td><td>단조 재밍, 잡음 재밍</td><td>군용/상용 위성항법 불능</td><td rowspan="5">• 정밀타격
- 표적 유도 오차 증가
• 감시정찰
- 표적 위치 탐지 오차 증가
- 영상 정보 불균일성
• 지휘통신체계
- 통신 데이터 손실률 증가
- 전장상황 피아배치 오판
• 기반전력
- 신속 대응 지연
- 기동 간 사고 발생 증가</td></tr>
<tr><td>기만 재밍
(재방송 재밍)</td><td>상용(군용) 위성항법 오차 증가</td></tr>
<tr><td rowspan="3">운용국
고의
조작</td><td>M 코드 신호체계 전파 집속
(BFEA)</td><td>상용 위성항법 오차 증가/수신 불능</td></tr>
<tr><td>군용 위성항법 수신기
사용자 제한</td><td>한반도 지역 외 사용 불능</td></tr>
<tr><td>상용 위성항법신호
고의적 오차삽입</td><td>상용 위성항법/시각 정보 오차 증가</td></tr>
</table>

▲ **항법전 위협과 영향**[아카데미]

11 유도조종기법

유도조종(G&C)[109]은 유도와 조종의 합성어다. 유도는 비행체를 원하는 위치(표적)로 보내는 데 필요한 현재 비행체의 자세, 속도 또는 가속도의 크기 및 방향을 계산하는 것이고, 조종은 유도 명령에 따라 비행체가 운동하도록 조종 수단을 구동하는 명령을 계산하는 것이다.

유도조종기법이란 비행체가 발사 이후 탄착(표적에 명중)할 때까지 유도, 조종 명령을 계산하여 출력하는 유도조종 알고리듬(Guidance and Control Algorithm)을 개발하는 것이다.

구분	내용
유도	비행체를 원하는 위치로 보내는 데 필요한 현시점의 비행체의 자세, 속도 또는 가속도의 크기 및 방향을 계산
조종	유도 명령에 따라 비행체가 운동하도록 조종 수단(조종날개, 추력, 조종장치)을 구동하는 명령 계산

▲ 유도조종의 정의

□ 유도방식 분류

유도방식은 유도 기하 형성 구성요소의 수, 항법장치의 종류, 탐색기 운용방식, 유도 정보 계산 위치에 따라 다음과 같이 분류할 수 있다. 다음 그림은 유도 기하 방식에 따른 분류다.

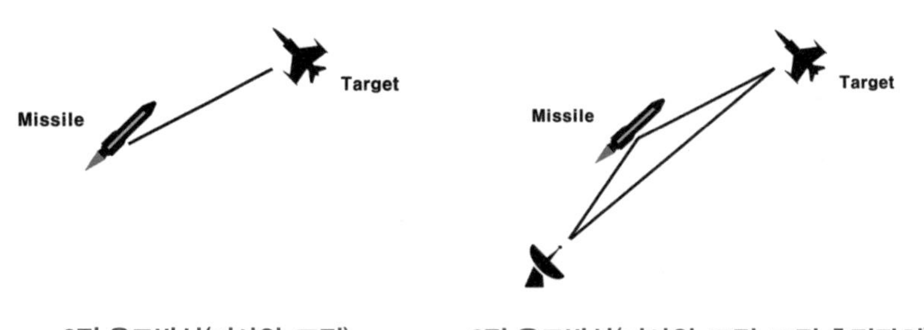

2점 유도방식(미사일, 표적)　　3점 유도방식(미사일, 표적, 표적 추적장치)

109) G&C: Guidance and Control

- 2점 유도방식(2-Point Guidance, 호밍유도(Homing Guidance))
  - 추종유도(Pursuit Guidance)
  - 비례항법유도(Proportional Navigation Guidance)
- 3점 유도방식(3-Point Guidance, 시선유도(Line of Sight Guidance))
  - 시선지령유도(Command to Line of Sight Guidance)
  - 빔라이딩유도(Beam Riding Guidance)

▲ 유도 기하 형성 구성요소의 수에 의한 분류

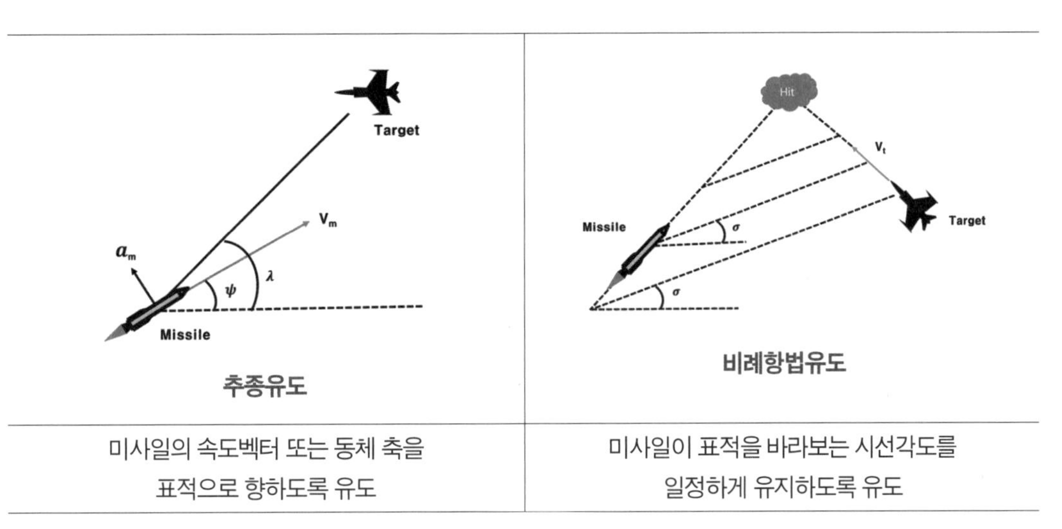

▲ 2점 유도방식

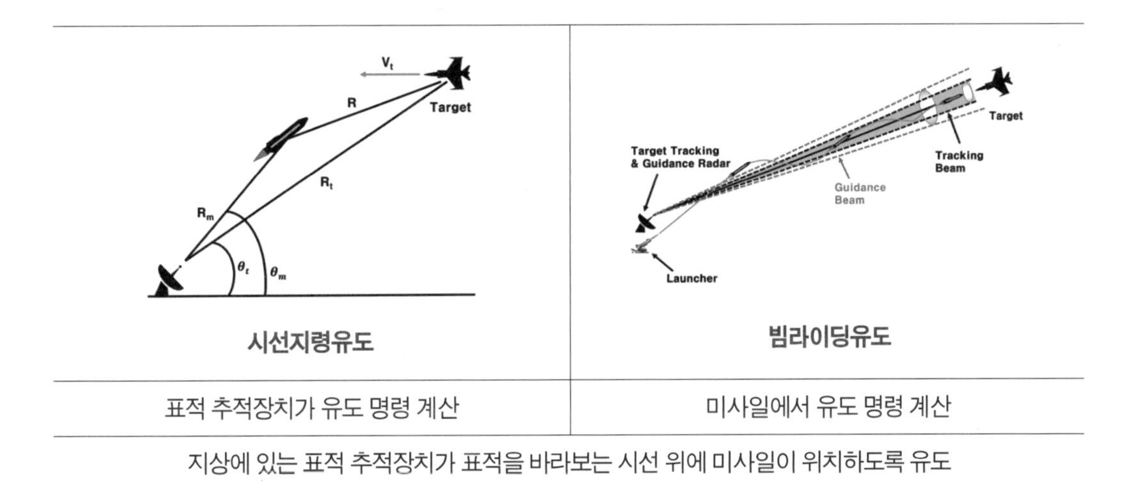

▲ 3점 유도방식

- 관성유도(Inertial Guidance)
  - 관성센서(자이로, 가속도계) 출력을 이용한 항법 정보 추출
- 지측유도(Terrestrial Guidance)
  - 비행지역의 지형 형태를 미리 저장된 정보와 비교하여 위치 정보 추출
- 천측유도(Celestial Guidance)
  - 항성의 위치를 파악하여 비행 위치 추출

  예) Star Tracker(별 센서)

▲ 항법장치 종류에 따른 분류

- 능동 호밍 유도(Active Homing Guidance): Radar Homing
- 수동 호밍 유도(Passive Homing Guidance): IR/IIR Homing, Radar Homing
- 반능동 호밍 유도(Semi-active Homing Guidance): Radar Homing, Laser Homing
- 미사일 경유 유도(TVM)[110]

▲ 탐색기 운용방식/표적 추적방식에 따른 분류

- 지령 유도(Command Guidance) 방식: 유도 명령을 유도탄 외부에서 제공

  예) 시선지령유도(CLOS[111] Guidance) 등
- 발사 후 망각(Fire and Forget) 방식: 유도 명령을 유도탄 내부에서 계산

▲ 유도 정보 계산 위치에 의한 분류

2개 이상의 유도방식을 사용하여 유도하는 방식을 복합 유도(Multimode Guidance)라 한다.

- 관성유도 + 호밍유도
- 지령유도 + 관성유도 + 호밍유도

▲ 복합 유도(예)

110) TVM: Track Via Missile

111) CLOS: Command Line of Sight

□ 기동방식

미사일의 비행 방향 전환을 위한 기동방식에 따른 분류와 특징은 다음과 같다.

구분	특징
BTT[112]	• 롤(Roll) 회전 후 선회(방향 전환) • 기동 시 롤 간섭모멘트 작음 • 극좌표계 제어 • 비행기 날개(주날개) 형상 예: 순항 미사일(토마호크)
STT[113]	• 미사일 수평, 수직 방향 임의로 이동 • 기동 시 롤 간섭모멘트 큼 • 직각 좌표계 제어 • 대칭 형상인 X자형 날개 배치 예: 하푼, Sea Sparrow, Sidewinder 등
RAM[114]	• 미사일 동체를 지속적으로 롤(Roll) 회전시킴 • 적은 센서와 구동장치 사용, 기동 능력이 감소함 • 센서와 구동장치의 응답속도가 빨라야 함 • 휴대용 대공, RAM 함대공 미사일

▲ 기동방식의 분류와 특징

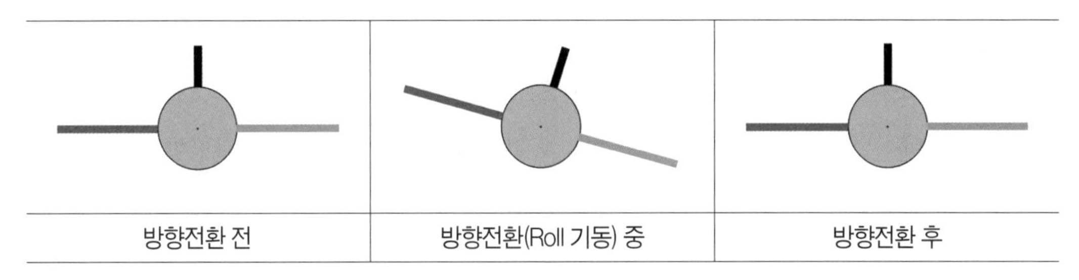

▲ BTT

112) BTT: Bank to Turn

113) STT: Skid to Turn

114) RAM: Rolling Airframe Missile

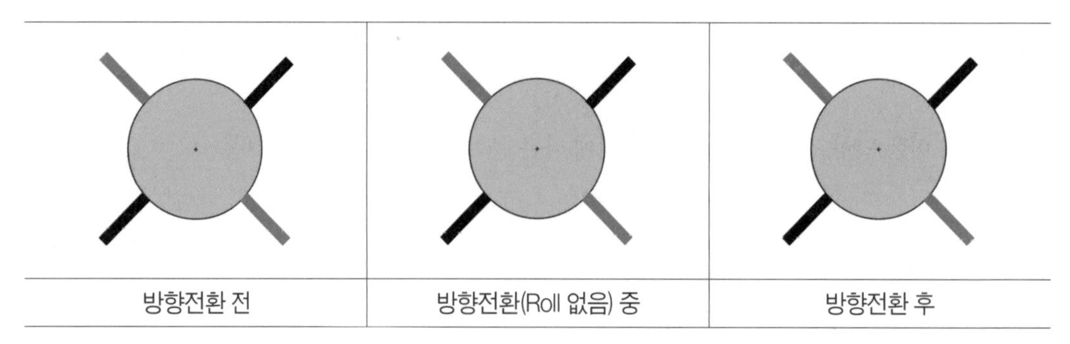

▲ STT

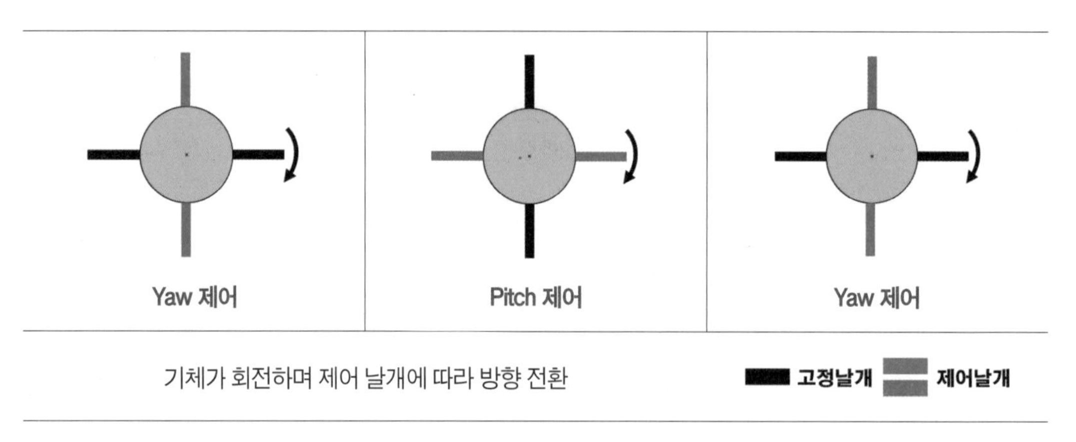

▲ RAM

□ 제어방식

제어방식은 미사일의 비행 고도, 속력에 따라 다르다.

공력(날개) 제어는 비행 속도가 높고 공기밀도가 큰 저고도에서 사용하고, 추력방향 제어는 낮은 비행 속도에서 사용하며 탄도미사일의 경우는 높은 비행 속도에서 사용한다. 측방향 추력 제어는 높은 비행 속도 및 고고도에서 사용하며 지대공의 경우는 초기 선회를 위하여 발사 직후 측추력기를 사용하기도 한다.

공력 제어(Aerodynamic Control)는 귀날개(Canard), 주날개(Main Wing), 꼬리(미익, Tail) 날개로 제어하는 방법이다. 날개를 작동시켜 공기역학적 모멘트 및 힘을 발생시켜 유도조종 명령을 구현한다.

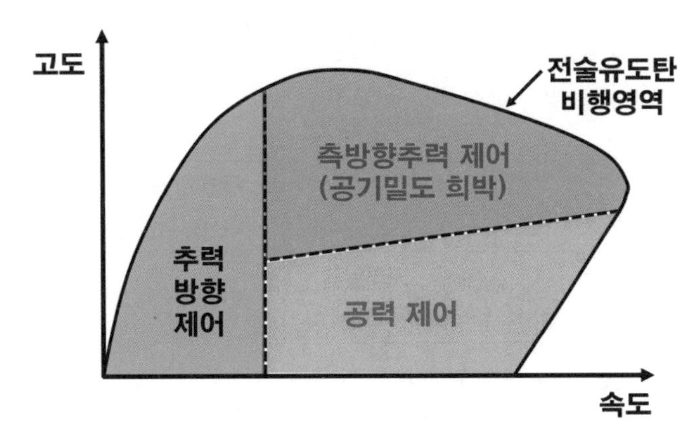

고도 및 속도에 따른 미사일 제어방식[아카데미, 재작성]

추력방향 제어(Thrust Vector Control)는 추력 벡터의 방향을 제어하여 모멘트와 힘을 발생시켜 유도조종 명령을 구현하는 방법이다. 추력방향을 변경하는 방법으로는 로켓 모터 노즐을 움직이거나 노즐의 한 방향에 스포일러를 삽입하거나 유체를 분출시켜 추진 가스의 방향을 바꾸는 방법 등이 있다.

측방향 추력 제어(Side Thrust Control)는 미사일 내부에 반경 방향으로 다수의 소형 추진기관 등을 배치하고 조종 방향에 따라 해당 추진제를 연소시켜 비행체의 자세 혹은 비행 운동을 조종하는 방법 등이 있다.

• 미사일의 비행자세 제어 방법

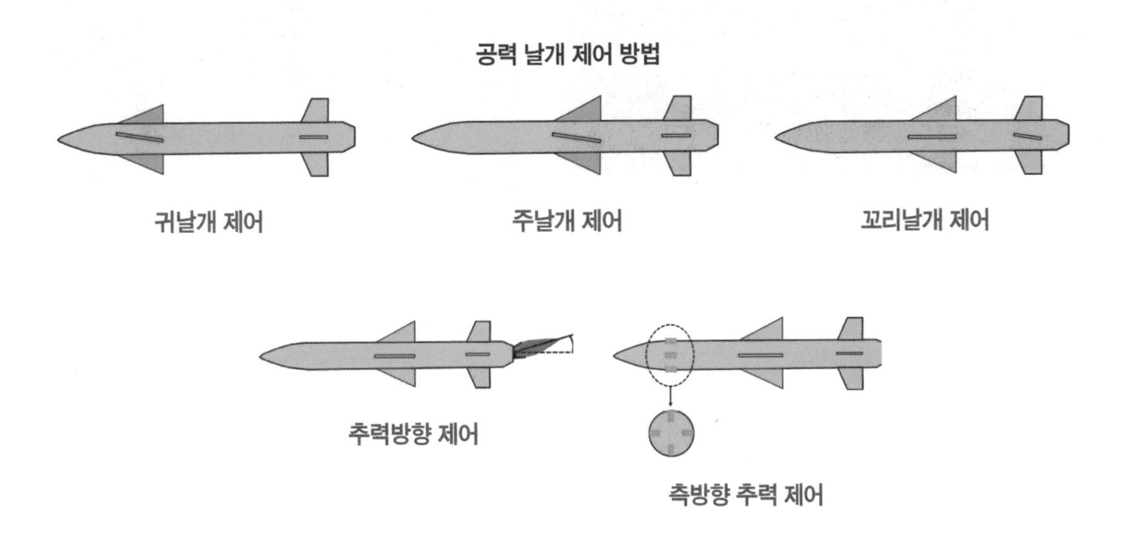

장점	구분	단점
• 작은 힌지 모멘트(Hinge Moment) • 장착이 비교적 용이	귀날개 조종	• 기동 시 롤 모멘트 발생 • 비교적 큰 Body Bending Moment
• 빠른 제어성	주날개 조종	• 큰 힌지 모멘트 • 비선형적인 공력
• 적은 구동 토크 • 거의 직선적인 공력	꼬리날개 조종	• 반응속도가 느림

▲ **공력 날개 조종 방식별 장단점**[Missile Configuration Design]

□ Lattice(Grid) Fin

조종을 위한 날개의 한 종류로 래티스(Lattice) 또는 그리드(Grid) 핀(Fin)이 있다. 래티스 핀은 1950년대 Sergey Belotserkovskiy가 이끄는 팀에서 개발했기 때문에 러시아에서는 Belotserkovskiy 그리드 핀으로 부른다.

그리드 핀은 1970년대 소련의 SS-12 Scaleboard, SS-20 Saber, SS-21 Scarab, SS-23 Spider, SS-25 Sickle 등의 탄도미사일에 사용해 왔으며 MOAB,[115] 미사일 등 다양한 분야에 사용되고 있다.

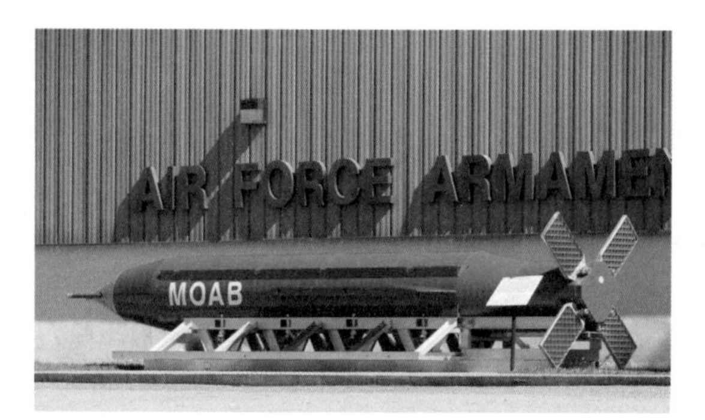

Grid Fin(MOAB)[Wiki, Public Domain, ©, FI295]

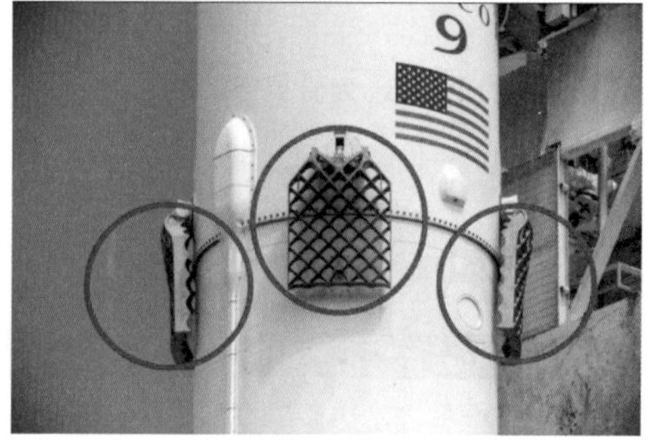

Grid Fin(Falcon 9)[www.thespacetechie.com]

115) MOAB: Massive Ordnance Air Blast

그리드 핀의 장단점은 다음과 같다.

장점	• 낮은 아음속(Low Subsonic)과 높은 초음속에서 높은 제어 효율성 • 작은 힌지 모멘트(Low Hinge Moment) • 짧은 코드 길이(Short Chord Length)
단점	• 큰 RCS • 천음속(Transonic)에서 큰 드래그(Drag)

▲ **그리드 핀의 장단점**[Tactical Missile Design, Eugene Fleeman]

□ 지형대조항법과 영상대조항법

지형대조항법(TERCOM)[116]은 사전에 비행체에 저장된 지형 정보(비행지역에 대한 지형 특성)와 실시간으로 획득하여 얻은 정보를 비교하여 관성항법 오차를 보정하는 기법이다.

비행지역의 지형 특성은 전파고도계를 이용하여 지면으로부터의 비행체의 상대고도를 측정하여 얻으며, 이것과 비행체에 탑재된 지형 자료의 상관관계를 이용하여 항법 오차를 계산하는 방식이다.

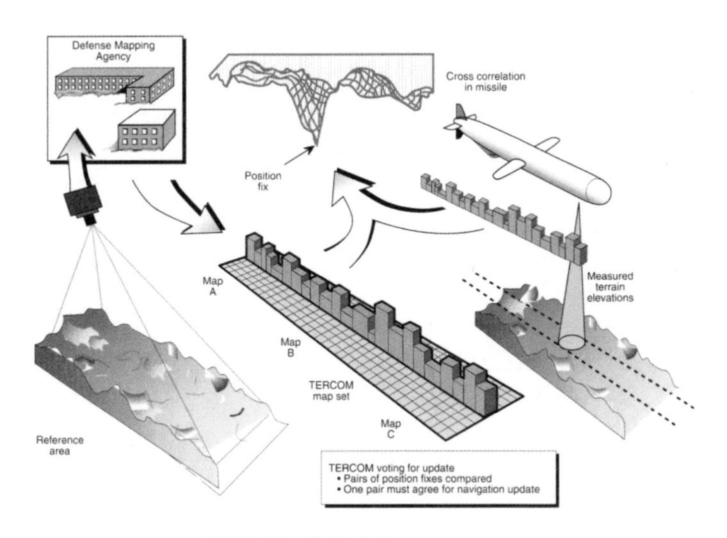

TERCOM 운용개념[www.jhuapl.edu]

116) TERCOM: Terrain Contour Matching

영상대조항법(DSMAC)[117]은 비행체에 장착된 영상(이미지) 센서로 특징이 있는 주요 인공지물(예: 건물, 도로 등)의 영상을 획득한 후 비행체에 사전 탑재한 영상 자료와 비교하여 항법 오차를 계산하여 보정하는 방식이다. 지형대조항법은 1차원 상관관계를 이용하는 반면 영상대조항법은 2차원 상관관계를 이용한다.

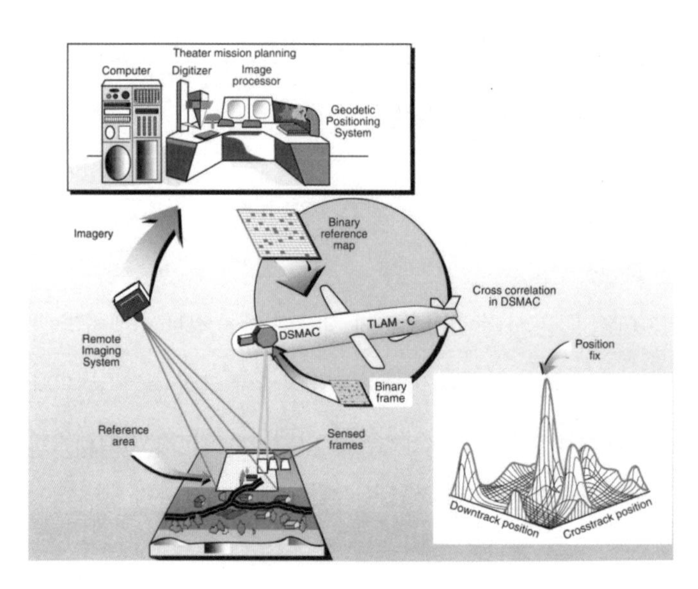

DSMAC 운용개념[www.jhuapl.edu]

미국의 토마호크(Tomahawk) 순항미사일의 경우는 지형대조항법과 영상대조항법을 사용하고 있으며 최근에는 PTAN[118]을 개발하여 적용하고 있다.

- In-SAR[119] 전파고도계로 지형고도 측정 후 탄내에 저장된 수치 자료와 비교하여 항법오차 보정(2차원 데이터 상관관계 이용)
- GPS에 의존하지 않는 비행이 가능
- DSMAC 및 GPS를 대체할 것으로 예상
- 기상 조건에 강건한 전천후 동작 가능

▲ PTAN의 특징

117) DSMAC: Digital Scene Matching Area Correlation
118) PTAN: Precision Terrain Aided Navigation
119) In-SAR: Interferometer Synthetic Aperture Radar, 간섭계형 합성개구 레이더

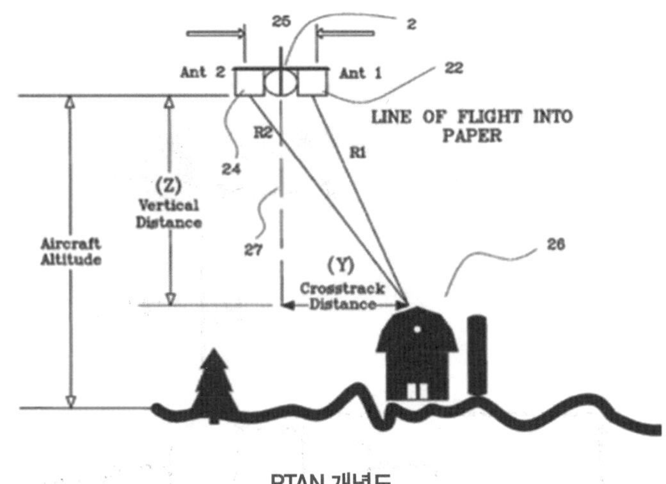

PTAN 개념도

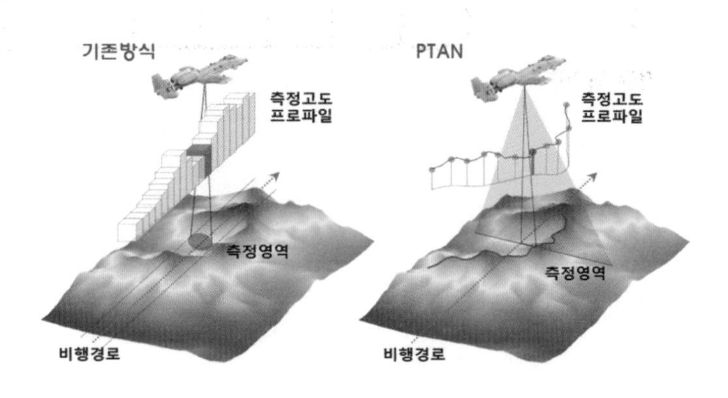

기존 방식과 PTAN 비교

토막상식 **미국의 토마호크(Tomahawk) 미사일은 비행 중 비행 궤적 아래 지형지물의 지형고도(예: 산의 높이)를 어떻게 측정할까?**

: 기압고도계와 전파고도계를 이용하여 계산(간접 측정)한다.

지형 정보를 이용한 항법 오차 보정(지형대조항법)은 실시간으로 비행영역의 지형고도를 측정할 수 있어야 하지만 비행체 위치의 지형고도(H_m)를 직접 계측하는 방법은 없고 다음과 같이 간접 측정한다. 기압고도계를 이용하여 비행체의 비행 고도인 기압고도(H_b)를 측정하고, 전파고도계를 이용하여 비행체 아래의 지형까지의 상대고도(H_r)를 측정하여 다음과 같이 계산한다.

지형고도(H_m) = 기압고도(H_b) - 상대고도(H_r)

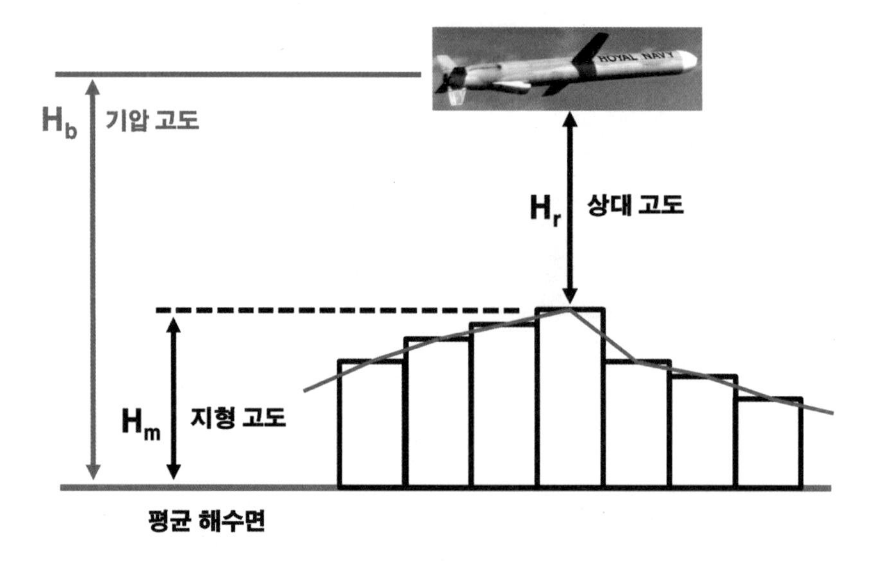

지형고도 측정 개념도

계산된 지형고도 정보와 발사 전에 미리 입력한 고도 정보를 비교하여 예정된 비행경로에서 벗어난 크기를 계산하여 오차를 보정한다.

12 유도조종장치

유도조종장치(GCU)[120]는 미사일을 표적까지 실시간으로 정확하게 유도하고, 미사일이 안정되게 비행하도록 조종하는 컴퓨터를 주축으로 하는 전자장치다. 유도조종장치는 유도조종 알고리듬을 내장형 SW 형태로 탑재하고 발사통제장비를 포함하는 다른 장비와의 인터페이스(Interface), 기타 제어를 위한 인터페이스 기능을 갖는 장비로 사람으로 말하면 두뇌에 해당하는 핵심 장비다.

120) GCU: Guidance and Control Unit

유도조종장치의 인터페이스 구성도(예)와 유도조종장치의 임무, 기능은 다음과 같다.

인터페이스 장비 구성 중 원격측정장치는 개발 시에만 탑재하지만, 지령 송수신 장치는 무기체계 구성에 따라 전력화 시에도 계속 탑재되는 경우도 있다.

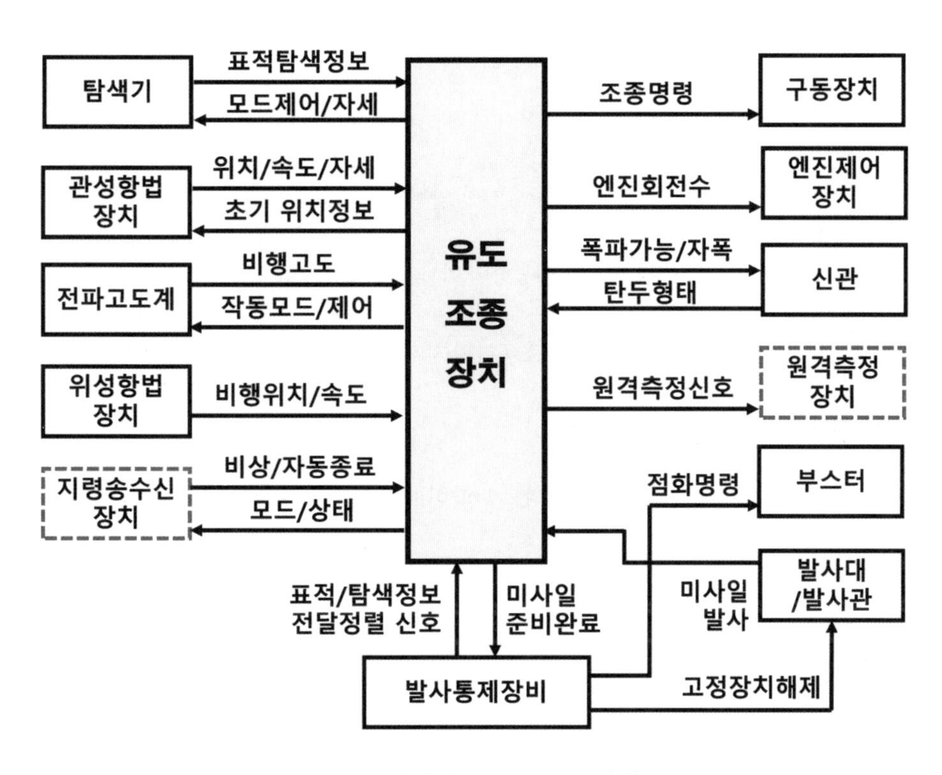

유도조종장치 인터페이스 구성도(예)

<table>
<tr><td colspan="2">입력</td><td>• 표적과 미사일에 대하여 측정한 절대적 또는 상대적 위치, 속도 등의 센서 정보를 입력</td></tr>
<tr><td rowspan="2">계산</td><td>유도 알고리듬</td><td>• 3차원 공간에서 미사일이 표적에 명중되도록 미사일의 비행경로를 수정하기 위한 유도 명령을 계산</td></tr>
<tr><td>조종 알고리듬</td><td>• 미사일이 안정되게 비행하면서 이 유도 명령을 가능한 한 빠르게 수행하기 위한 조종 명령을 계산</td></tr>
<tr><td colspan="2">출력</td><td>• 조종날개의 위치 또는 추력 크기, 방향 명령 출력</td></tr>
</table>

▲ **유도조종장치의 임무**[아카데미, 재작성]

- 항법 정보 산출
  관성항법장치, 위성항법장치 등으로부터 항법 정보를 입력받아, 관성항법 오차가 보정된 미사일 위치, 자세, 운동 정보 산출
- 유도 명령 산출
  탐색기와 관성항법장치 등으로부터 표적, 미사일 정보를 입력받아 유도 명령 산출
- 조종 명령 산출
  유도 명령과 미사일 운동 정보를 입력받아 조종 명령 산출
- 발사 절차 수행
  발사통제장비와의 통신을 통하여 발사 절차 수행
- 부체계 연동/통제
  유도조종장치~부체계 통신, 디스크리트(Discrete)/아날로그 신호 등을 통해 연동/통제
- 탄내 부체계 점검
  발사통제장비 또는 미사일 점검 장비와 연동하여 미사일 부체계 점검
- 자체 점검 및 신호 전원 분배
  유도조종장치 점검 장비와 연동하여 유도조종장치 자체 점검, 신호 전원 분배(필요시)

▲ **유도조종장치의 기능**[아카데미, 재작성]

유도조종장치에는 유도조종 알고리듬이 내장형(임베디드) 소프트웨어 형태로 들어 있는데 이들 특징은 다음과 같다.

- 복잡한 실시간 연산 처리 기능, 빠른 응답, 고신뢰성 요구
  (Mission Critical System)
- 제한된 자원을 가짐
  마이크로프로세서의 연산속도, 메모리 용량
- 제한적인 인터페이스를 가짐
  디버깅 및 시험평가가 어려움
- 단독시험평가의 곤란
  시험평가를 위하여 다른 시스템과 연동 필요
  하드웨어 의존도가 높아 인터페이스 시험 비중이 높음
- User Interface가 없음
  플랫폼에 따라 부체계 구성, 인터페이스 방법이 다양

▲ **유도조종장치 내장형 소프트웨어의 특징**[아카데미, 재작성]

Q. 유도조종장치의 핵심 성능은 뭘까?

A. 빠른 계산 능력이다.

유도조종장치는 유도탄 내외의 각종 센서로부터 신호를 받아서 유도조종 알고리듬에 따라 계산한 후 출력을 내는데 이를 (계산) 주기(T, Period)라고 한다. 미사일 같은 비행체의 실시간(Real Time) 제어를 위해서는 짧은 계산 시간이 더더욱 중요하다. 데이터 전송 지연 시간까지를 고려하면 더욱 그렇다.

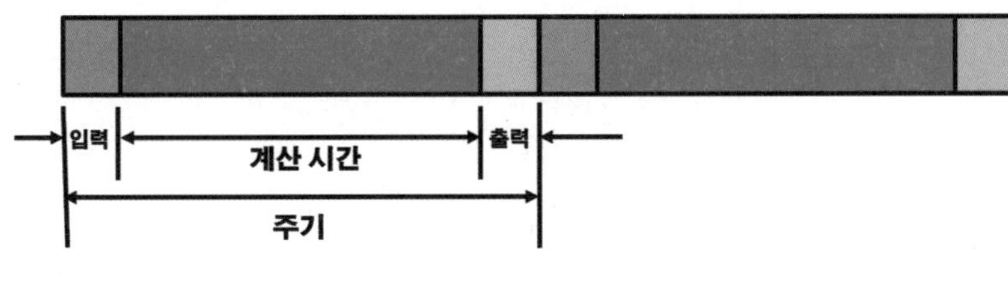

유도조종장치 계산 주기

예를 들어 시스템 전체 제어 루프(Loop)를 50 Hz로 한다면 유도조종장치의 (계산) 주기(T)는 20 ms 이내여야 한다.

13 전파고도계

전파고도계(RA)[121]는 전파를 송신하여 반사되어 돌아온 시간(전파의 왕복 이동 시간)을 측정하여 해수면(지면)으로부터 비행체까지의 고도(이격거리)를 측정하는 장비다.

121) RA: Radio Altimeter, Radar Altimeter

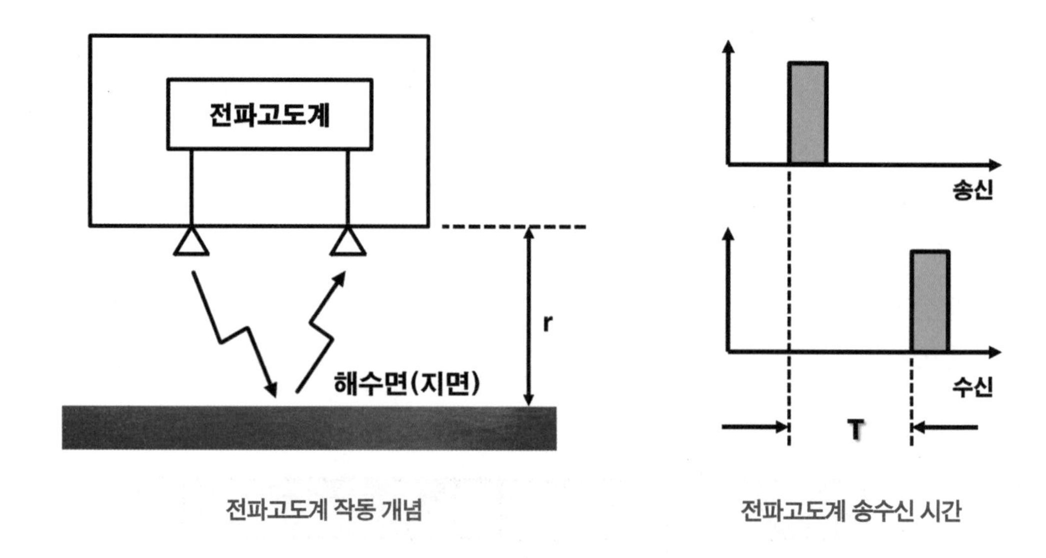

전파고도계 작동 개념

전파고도계 송수신 시간

시간을 측정하는 방법에 따라 전파고도계는 3가지로 분류한다.

- Pulse Type 전파고도계
- Conventional FMCW[122] Type 전파고도계
- Constant Difference Frequency FMCW Type 전파고도계

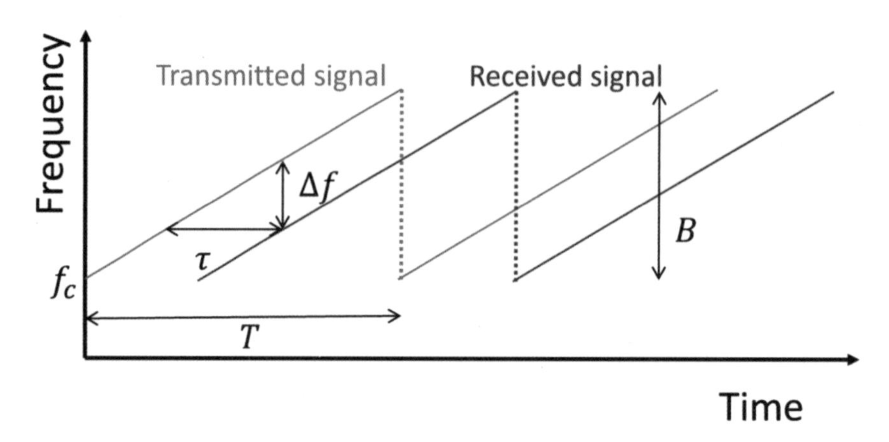

Conventional FMCW Type 송수신 파형[asp-eurasipjournals.springeropen.com]

122) FMCW: Frequency Modulation Continuous Wave

$T = 2r/C$

여기서 T = 송신신호와 수신신호와의 시간 지연

r = 고도

$C = 3 * 10^8$ m/s

전파고도계는 미사일뿐만 아니라 민간 항공기, 헬기 등 다양한 비행체에 탑재하여 운용되고 있다.

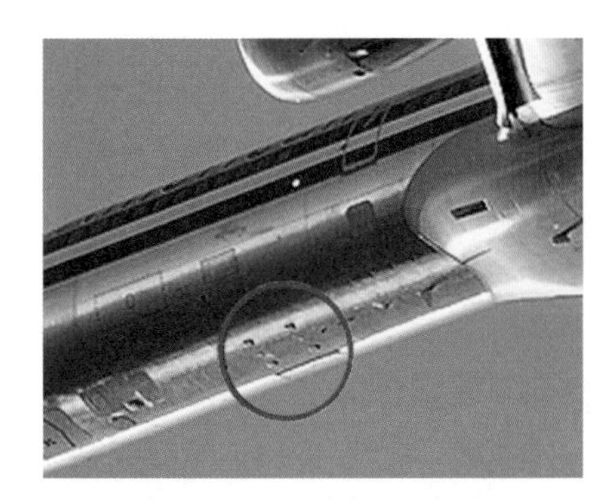

Boeing 757 하부 RA 안테나

[www.flightdatacommunity.com]

RA(Thales AHV-1600)

[www.fccid.io]

전파고도계는 여러 가지 오차 요소를 가지고 있으나 저고도에서 비교적 정확한 측정이 가능하다. 하지만 고도가 증가할수록 오차가 급격히 커지게 된다.

전파고도계의 송신전파는 일정한 빔(Beam) 폭을 가지고 있는데 비행체의 직하방이 아닌 빔 폭 내에 높은 지형이 있어 전파를 맞고 되돌아오는 경우는 오차가 크게 발생한다.

14 구동장치

구동장치(Actuator)는 유도조종장치로부터 유도조종(구동) 명령 신호를 받아 공력날개 또는 추력방향을 제어하거나 측방향 추력 제어로 미사일의 비행자세를 제어하는 장치이다.

구동장치 구동을 위한 동력원으로는 전기식, 공압식, 유압식, 추력기식 등이 있다.

구분	동력원	장점	단점
전기식	전기	• 유지보수 간단 • 모델링이 간단 • 구현 용이	• 고출력 시 고전력 필요
공압식	고압의 기체	• 전력 소모가 작음 • 응답속도가 빠름	• 유지보수가 필요 • 부품조립이 복잡
유압식	고압의 유압	• 전력 소모가 작음 • 출력이 큼 • 응답속도가 빠름	• 유지보수가 필요 • 부품조립이 복잡
추력방향식	부스터 추력	• 출력이 큼 • 응답속도가 빠름	• 시스템 구성이 복잡
추력기식	추진제 연소가스	• 유지보수 불요 • 응답속도가 빠름	• 재사용 불가 • 제어 시스템 복잡

▲ 구동장치 종류별 동력원과 특징

구동장치는 유도조종(구동) 명령 신호를 받아 미사일의 비행자세를 제어하는 장치로 정밀한 위치 제어를 위해서는 궤환 루프(Feedback Loop)를 갖는다. 다음 그림에 전기식 구동장치의 블록 다이어그램(Block Diagram)을 보인다.

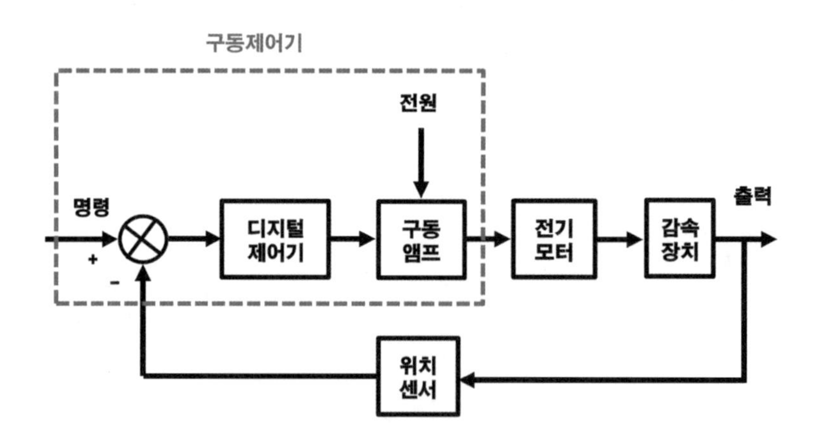

전기식 구동장치 블럭 다이어그램

전에는 큰 구동력을 얻기 위하여 유압 또는 공압 구동장치를 많이 사용했으나, 최근에는 사마륨 코발트(Samarium Cobalt) 등 성능 좋은 자석이 개발되어 큰 구동 토크를 얻을 수 있고 유지보수가 용이한 전기식 구동장치를, 고속 반도체 스위칭(Switching) 기술의 발달에 따라 BLDC[123] 모터를 많이 사용한다.

구동 날개를 움직이기 위해서는 큰 힘이 필요하다. 큰 힘을 내기 위해서는 파스칼의 원리를 이용한 유압 구동장치를 사용한다. 전기식인 경우는 큰 힘을 내기 위하여 감속장치를 사용한다.

토막상식 파스칼의 원리란?

: 프랑스 수학자 블레즈 파스칼이 발견한 원리. 파스칼의 원리(Pascal's Principle)는 밀폐된 용기에 담긴 비압축성 유체에 가해진 압력이 모든 지점에서 같은 크기로 전달된다는 것이다.

유체의 압력은 어느 방향에서나 동일하게 나타난다. 이는 유압 장치의 원리로, 마치 도르래처럼 작은 힘으로 무거운 물체를 들어 올릴 수 있게 해 준다. [나무위키]

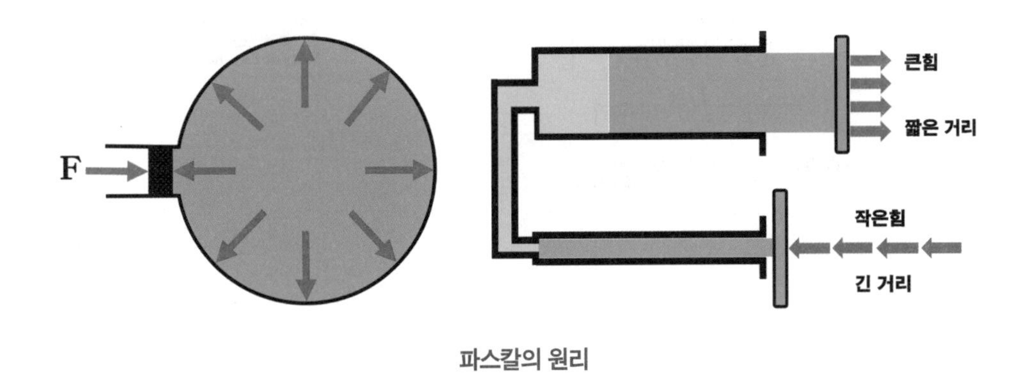

파스칼의 원리

두 실린더의 내경이 서로 다르면 움직이는 거리도 서로 달라진다. '일의 원리'에 따라 짧은 거리를 움직인 실린더에서는 긴 거리를 움직이는 실린더보다 큰 힘을 낼 수 있다. 힘과 움직인 거리의 곱은 항상 일정하기 때문이다.

---

123) BLDC: Brushless DC

15 엔진

엔진(Engine)은 미사일 임무 달성을 위해 필요한 추력을 제공하는 추진기관이다.

추진기관은 액체 추진 엔진(공기흡입 엔진, Air Breathing Engine)과 고체 추진 엔진(로켓 엔진, Rocket Engine)으로 구분할 수 있다.

□ 공기흡입 엔진(Air Breathing Engine)

공기흡입 엔진은 공기 흡입구(Air Intake)를 통하여 흡입된 공기(산화제)와 연료를 사용하여 추진력을 발생시키는 추진기관이다.

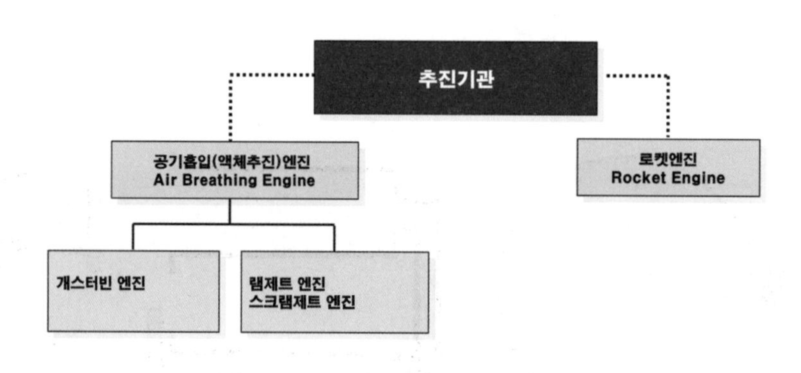

추진기관의 분류

공기흡입 엔진은 흡입된 공기를 압축기로 추가 압축 후 높은 밀도의 공기와 연료의 연소를 통해 회전력과 추진력을 발생시키는 가스터빈(터보제트, 터보팬, 터보프롭, 터보샤프트) 엔진과 초음속 비행에 의한 램(RAM) 압축으로 흡입 공기밀도를 높이고 아음속 연소를 통하여 추진력을 얻는 램제트 엔진 및 더 높은 마하수의 램 압축과 초음속 연소를 기반으로 하는 스크램제트(SCRAMJET)[124] 엔진으로 분류된다. 이들 엔진 중에서 터보샤프트, 터보프롭 엔진은 미사일에 사

124) SCRAMJET: Supersonic Combustion RAM Jet, 초음속 연소 램제트

용하지 않는다.

가스터빈 엔진	터보제트, 터보팬, 터보프롭, 터보샤프트
램제트 엔진	램제트, 스크램제트

▲ 공기흡입 엔진의 종류

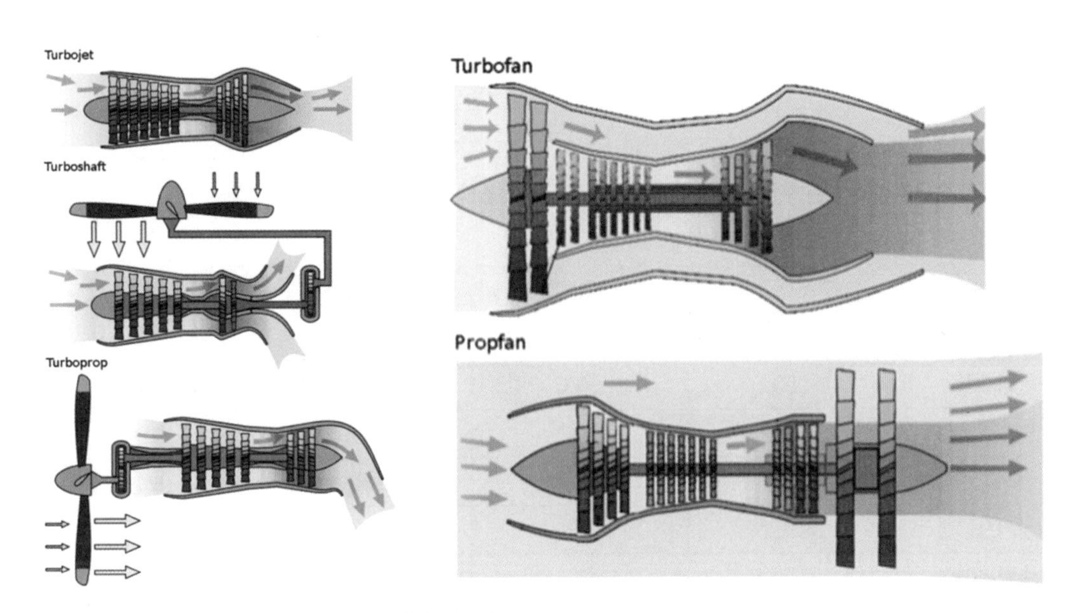

가스터빈 엔진의 종류[Wiki, Public Domain, ∈, KVDP]

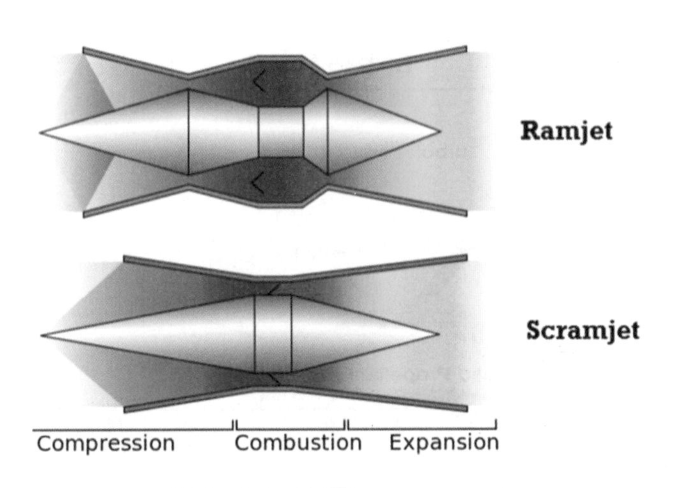

램제트 엔진의 종류[www.clearias.com]

비행체의 속도범위에 따라 효율적으로 사용할 수 있는 추진기관의 종류는 다음 표에 보인다. 기술 발전에 따라 상대의 방어체계(작전 반응 시간) 무력화를 위해 초음속으로 개발하는 경우도 많다.

속도범위(Mach)	추진기관의 종류
0~0.7	피스톤 엔진과 프로펠러(Piston Engine and Propeller)
0.5~0.8	터보프롭(Turboprop)
0.7~2.5	터보제트(Turbojet), 터보팬(Turbofan)
2.0~4.0	램제트(Ram Jet), 터보 램제트(Turboram Jet), 로켓(Rocket)
4.0 이상	스크램제트(SCRAMJET), 로켓(Rocket)

▲ **비행체의 속도범위에 따른 추진기관의 종류**[Missile Configuration Design, 재작성]

구분	고체로켓	액체로켓	터보제트	램제트
구조	간단	복잡	복잡	비교적 간단
비추력	~250	~400	2,500~3,000	800~1,800
안전취급성	양호	불량	보통	보통
즉시발사성	양호	불량	보통	보통
장기저장성	양호	불량	보통	보통
추력제어성	복잡	용이	용이	보통

▲ **엔진별 특성**[아카데미, 재작성]

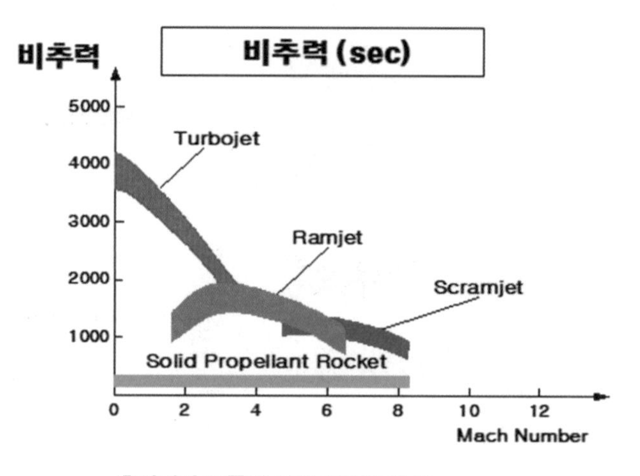

추진기관 종류에 따른 비추력 특성[아카데미]

무기체계의 요구 특성에 따라 채택하는 엔진이 다르다. 순항미사일의 추진기관은 높은 비추력, 장거리 비행 성능이 요구되기 때문에 주로 터보제트 엔진을 채용한다.

무기체계	엔진 형태
순항미사일(저속/저고도 비행)	터보제트, 터보팬 엔진
탄도미사일(고속/고고도 비행)	고체로켓, 러시아 등에서는 전에 액체 엔진을 사용했으나 고체로 전환

▲ **미사일별 엔진 형태**

하푼급 대함 미사일에 사용하는 제트엔진은 다음과 같다.

유도무기 종류	적용 엔진
Harpoon	Teledyne J402 터보제트 엔진
Otomat	Turbomeca Arbizon 터보제트 엔진
Sea Eagle	Microturbo TRI 60-1 터보제트 엔진

▲ **대함 미사일 탑재 엔진**[위키 등]

하푼과 엔진

하푼

[www.Boeing.com]

하푼용 엔진(Teledyne J402)

[Wiki, CC BY-SA 2.0, Greg Goebel]

□ 제트엔진용 연료 종류

항공기용 연료는 항공기 엔진이 두 종류라서 연료도 두 종류이며, 민간용 연료와 군용 연료로 구분할 수 있다.

민간용 항공기 연료는 2가지다. 첫 번째는 세스나와 같은 경비행기에 주로 사용하는 왕복 엔진용 연료인 AVGAS(Aviation Gasoline) 또는 항공용 연료(Aviation Fuel)라고 한다. 두 번째는 여객기, 수송기, 전투기 등등 나머지 항공기들이 사용하는 터보프롭과 터보팬 엔진을 위한 제트연료(Jet Fuel)이다. 헬리콥터용으로 쓰이는 터보샤프트 엔진에도 제트연료가 들어간다.

• 미국 민간 항공용 제트연료(Jet Fuel) 종류

종류	내용
Jet A	Kerosene(등유) 타입으로 최대 빙점 -40 ℃
Jet A-1	Kerosene(등유) 타입으로 Jet A와 동일. 최대 빙점 -47 ℃
Jet B	빙점이 낮은 북부 캐나다를 제외하고는 거의 사용하지 않음 높은 휘발성으로 취급과 Cold Starting(완전정지 후 시동)에 유리

▲ [나무위키]

• 군용 연료 종류

군용 연료는 험한 운용 환경과 피탄 시 폭발 가능성을 줄여야 하므로 민간용 제트연료에 비하여 각종 첨가제를 더 섞어서 만든다. 명칭은 JP.[125)]

종류	내용
JP-1	가장 처음 사용된 군용 제트연료
JP-2/3	JP-1보다 더 만들기 용이하며 어는점이 더 높음 3은 특히 휘발성이 강해서 사용이 중단됨
JP-4	Jet-B와 비슷
JP-5	인화점을 높여 항공모함에서 화재발생사고를 줄이려고 사용
JP-6	XB-70 발키리를 위해서 특별히 제작된 연료. 인화점이 높음

125) JP: JET Propellant

JP-7	SR-71 블랙버드를 위해서 특별히 제작된 연료. 인화점이 높음
JP-8	Jet A-1과 비슷하며 현재 널리 사용

▲ [나무위키]

제트엔진을 사용하는 군용헬기의 사용 연료 표기(예)와 하푼의 연료탱크 위치는 다음 그림과 같다.

연료 표기

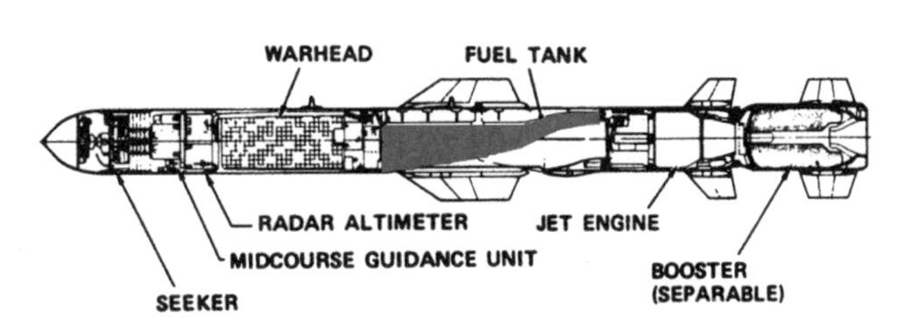

하푼 연료탱크 위치(적색)[Wiki]

토막상식 **일반적으로 제트 여객기의 연료탱크는 어디에 있을까?**

: 주 연료탱크는 주날개에 있고, 연료 주입구는 주날개 아래쪽에 있다.

제트 여객기의 연료탱크 위치[news.bbc.co.uk]

제트기의 연료 주유 장면[www.cirium.com]

토막상식 **여객기의 제트엔진 연비는 어느 정도일까?**

: 약 0.062 ㎞/L(1 리터로 62 m 비행).

점보제트기라고 불리는 보잉 747-400 여객기는 동체 길이 70.6 m, 날개폭 64.4 m, 꼬리 높이 19.4 m, 무게 179 톤, 최대 이륙 중량 397 톤의 장거리 노선 전용 대형 항공기다.
연료를 가득 채우면 216,840 리터, 이는 현대자동차 쏘나타(가솔린 2.0 모델 기준) 3,000대에 가득 채울 수 있는 연료량이다. B747-400은 최대 13,450 km를 날아갈 수 있고 연료를 모두 사용한다고 계산하면 연비는 0.062 ㎞/L, 1 리터로 62 m를 비행한다.
이 연비를 가지고 인천-뉴욕 간 거리에 대입해 보면, 약 18만 리터(47,164 gal)를 소비하는데, 항공유 가격을 1갤런당 200센트로 가정하면, 뉴욕까지 비행할 때 기름값만 1억 8백만 원(환율 1,150원/달러 기준)이나 들어간다. [국토교통부, 숫자로 본 Boeing 747]

16 로켓 엔진

로켓 엔진은 자체 산화제를 포함하고 있어 공기가 없는 대기권 외부에서도, 화학 연료와 산화제를 혼합한 추진제를 연소시켜 고온, 고압의 가스(Gas)를 만들어 일정한 방향으로 분출시켜 추력을 얻을 수 있기 때문에 미사일이 공중 비행할 수 있다.

하푼 같은 액체 추진 엔진을 탑재한 미사일의 경우는 미사일 발사 초기 발사대로부터 이륙(발사)을 보조해 주는 장치로 사용하기도 한다.

미사일용 로켓 엔진은 미사일별로 차이는 있지만 대략 미사일 전체 길이의 60~80 %, 무게의 50~70 %를 차지한다.

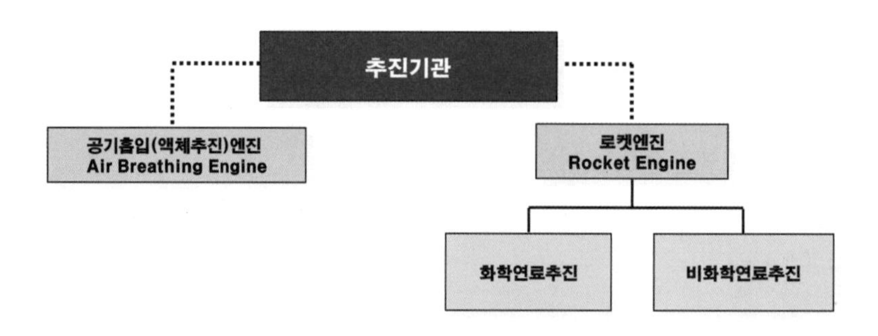

미사일 추진기관의 분류

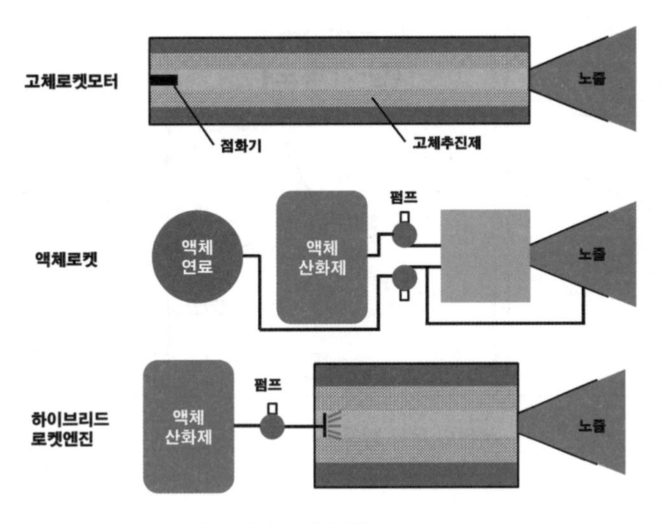

로켓 추진기관의 종류[아카데미, 재작성]

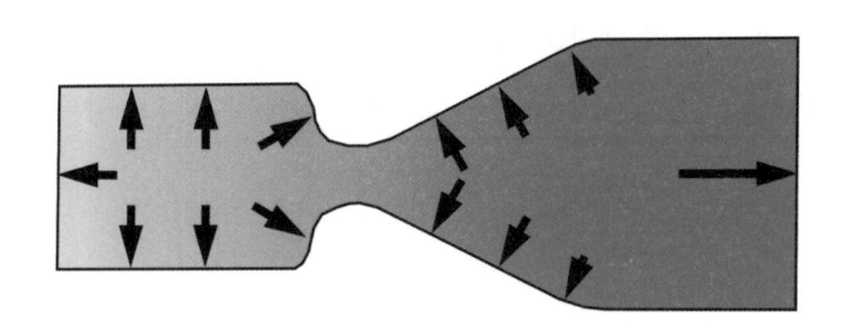

로켓 엔진 작동원리

로켓 엔진은 뉴턴의 운동 법칙(Newton's Laws of Motion) 중 제3법칙인 작용-반작용(운동량 보존 법칙)의 원리로 추력을 제공한다.

제1법칙	• 관성의 법칙 예: 뛰어가던 사람 발이 돌부리에 걸려 넘어지는 경우
제2법칙	• 힘-가속도의 법칙 물체 운동량의 시간에 따른 변화율은 그 물체에 작용하는 힘과(크기와 방향에 있어서) 같다.
제3법칙	• 작용-반작용의 법칙 물체 A가 다른 물체 B에 힘을 가하면, 물체 B는 물체 A에 크기는 같고 방향은 반대인 힘을 동시에 가한다.

▲ **뉴턴의 운동 법칙**[위키]

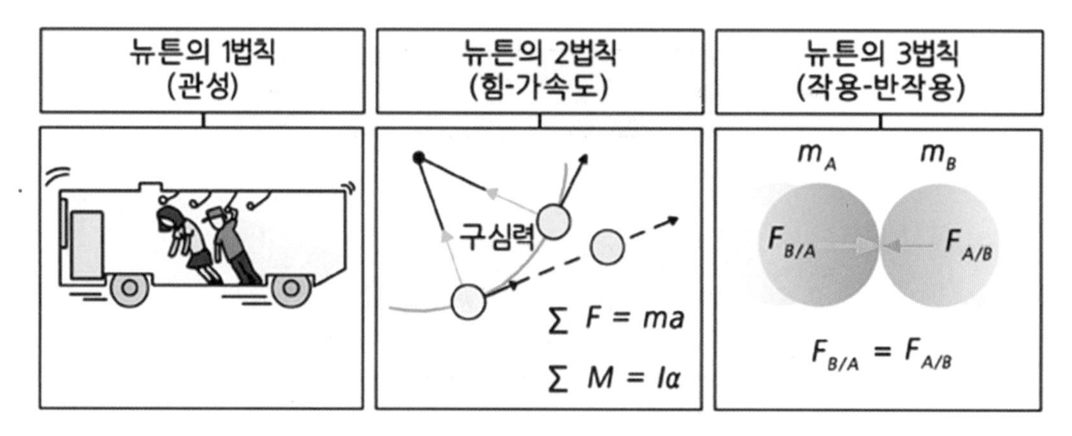

뉴턴의 운동 법칙[www.scienceall.com]

□ 고체 추진기관의 단면

고체로켓 추진기관에 내장된 추진제 덩어리를 그레인(Grain)이라 하며, 그레인 형상(Grain Geometry)에 따라 총연소시간-추력(Thrust) 양상이 달라진다. 추진제의 양과 추력 양상은 해당 무기체계 요구조건에 따라 결정된다.

미니트맨 1단 추진기관 단면[www.slideshare.net]

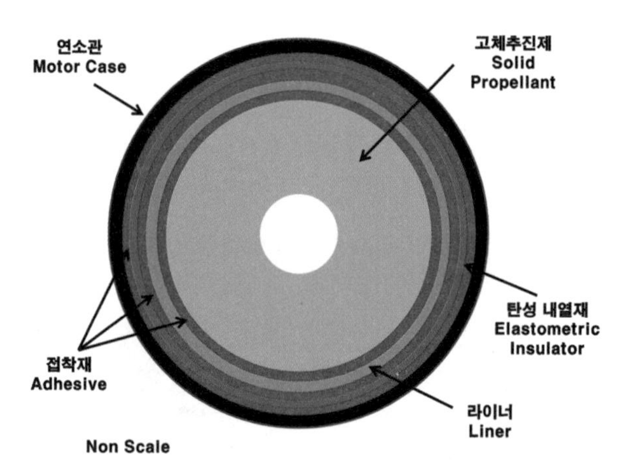

추진기관 단면 개념도(예)[아카데미, 재작성]

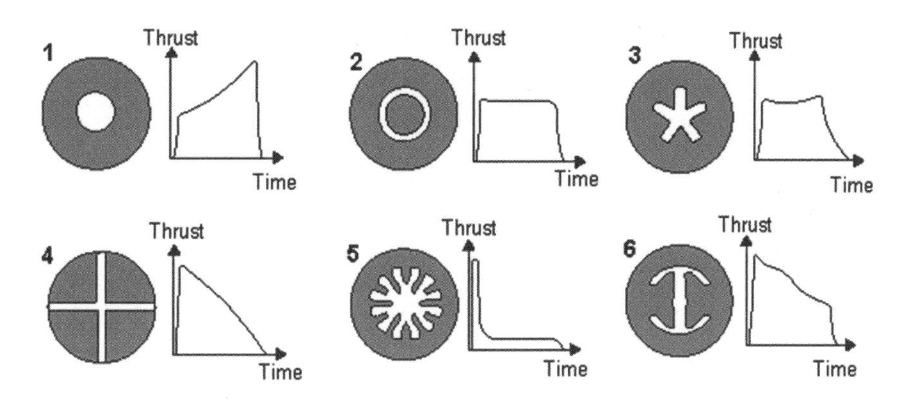

그레인(Grain) 형상 및 추력 양상[www.space.stackexchange.com]

고체 추진기관의 장단점은 다음과 같다.

장점	단점
• 간단한 구조 • 대기권, 외기권 사용 가능 • 액체로켓 대비 발사 준비 시간 단축	• 제어성 부족 • 취급 위험성 존재 • 낮은 성능

▲ 고체 추진기관의 장단점

추진기관의 여러 시험 중에서 지상 시험(GT)[126]은 온도에 따른 추력 특성을 시험하는 것으로 상온, 고온, 저온에서 실시한다.

추진기관 시험 장면[www.wmfe.org]

126) GT: Ground Test

Q. 고체 추진기관 연소 화염(Plume) 속의 대나무 마디처럼 보이는 건 뭘까?

A. 마하 디스크(Mach Disk) 또는 쇼크 다이아몬드(Shock Diamond).

초음속 노즐로부터 분출되는 초음속 유동 속에 연속적으로 촘촘히 발생하는 경사 충격파(Oblique Shock Wave)와 경사 팽창파(Oblique Expansion Wave)가 서로 겹치는 지점 중간에서, 유동의 방향과 직각인 면으로 수직 충격파(Normal Shock Wave)가 생기는데 이를 마하 디스크 또는 쇼크 다이아몬드라 한다.

즉 경사 충격파와 경사 팽창파가 가까이 있으면 마하 디스크의 면적이 넓어지고 멀어지면 그 면적이 상대적으로 작아진다. 이는 노즐의 배출 압력과 대기 압력과의 상관관계로 결정된다. 이런 현상은 로켓부스터, 제트엔진에서도 볼 수 있다.

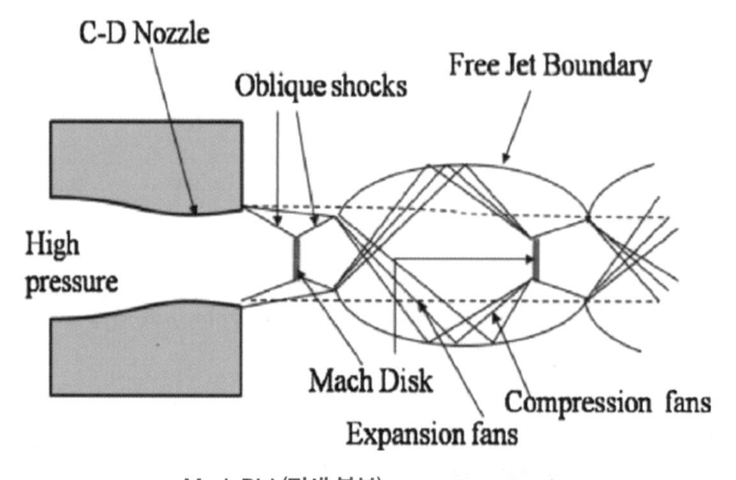

Mach Disk(적색 부분)[www.indico.cern.ch]

F-15 Eagle[www.oregonlive.com]

RIM-116(RAM)[Wiki, Public Domain, ⓔ, Gary Granger Jr.]

추진기관의 추력을 조절하는 방법으로 핀틀(Pintle)을 이용하여 노즐목 단면적을 조절하여 추력을 자유롭게 조절하는 방법도 있다.

Q. 탄두와 고체로켓 엔진의 차이는 뭘까?

A. 화약을 사용한다는 면에서는 같지만 연소속도의 차이가 있다. 또 생성된 압력을 어떻게 이용하는가가 가장 큰 차이이다.

탄두	구분	부스터
	작동 전	
	작동 후	
순간 압력 상승으로 탄두가 파괴되어 파편 및 폭풍파 발생	특징	일정 시간 동안 생성된 압력의 기체가 한 방향으로 분출되도록 미리 출구를 마련
순간 작동	시간	지속 작동

▲ 탄두와 고체로켓 엔진의 차이

자동차 엔진과 로켓의 특성 비교는 다음과 같다.

구분	목적	특징
자동차 엔진	동력 발생	• 매번 점화, 출력 조절 용이 • 산소 필요
고체로켓 모터	추력 발생	• 1회 점화(연속 출력 발생) • 출력 중단/조절 곤란 • 자체 산화제 포함 • 구조 간단, 고신뢰성, 즉시 발사 가능 • 주로 군사용(미사일)
액체로켓 엔진	추력 발생	• 1회 점화, 출력 조절 용이 • 산화제와 연료 별도 보관 • 펌프 사용 등으로 구조가 복잡 • 즉시 발사성 좋지 않음

▲ **자동차 엔진과 로켓의 특성 비교**

Q. **로켓 엔진으로 미사일의 비행 방향을 전환할 수 있을까?**

A. **로켓부스터에서 나오는 고온, 고압의 가스(추력) 등을 이용하여 미사일의 비행 방향을 전환하는 추력 벡터 제어(TVC)[127] 기능도 할 수 있다.**

추진기관의 끝단에 날개를 부착하여 추력방향을 조절하는 제트베인(Jet Vane), 연소관과 노즐 체결부를 움직이도록 만든 플렉시블 실(Flexible Seal), 관절 같은 구조의 볼과 소켓(Ball and Socket) 방법 등 다양한 TVC 장치가 있다.

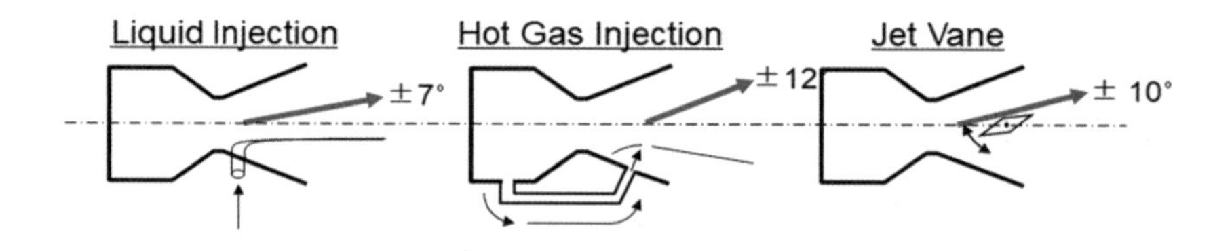

127) TVC: Thrust Vector Control

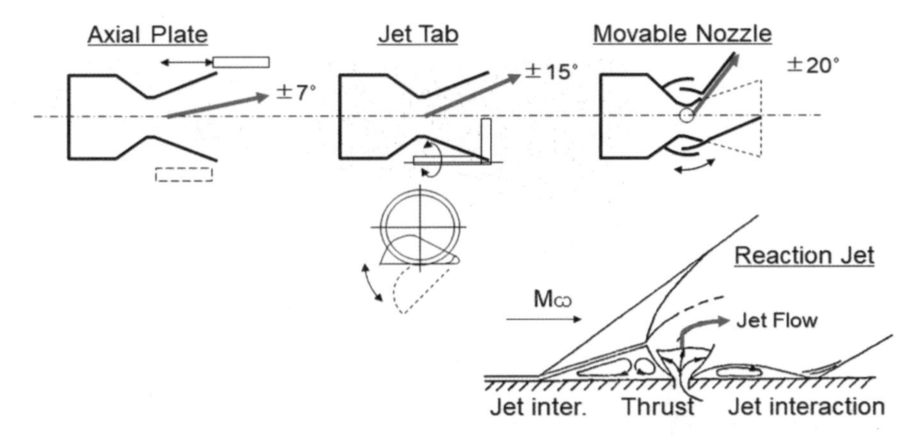

추력 벡터 제어를 이용한 미사일 비행 방향 전환 방법

[Tactical Missile Design, Eugene Fleeman]

TVC 종류

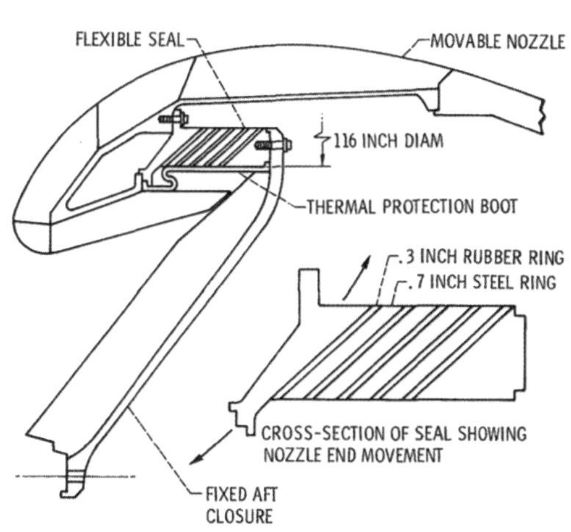

Scud-B 미사일 제트베인[www.b14643.de]

플렉시블 실[ntrs.nasa.gov]

빠른 미사일 제어를 위해서는 측추력기(Side Jet Thruster) 또는 위치 및 자세 제어 시스템(DACS)[128]을 사용하기도 한다.

128) DACS: Divert and Attitude Control

측추력기와 DACS 제어 예

추력기 제어[국방과학연구소]

DACS 제어(애니메이션)[유튜브 캡처, Aegis BMD]

로켓 엔진을 점화하는 개념은 탄두를 기폭시키는 개념과 동일하다. 좀 더 안전한 점화 방법으로는 레이저를 이용한 점화 안전장치(LAFD)[129)]가 있다. LAFD를 이용하는 방법은 EMI[130)]에 의한 영향을 최소화할 수 있는 신뢰성 높은 부스터 점화 방법이다.

17 열전지

전지는 화학적 에너지를 전기적 에너지로 변환하는 에너지 저장 장치다.

미사일 등에 사용하는 전지는 장기간의 보관(사용 대기) 기간에도 성능 저하가 없어야 하는데 이런 요구조건을 만족시키기 위하여 비축전지(Reserve Battery)를 사용한다. 열전지(Thermal Battery)는 10년 이상 장기 보관해도 전지 성능 저하가 없는 비축전지의 한 종류다.

129) LAFD: Laser Arming & Firing Device

130) EMI: Electro Magnetic Interference

□ 비축전지의 작동원리

자동차용 납축전지의 경우는 전해액인 묽은 황산에 양극, 음극이 모두 잠겨 있어 전지를 사용하지 않아도 전해액을 통하여 전지 자체 방전이 일어난다. 온도가 더 높으면 자체 방전이 더 많아지고 오래 지나면 자동차 시동이 걸리지 않게 된다.

비축전지는 전해액과 전극을 분리하여 보관하기 때문에 자체 방전이 일어나지 않는다.

즉 비축전지는 평상시 전지에서 전해액을 제거한 상태로 전지를 보관하다가 필요시 전해액을 주입하여 전지를 활성화(Activation)시킨다.

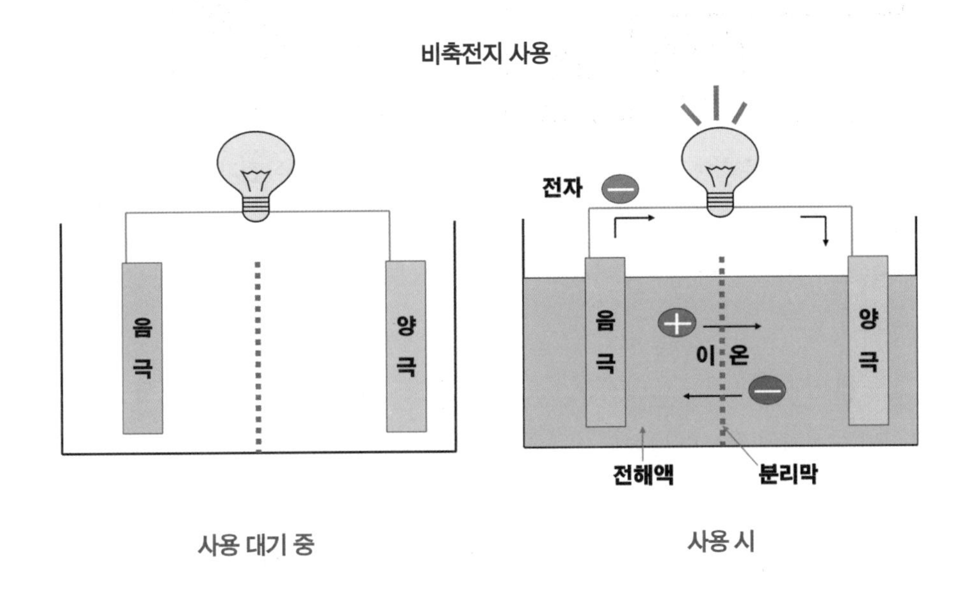

대기 상태로 보관 중인 비축전지를 활성화시키는 방법은 전해액 활성화식(Electrolyte Activation), 해수 활성화식(Sea Water Activation), 열 활성화식(Heat Activation)의 3가지가 있다.

구분	전해질/전해액	활성화 방법
전해액 활성화식	전해액	전지(Stack) 외부에서 전지로 주입
해수 활성화식	해수	전지 외부에서 전지로 주입
열 활성화식	고체 전해질	자체 내장 열원으로 전해질 용융

▲ 비축전지 종류와 활성화 방법

전해액 활성화식 전지는 그림과 같이 평상시 전해액을 별도의 공간에 분리 보관한다. 전지를 활성화시킬 때는 파이로(Pyro, 착화기)를 이용하여 가스 발생기를 작동시킨다. 가스 발생으로 압력이 높아지면 밀봉 다이어프램(Seal Diaphragm)을 파괴하고 전해액을 전지(Stack) 내로 주입한다. 전해액이 전지로 들어가면 비로소 전지로 작동을 시작(활성화)한다.

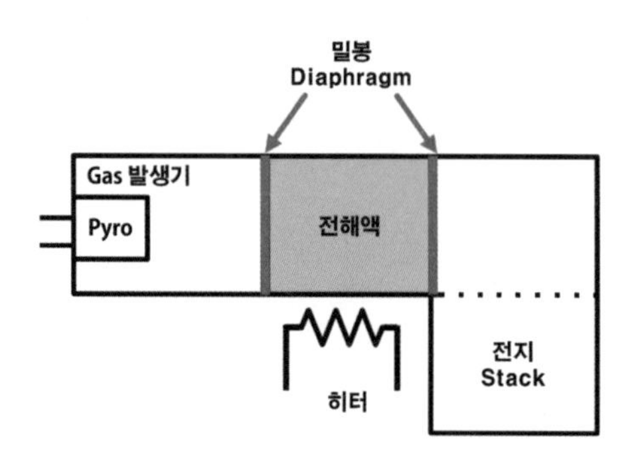

전해액 활성화식 전지 개념도

전해액 활성화식 전지(예)[Eagle Pitcher]

일부 회사는 고압 가스를 이용하여 전해액을 밀어 넣어 활성화시킨다고 가스 활성화(Gas Activation)라고 한다.

곡사포탄 등에 신관 작동용으로 앰플(Ampoule) 전지를 사용하는데 이는 충격에 의해 전해액이 전지로 유입되는 전해액 활성화 방식의 비축전지다.

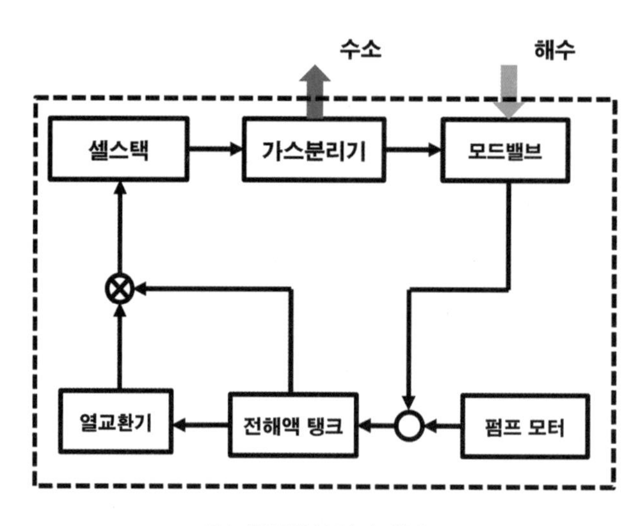

해수 활성화식 전지 개념도

해수 활성화식은 발사 후 바다에 들어가면서 해수가 유입되는 어뢰와 같은 무기체계에 사용한다. 유입된 해수를 전지의 셀 스택(Cell Stack)에 공급하고 여기서 발생하는 수소 가스를 분리하여 배출한다.

열 활성화식 전지는 작동 대기(보관) 상태에서 전해질이 고체 형태(부도체)로 되어 있어 자체 방전이 없다. 열로 활성화하는 전지라서 열전지(Thermal Battery)라고 한다.

열전지 운용개념은 활성화 명령에 따라 파이로에 전기 신호 인가 → 착화기 작동 → 열원 점화(연소) → 열전지 내부 온도 상승 → 열에 의한 고체 전해질 용융 → 열전지 기전력 발생(활성) → 전력을 공급한다.

열전지 작동 시 열전지 내부의 온도는 약 500 ℃다. 온도가 내려가면 전해질이 다시 고체로 굳어 전지로 작동하지 않기 때문에 열전지 내에서 발생하는 열량 조절 및 단열을 잘하는 것이 열전지 설계, 제작의 핵심이다.

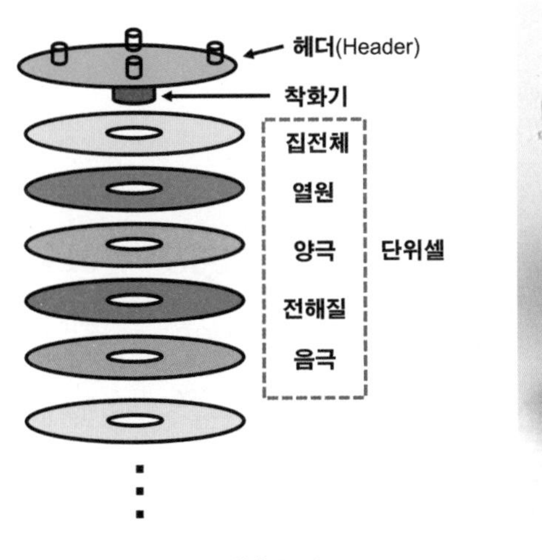

열전지 내부 구성

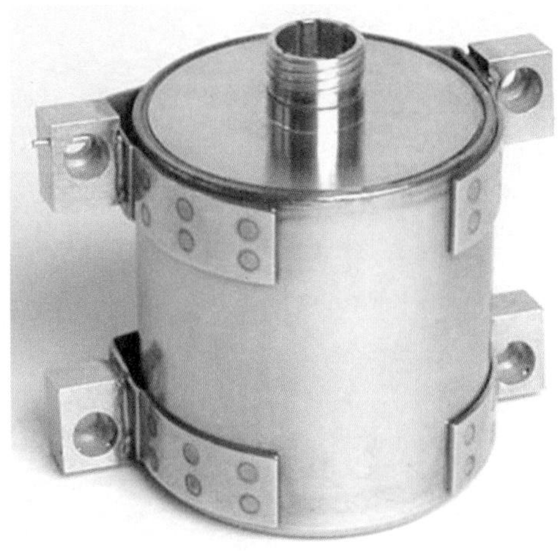
열전지 외형[ASB Group]

토막상식 **열전지의 단위 전지 전압은 어느 정도일까?**

: 단위 전지 전압은 약 2 V.

열전지도 일반 전지처럼 단위 전지(Unit Cell)가 있다. 단위 전지의 구성품은 CD 형태의 집전체,

열원, 양극, 전해질, 음극이다. 단위 전지 전압은 약 2 V로 높은 전압을 얻으려면 여러 개의 단위 전지를 적층(직렬연결)한다.

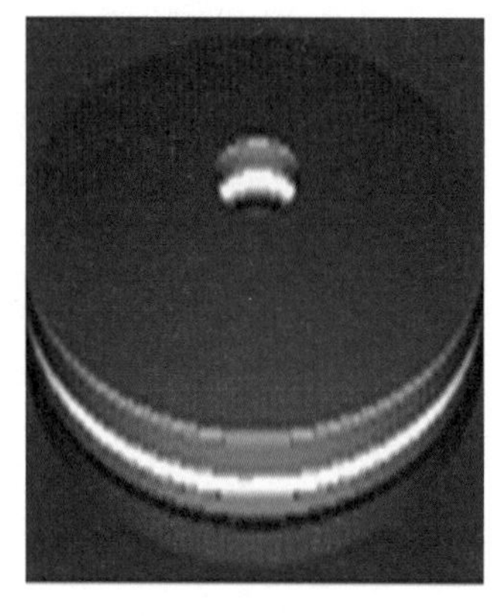

열전지 단위 전지

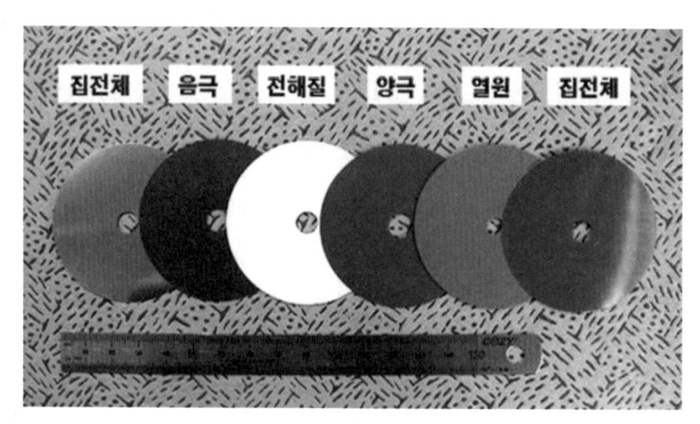

열전지 단위 전지 구성품[m.blog.naver.com]

열전지의 특징은 다음과 같다.

- 전해질(부도체/고체)로 평상시 자기방전(Self Discharge) 없음
- 단순한 구조, 낮은 부식성
- 높은 신뢰도/우수한 환경성/오랜 보관수명/넓은 온도 범위
- 밀봉구조로 장기간(10년 이상) 사용 대기 가능
- 무보수(Maintenance Free)
- 원통형 형상
- 1회 작동 품목(재사용 불가)
- MTCR[131]에 의한 규제 강화 품목

▲ 열전지의 특징

열전지를 개발할 때 개발 시간 단축을 위하여 M&S[132] 기법을 사용한다.

열전지 제작 후 최종 검사는 비파괴 검사(X-Ray) 방법이 간단하면서도 확실한 방법이다. 왜? 1회성 작동 품목이라서.

131) MTCR: Missile Technology Control Regime(미사일 기술 통제 체제). 사거리 300 km 이상, 탄두중량 500 kg 이상되는 모든 미사일과 무인기의 수출 및 기술이전을 통제

132) M&S: Modeling & Simulation

열전지 M&S(예)

열전지 X-Ray 사진[비츠로밀텍]

열전지는 미사일 외에도 어뢰, 조종사 비상 좌석 사출(Seat Ejection), 우주왕복선, 민간에서는 장기간 대기용 비상 전원 등 다양한 분야에서 사용하고 있다.

열전지 응용 분야

미사일 개발 중에 비행 시험(발사) 시 아주 드문 경우지만 열전지 때문에 발사거부가 일어나는 경우가 있다.

Q. **발사거부란?**

A. **발사거부는 미사일 발사 명령이 미사일에 전달된 후 미사일 내부에 있는 탑재장비의 발사 준비(진행) 상태가 미비한 경우 발사통제장비 컴퓨터가 발사 조건을 판단하여 미사일 발사를 중지시키는 것을 말한다.**

발사거부와 비슷한 용어로 발사중지가 있다. 발사중지는 발사 절차를 진행하다가 안전상 등의 문제로 더 이상 발사 절차를 진행하기 어려운 경우 발사통제원이 발사 절차를 진행하지 않고 중지하는 것을 말한다.

구분	판단 조건	판단 주체
발사거부	미사일 내부의 장비 준비 상태 미비	발사통제장비(컴퓨터)
발사중지	발사 절차를 계속 진행하기 어려운 상황	발사통제장비 운용원(사람)

▲ **발사거부와 발사중지의 비교**

18 원격측정

원격측정(Telemetry)이란 말 그대로 멀리 떨어져서 자료를 계측하는 것이다. 자료를 계측하는 방법에는 유선, 무선의 2가지 방법이 있다. 지상 시험에서는 보통 유선으로 계측하지만, 미사일처럼 3차원 공간을 장거리 비행하는 경우는 무선으로 실시간(Real Time) 계측한다.

원격측정장치는 미사일 개발 중 탄두 위치에 탑재하는 장비 중 하나로 실전배치 시에는 필요 없는 장비로 미사일에 탑재된 각종 센서로부터 신호를 획득하여 실시간으로 지상에 무선으로 보내(1방향)준다. 원격측정장치는 미사일 개발 중에는 필히 탑재하고, 필요하면 부대 배치 후에도 탄두부에 탑재하여 훈련 비행 시험 결과 분석을 위한 각종 신호를 획득하기도 한다.

□ 원격측정 원리

원격측정 원리(신호 계측 방법)는 폴링(Polling)[133] 방법이다. 채널(Channel) 1부터 마지막 채널 N까지 자료를 읽고 나서, 다시 채널 1부터 마지막 채널 N까지 자료를 읽어 들이는 것을 무한정 반

133) Polling: 각 개인에게 질문하는 여론조사 또는 투표

복한다.

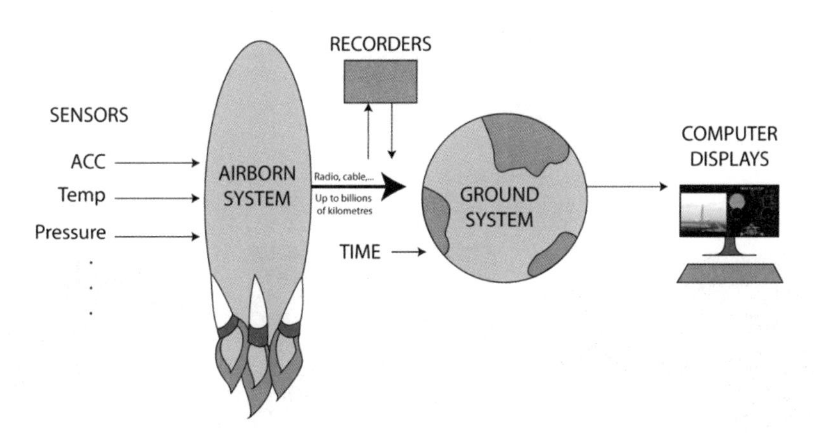

Telemetry System 구성도(예)[www.dewesoft.com]

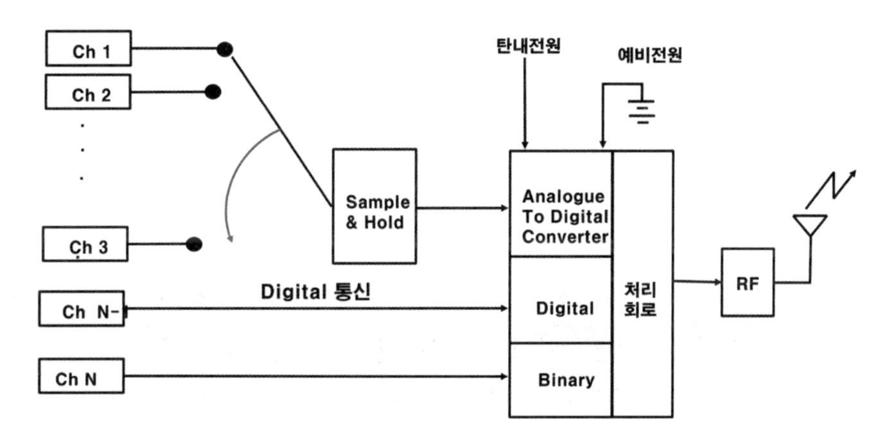

원격측정장치 동작 개념도

원격측정 데이터는 비행 시험 종료 후 계획대로 잘 수행되었는지 판단하거나, 문제가 있을 경우 문제 발생 원인 분석에 활용한다.

원격측정장치는 기능상으로 비행기의 FDR,[134] 자동차의 Black Box와 같은 기능을 한다. 동일한 점은 향후 자료분석이 목적이고, 차이점이라면 자료 저장 위치 및 처리 시기다.

134) FDR: Flight Data Recorder

구분(장비)	저장 위치	처리 시기
자동차(Black Box)	저장	필요시(후처리)
비행기(FDR)	저장	필요시(후처리)
미사일(Telemetry)	무선전송	실시간 전송, 필요시 일시 저장 후 전송

▲ **자료저장장치 비교**

Black Box[아이나비 홈피]

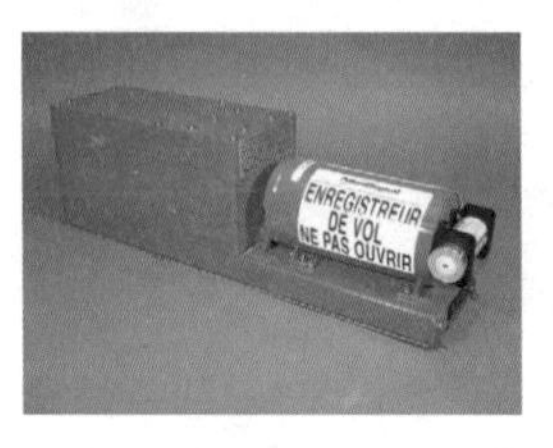

FDR[Wiki]

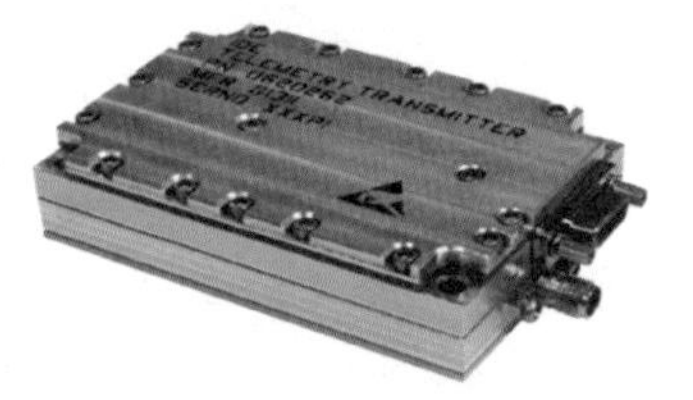

Telemetry[www.intracomdefense.com]

채널 1부터 마지막 채널 N까지 자료를 읽어 들이고(채널 수) 이를 무선으로 실시간 전송하는 시간 간격을 주기(T, Period)라 한다. 채널 수(N) 및 주기(T)는 무기체계 특성에 따라 다르다. 원격측정 신호의 종류는 아날로그(Analog), 디지털(Digital), 이산신호(Discrete)의 3가지다.

채널 1	채널 2	채널 3		채널 N
1010100010	0110100011	1110010010	.....	1111100011
탐색기 신호	유도조종 신호	구동장치 신호		온도 신호

채널

주기 (T)

원격측정장치 신호 배치 개념도(예)

토막상식 **빠르게 변하는 항목은 어떻게 원격 측정할까?**

: 슈퍼콤(Supercom) 방식.

진동같이 빠르게 변하는 측정 항목은 1주기 내에서 다수 채널을 배정하여 측정하는 슈퍼콤(Supercom) 방식으로 측정한다. 예를 들어 측정 주기가 10 ms일 때 같은 1주기 내에 2번 신호를 계측하도록 채널을 배정했다면 측정 주기는 5 ms, 4번 신호를 계측하도록 채널을 배정했다면 2.5 ms 가 된다.

반대로 온도와 같이 느리게 변하는 항목은 여러 개의 주기 동안에 1개의 신호를 배정하는 서브콤(Subcom) 방식으로 측정한다.

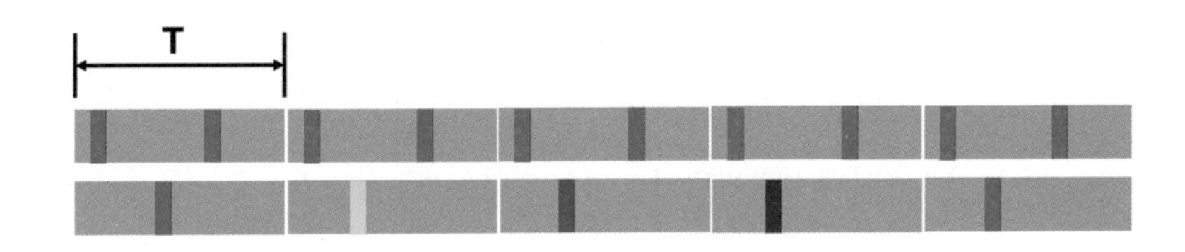

Supercom(상)과 Subcom(하) 개념도

구분	방법	비고
슈퍼콤(Supercom)	1개의 주기에 같은 신호를 다수 배정	빠르게 측정해야 하는 진동 등
서브콤(Subcom)	여러 개의 주기에 1개의 신호를 배정	느리게 변하는 온도 등

▲ Supercom과 Subcom 비교

토막상식 외국의 유도탄 발사 시 원격측정 데이터 획득, 분석이 가능할까?

: 일부는 가능할 수도 있다.

외국 미사일에서 원격측정 신호를 송신할 경우 수신 장치가 있다면 자료 수신(획득)은 가능하다. 수신한 데이터를 자료 처리하기 위해서는 채널 할당표가 있어야 하고 각 채널별로 환산식[135]이 있어야 정확한 물리적 의미의 분석이 가능하다.

그러나 이런 환산식이 없어도 일부 항목(시간, 고도 등 물리적인 자료 추이를 알고 있는 자료)은 분석이 가능할 수도 있다.

135) 환산식: 측정값과 물리적인 측정 항목의 상관 관계식

19 지령송수신장치

지령송수신장치(Command Link Unit)는 미사일과 지상 통제 장비 간의 무선 통신 수단으로 미사일 개발 중 비행 시험에서는 탄도 계측(미사일 비행궤도 추적) 및 자폭 명령을 전달하는 비상 안전장치로 사용된다. 탄도 계측용으로만 사용하는 경우는 미사일 개발 중 비행 시험 시 사용하는 장비로 실전배치 시에는 필요 없는 장비다.

지령송수신장치는 무기체계 특성에 따라서는 제어 명령을 전달하는 용도로 이용하기도 한다.

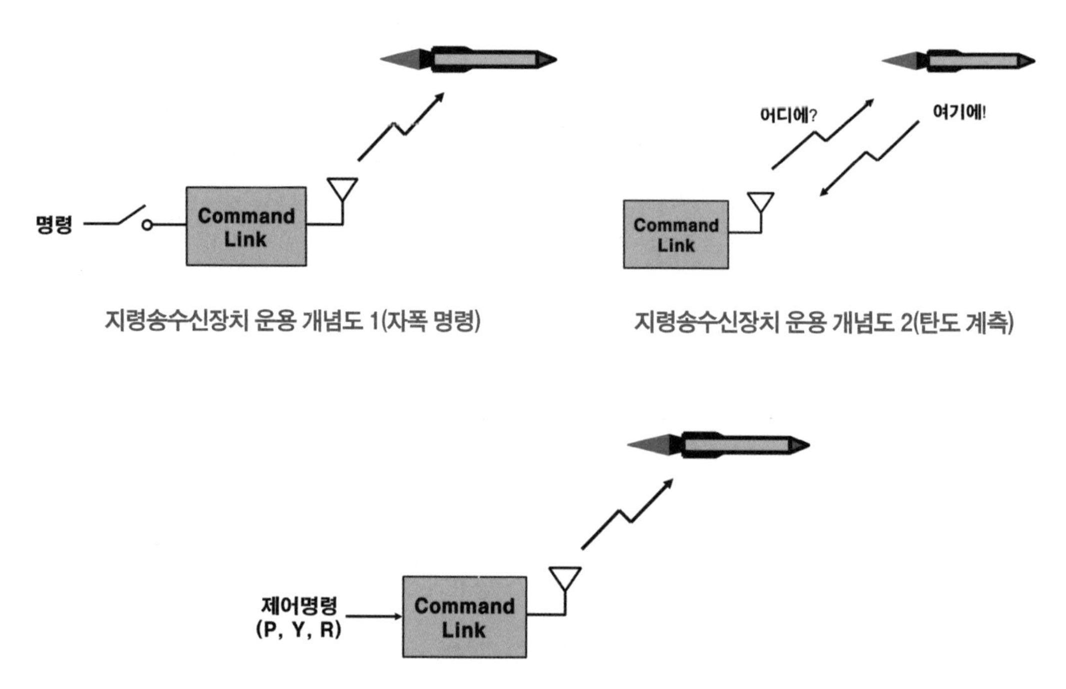

지령송수신장치 운용 개념도 1(자폭 명령)

지령송수신장치 운용 개념도 2(탄도 계측)

지령송수신장치 운용 개념도 3(제어명령)

20 모의비행 시험

모의비행 시험(HILS)[136]은 다양한 비행 환경에서 미사일의 6 DOF[137] 유도조종 성능 확인을 위한 시험 기법이다. 실제의 Hardware가 시뮬레이션 Loop에 들어 있다고 해서 HILS라는 이름이 붙은 것이다. 사람이 루프 안에 들어 있으면 MILS[138]이다.

미사일 성능분석 기법에는 3가지가 있는데 각각의 장단점은 다음과 같다.

구분	장점	단점
SW 시뮬레이션	• 비용 최소	• 부체계의 특성을 수학적 모델로 정확히 구현하기 어렵다 • 정확한 미사일 성능 확인/예측 곤란
모의비행 시험 (HILS)	• 다양한 비행 환경에서 유도조종 성능 확인 • 비행 시험의 성공 확률 극대화 • 개발 기간 단축 및 비용 절감	• 시설/장비 확보를 위한 초기 투자비 소요 • 전문 인력 양성에 많은 시간 소요
비행 시험 (Flight Test)	• 정확한 미사일 성능 확인	• 많은 비용/인력/시간 소요 • 비행 시험의 불확실 요소가 많음 • 획득할 수 있는 시험 데이터의 제한 • 최악의 경우 시험 데이터 획득 실패

▲ **미사일 성능분석 기법 비교**[아카데미]

Q. 6 DOF란?

A. 6 DOF는 비행체의 움직임 3개(x, y, z 방향)와 회전 3개(Roll 회전, Pitch 상하, Yaw 좌우)를 말한다.

136) 모의비행 시험(HILS)을 HWIL(Hardware In the Loop) 또는 HIL(Hardware In the Loop)으로도 호칭
137) DOF: Degree OF Freedom
138) MILS: Man In the Loop Simulation

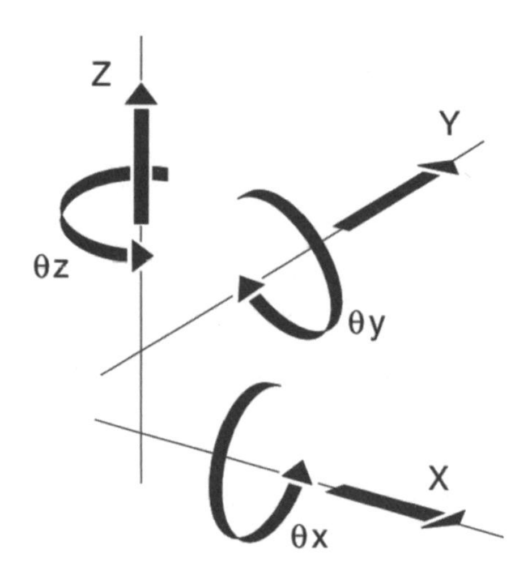

6 DOF의 성분[www.linearmotiontips.com]

미사일 소프트웨어 시뮬레이션 프로그램은 3가지로 구성된다.

- 미사일 비행역학 프로그램
- 부체계 모델 프로그램
- 항법 유도 제어 프로그램

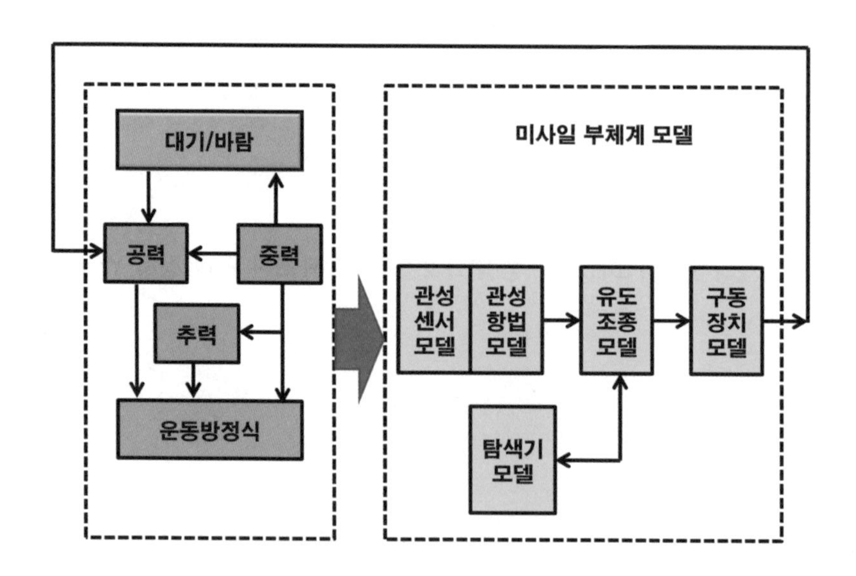

미사일 소프트웨어 시뮬레이션 프로그램(예)[아카데미, 재작성]

미사일의 성능분석 기법 중 모의비행 시험의 목적은 다음과 같다.

구분	내용
일정 단축	• 유도조종장치 개발 및 시험, 센서, Actuator 개발 병행 • 시험을 위한 Prototype(Plant) 개발
비용절감	• Real Plant를 개발하여 시험하기보다는 Real Time Simulator를 개발하여 시험하는 것이 비용 절감
사용자의 요구 반영	• Human Interface를 미리 확인하여 사용자의 요구를 개발과정에 반영
품질 강화	• 성능 평가가 어려운 환경에서의 성능 확인 (시험이 어려운 극한 조건에서의 성능 확인) • Test of the Failure Condition

▲ **모의비행 시험의 목적**[아카데미, 재작성]

모의비행 시험 구성도는 다음과 같다.

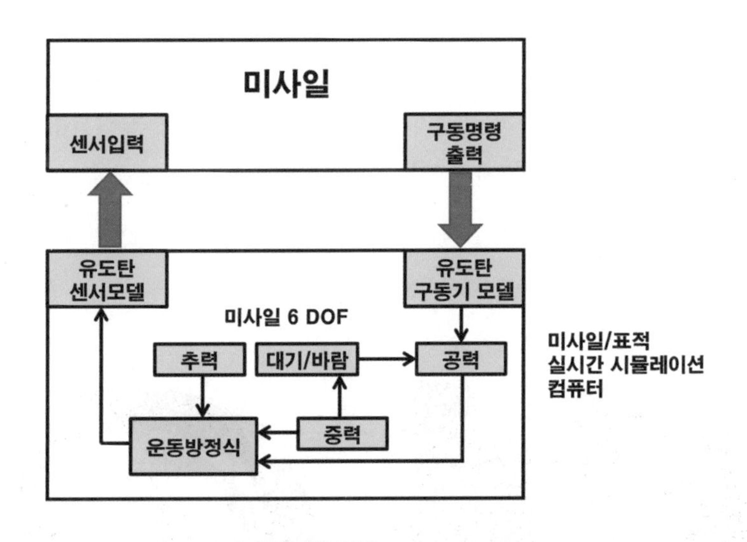

모의비행 시험 구성도[아카데미, 재작성]

□ 모의비행 시험 수행

모든 장비에 대한 수학적 모델(Mathematical Model)을 도출하고 이 모델을 이용하여 시뮬레이션을 수행한다. 실제 장비(Hardware) 수량을 점차 늘려가며 다단계로 수행한다.

1단계로는 실제의 부체계 장비 1개씩만 사용하고 나머지는 수학적 모델을 이용하는 단일 부체계 시뮬레이션을 수행한다. 2단계로 일부는 실제 장비를 사용하고, 나머지 장비는 수학적 모델을 이용하여 조합 부체계 시뮬레이션을 수행한다. 3단계로는 실제의 모든 장비를 사용하여 종합 시뮬레이션을 수행한다.

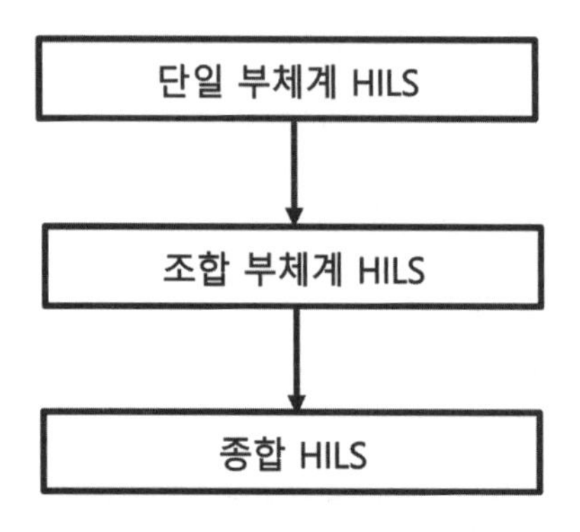

모의비행 시험 수행 단계[아카데미, 재작성]

모의비행 시험에는 FMS[139]가 필요한데 보통 3축 FMS를 이용한다. 그러나 적외선 영상(IIR) 탐색기를 사용하는 미사일의 모의비행 시험에는 5축 FMS를 이용한다. 미사일용 3축 FMS에 TMS[140]의 움직임을 위한 2축을 추가하여 5축으로 운용한다.

3축 FMS[www.acutronic.com]

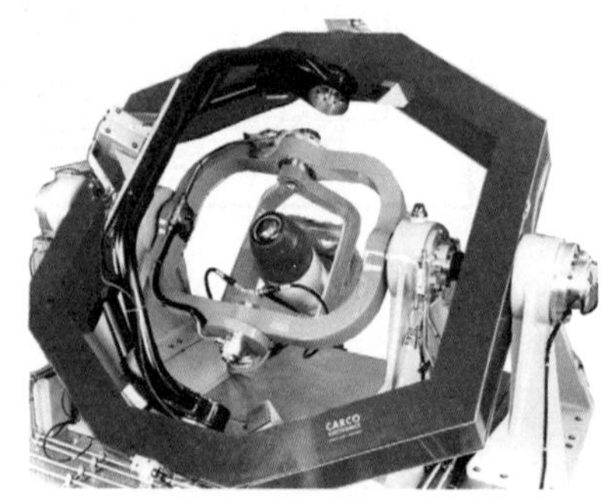

5축 FMS[www.acutronic.com]

139) FMS: Flight Motion Simulator

140) TMS: Target Motion Simulator

마이크로파 탐색기(Microwave Seeker)를 탑재한 미사일의 모의비행 시험은 무반향 챔버(Anechoic Chamber)를 이용한다.

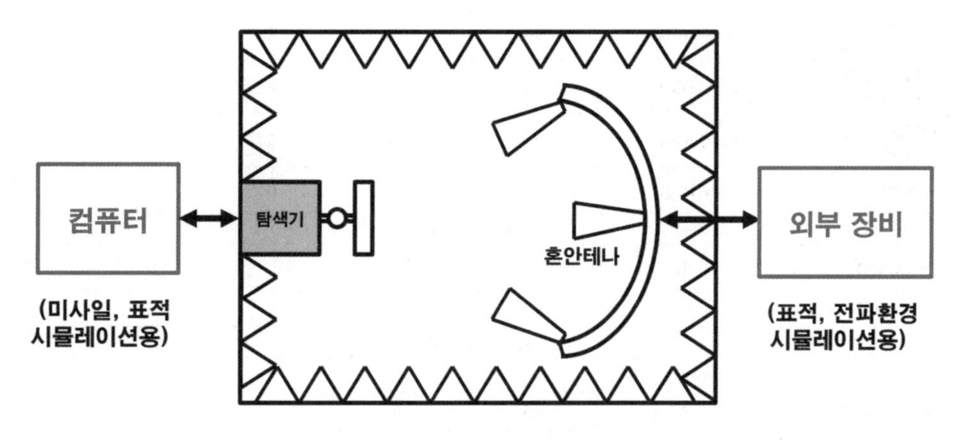

무반향 챔버 시험 개념도

무반향 챔버 시험 장면[www.cumingmicrowave.com]

□ 모의비행 시험 이용 사례

미사일 모의비행 시험은 실제의 비행 시험에서 할 수 없는 시험조건 설정, 일정 단축, 비용 절감 등의 여러 장점이 있어 많이 이용하고 있다. 다음 표에 외국 무기체계의 HILS 사례를 볼 수 있다.

Weapon Type	Relative Mission Complexity	Testing Techniques Used (% of Total)				
		Flight Test		Lab/Field Test	Analytical Simulation	Hardware Integrated Simulation
		Launch	Captive Flight			
Air to Air						
SPARROW (XAAM-N-2)	Moderate	98	0	2	0	0
SPARROW (AIM/RAM-7M)	Very High	<1	4	0	5	85
SIDEWINDER AIM-9L	Moderate	30	60	5	5	0
AMRAAM	Very High	<1	4	0	5	90
Anti-Ship						
HARPOON	High	<1	10	7	25	57
TOMAHAWK	High	<1	10	7	25	57
Surface to Air						
RAM	Moderate to High	5	0	0	5	90
STANDARD	Very High	25	0	0	70	5

미사일별 성능 평가 기법[TEST AND EVALUATION OF THE TACTICAL MISSILE, 재작성]

모의비행 시험을 이용하면 큰 비용 절감 효과를 기대할 수 있는데 다음 표에 비용 절감 사례를 볼 수 있다.

사업명	모의비행 시험 적용 내용	절감효과 (단위 $1,000)
Patriot 다중모드 탐색기	비행 시험과 HW 개발비 절감	15,000
FOG-M/NLOS	모든 SW, HW를 테스트하여 비행 시험 경비 절감	15,000
Hawk	PIP[141]의 ECCM 도입을 위한 비행 시험 경비 절감	80,000
Stinger	전자방해와 같은 특수 환경에서의 비행 시험 경비 절약	90,000 이상

▲ **모의비행 시험 적용 비용 절감 효과**[AMCOM Research Development and Engineering Center, 재작성]

141) PIP: Product Improvement Programs

21 발사통제장비

발사통제장비(FCS)[142]의 기본 기능은 미사일 발사 및 제어이며, 평상시에는 미사일 운용 요원의 훈련용으로도 사용한다.

□ 발사통제장비 기능

보통 미사일은 자체 레이더 또는 다른 정보원으로부터 표적 정보를 입력받아 교전 계획을 수립하고 이 내용을 통신을 이용하여 미사일 내부의 유도조종장치에 전송(Upload)한다.

발사통제장비는 표적 정보 등을 입력하여 모든 발사 준비를 끝내고 발사 버튼을 누르면, 발사통제장비 내부 컴퓨터에서 발사 절차 진행에 따라 해당 절차의 조건 만족 확인 및 설정된 시간에 따라 외부의 개입 없이 자동으로 진행한다. 발사통제장비의 임무는 미사일이 발사관을 빠져나가면 끝나게 된다.

항목	내용
전원제어	미사일에 전원 공급(ON) 및 차단(OFF)
통신감시	통신으로 미사일 내 장비 상태 감시, 제어
발사절차 제어	미사일 내부 전지 활성화, 부스터 점화 등
미사일 제어	발사 및 진행 상태 감시
교전계획	연동작전, 단독작전 수립 자동 생성 및 수동 입력
훈련	미사일 요원 훈련

▲ 발사통제장비의 기능

142) FCS: Firing Control System 또는 Launch Control System

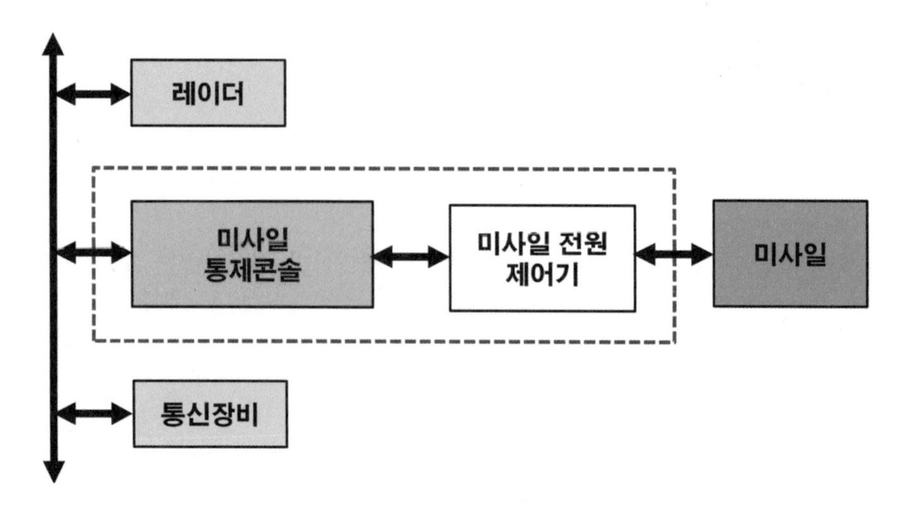

미사일 발사통제장비 구성도(개념도)

발사통제장비의 발사 절차에는 가역 절차와 비가역 절차가 있다.

가역 절차란 전원 ON과 같이 언제든지 다시 처음부터 발사 절차를 진행할 수 있는 과정이며, 비가역 절차란 파이로 작동 등이 포함된 절차다. 일단 비가역 절차에 진입했는데 문제가 있다면 발사가 중지되고, 다시 발사가 불가할 수도 있다.

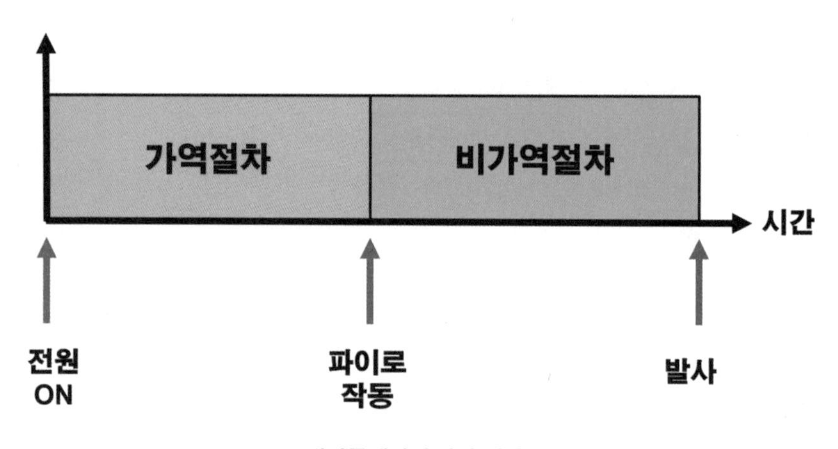

발사통제장비 발사 절차

22 발사대 및 발사관

발사대의 종류는 탑재할 플랫폼(Platform)에 따라 분류하면 지상 발사대, 함정 발사대, 항공기 발사대, 수중 발사대가 있다. 발사 시 미사일 추진기관 작동 여부에 따라 Cold Launch(사출 발사), Hot Launch(추력 발사)로 구분할 수 있다.

플랫폼 분야	종류
지상 발사대	고정식 발사대 이동식 발사대 휴대용 발사대
함정 발사대	경사고정 발사대 선회구동 발사대 수직 발사대
항공기 발사대	레일식 발사대 사출식 발사대 발사관식 발사대
수중 발사대	수평 발사(어뢰 발사관) 수직 발사

▲ **발사대의 종류**

여러 발사대 중에서 함정 발사대에 대해 알아본다.

발사관(Canister)은 내부에 미사일을 장입하여 저장, 취급, 수송하고 환경으로부터 미사일을 보호하는 용기며, 미사일 발사 시 초기 탄도를 안내하는 발사 플랫폼 역할을 한다. 미사일은 정비할 때를 제외하고는 발사할 때까지 계속 발사관 내에 있다.

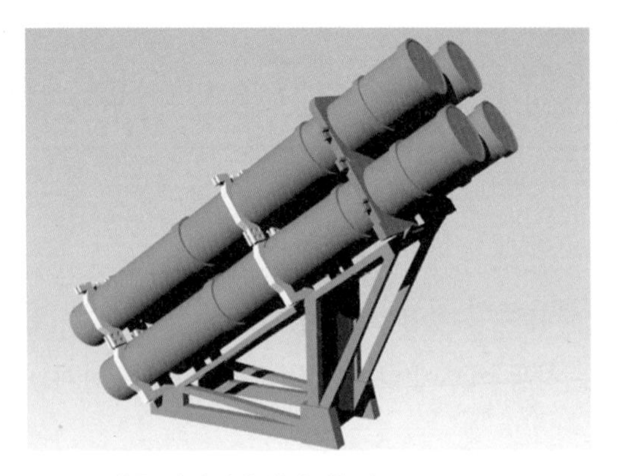

하푼 발사대와 발사관(3D)[grabcad.com]

하푼 발사 장면(3D)[free3d.com]

수직 발사대는 함정 갑판 하부에 설치하고, 경사형 발사대는 갑판 위에 설치한다. 함정의 크기와 관계없이 무장(미사일)의 특성에 따라 수직 발사대, 경사 발사대를 설치한다. 대형 함정이라도 경사 발사 미사일 탑재를 위해서는 갑판에 경사 발사대를 설치한다.

□ 탄 지지대

탄 지지대(Sabot)는 발사관 내에서 미사일을 안내, 지지하고 미사일 발사 시 미사일의 초기 탄도를 유지하기 위한 구성품이다. 미사일과 발사대 형상에 따라 레일(Rail) 또는 탄 지지대를 선택하여 사용하는데 탄 지지대는 설치 위치에 따라 형상과 수량이 다르다.

탄 지지대는 발사 후 발사대 인근에 탑재한 장비에 손상이 없도록 일반적으로 Soft한 재질로 제작한다.

엑소세는 탄 지지대를 사용하지만, 토마호크는 탄 지지대 또는 슈 없이 발사관 내부와 미사일 외부가 직접 마찰해서 나가는 동체 슬라이딩 방식을 사용하고 있다.

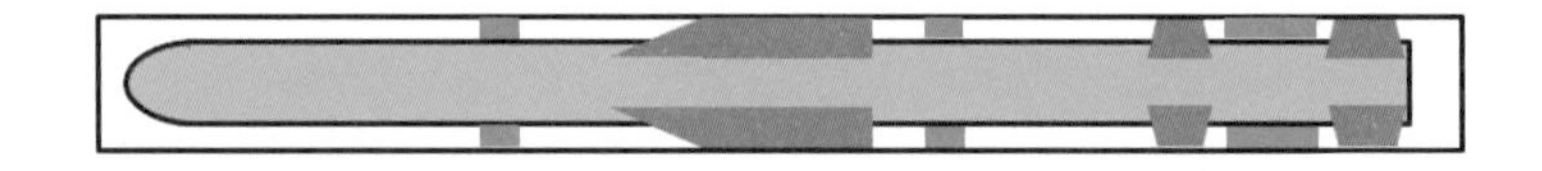

발사관 내부 탄 지지대(개념도)[아카데미, 재작성]

경사 발사대의 경우 탄 지지대의 위치에 따라 Tipoff와 Non-Tipoff 발사 방식으로 구분할 수 있다.

구분	내용
Tipoff 방식	• 발사관 내에서 미사일이 발사될 때 미사일의 지지점이 발사관 내에서 순차적으로 분리되어 미사일 각운동을 유발하는 발사 방식 • 미사일의 각운동량 및 굽힘 하중을 유발할 수 있음 • 발사관 내경 감소 가능
Non-Tipoff 방식	• 발사관 내에서 미사일이 발사될 때 미사일의 지지점이 발사관 내에서 동시에 분리되어 미사일 각운동을 유발하지 않는 발사 방식 • 미사일의 각운동량 및 굽힘 하중을 유발하지 않음 • 발사관 내에서 미사일이 자유비행 하는 동안 충돌을 방지하기 위하여 내경 증가 필요

▲ **Tipoff와 Non-Tipoff 발사 방식 비교**[아카데미, 재작성]

Tipoff와 Non-Tipoff 발사 방식 비교[아카데미, 재작성]

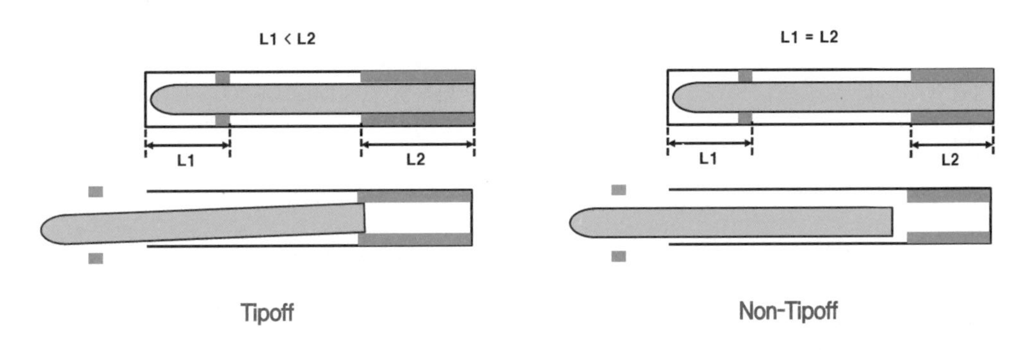

지상, 함정에서 미사일을 발사하는 발사대 종류는 경사 발사대와 수직 발사대가 있다.

경사 발사대[www.seaforces.org]

수직 발사대(VLS)[Wiki, Public Domain, ©, Pendergrass]

구분	경사 발사대	수직 발사대
장점	• 시스템이 간단, 가격 저렴 • 부스터 화염 처리 간단 • 작은 함정에도 설치 가능	• 작은 RCS • 양호한 미사일 보관 환경
단점	• 갑판상의 구조물로 큰 RCS • 갑판 위 구조물로 갑판 이용 제한 • 열악한 미사일 보관 환경	• 작은 함정에는 설치 불가 • 복잡한 부스터 화염 처리 • 시스템이 상대적으로 복잡

▲ 경사, 수직 발사대의 장단점

하푼 같은 경사 발사대는 함정의 좌현, 우현에 교차하여 설치하며, 발사 후 Way Point(변침점)를 이용하여 표적 방향으로 방향을 전환한다. 그러나 수직 발사대는 미사일을 수직으로 발사하고 TVC 등으로 제어하여 표적으로 방향을 전환한다.

□ Cold Launch와 Hot Launch

발사관에서 미사일을 발사하는 방법에는 콜드런치(사출 발사, Cold Launch)와 핫런치(추력 발사, Hot Launch)가 있다.

콜드런치는 강력한 압축가스 등으로 미사일을 공중으로 사출하고 공중에서 부스터를 점화시켜 비행한다. 발사관에 순간적인 고온 화염이 발생하지 않는다.

핫런치는 발사관 내에서 미사일의 부스터가 점화되어 자체 추력으로 발사하는 방식이다. 고온의 부스터 화염을 견디는 내열 소재가 필요하고, 화염을 외부로 배출해야 한다.

콜드런치, 핫런치 여부는 미사일 특성에 따라 체계 설계 과정에서 결정한다.

구분	콜드런치	핫런치
장점	• 부스터 화염 처리 불필요 • 발사관 재사용 가능	• 시스템이 상대적으로 간단 • 미사일 부스터 자체 추진력으로 비행하므로 확실한 발사
단점	• 시스템이 복잡(별도의 장비 필요) • 사출 후 부스터 미점화 시 발사대에 추락 위험	• 부스터 화염 처리 필요 • 발사관 재사용 제한

▲ 콜드런치와 핫런치의 장단점

콜드런치(사출 발사) 예

천궁[국방과학연구소]

신궁[국방과학연구소]

핫런치(추력 발사) 예

US Patriot[Wiki, Public Domain, ⓒ]

천마[국방과학연구소]

핫런치의 가장 큰 문제는 고온의 화염 처리 문제다. 경사 발사대는 미사일 후방에 화염 편향판(화염이 갑판에 접촉하는 경우)을 설치하거나 갑판 끝단에 미사일을 설치(화염이 갑판과 접촉하지 않는 경우)한다.

수직 발사대는 미사일 발사구 외에 별도의 화염 배출구를 설치한다. 보통 2열의 미사일 사이에 1열의 화염 배출구를 할당한다.

<table>
<tr>
<td>
화염 편향판 설치[www.seaforces.org]</td>
<td>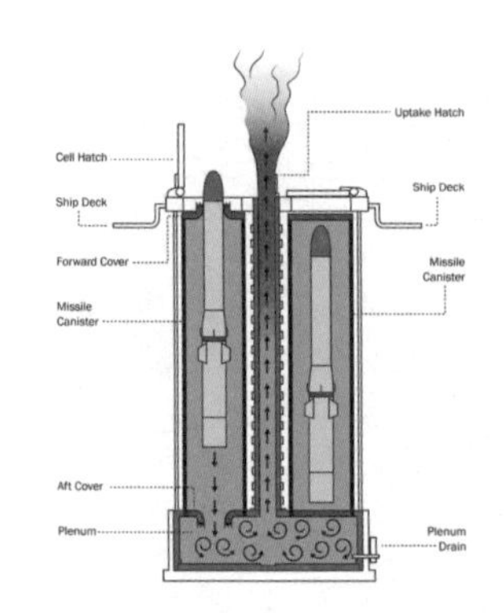

화염 처리 개념도[steemit.com/history]</td>
</tr>
<tr>
<td>경사 발사대</td>
<td>수직 발사대</td>
</tr>
</table>

23 파이로

파이로(Pyro)는 불꽃이라는 의미로, 화약에서 발생하는 에너지를 정교한 기계 동작으로 변환시키는 장치로 부피가 작고, 중량에 비해 에너지 발생량이 많으며 높은 신뢰성을 요구한다.

□ 파이로 작동 전류

파이로 내부에는 감도가 민감한 화약이 들어 있다. 파이로에 전류가 흐르면 i^2R의 열이 발생하여 파이로(화약)가 작동한다.

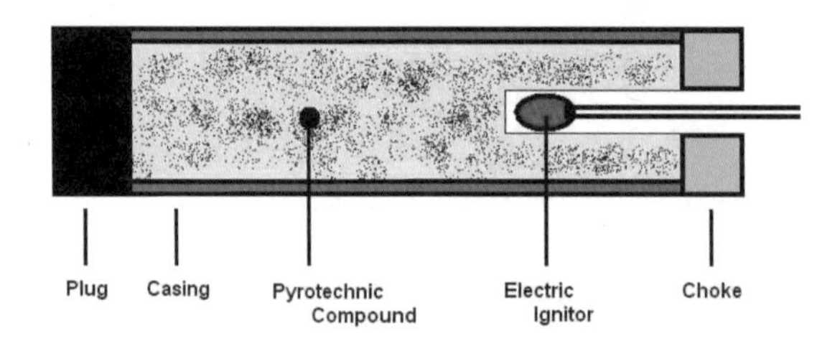

파이로 내부 개념도[Wiki, Public Domain, DJSparky]

파이로에 전류를 흘려 파이로가 모두 작동하는 전류를 All Fire Current라 하고, 전류를 계속 흘려도 파이로가 동작하지 않는 전류를 No Fire Current라 한다.

작동 전류가 크면 Noise에 기인한 오동작에 조금 더 안전하다고 볼 수 있지만 큰 전류를 공급해야 하므로 전원 계통의 전류 공급 능력, 전류 공급을 제어하는 Relay 용량 선정에 부담이 있어 여러 가지를 고려하여 신중하게 결정해야 한다.

항목	전륫값	항목	전륫값
All Fire Current	3.5 A	No Fire Current	1 A

▲ 파이로 전류(예)

소형의 파이로 내부에는 파이로 작동용 회로(Bridge Wire Circuit)가 하나만 있는 경우도 있으나, 보통 파이로의 작동 신뢰도 향상을 위하여 작동용 회로 2개를 내장하게 된다.

대부분의 파이로 회로는 EMI 등에 의해 내부 화약의 오동작 가능성을 배제하기 위하여 EMI 대책용 Dummy 저항을 추가한다. 예를 들어 커넥터(Connector) A, D 단자에 + 전압을, B, C 단자에 - 전압을 인가하여 전류를 흘리게 된다.

파이로 회로 구성(예)

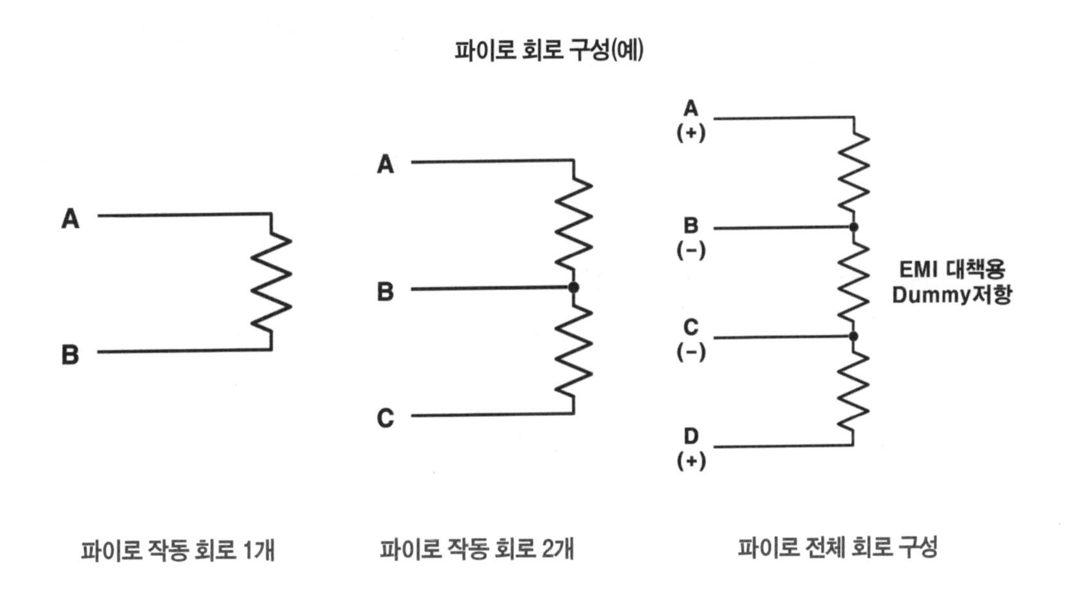

미사일 내부의 계통 전압이 가장 낮은 상태에서도 파이로를 확실히 동작시키기 위해서는 All Fire Current를 흘릴 수 있도록 설계해야 한다.

□ 파이로의 종류

파이로의 종류는 동작 방식에 따라 압력 카트리지(Pressure Cartridge), 파이로 푸셔(Pyro Pusher), 폭발볼트(Explosive Bolt), 폭발너트(Explosive Nut) 등이 있다.

압력 카트리지는 내부 화약이 타면서 생기는 높은 압력을 이용하고, 파이로 푸셔는 내부의 높은 압력을 이용하여 피스톤을 밀어내는 방향으로 케이블(Cable) 절단 등에 사용하고, 폭발볼트와 폭발너트는 체결력을 제거하는 용도로 사용한다. 파이로는 앞에서 설명한 열전지 활성화에도 사용한다.

파이로의 종류[www.eaglepicher.com]

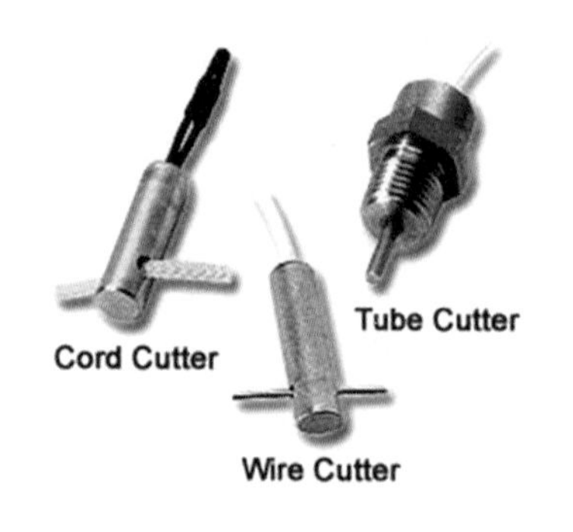

파이로의 응용 분야

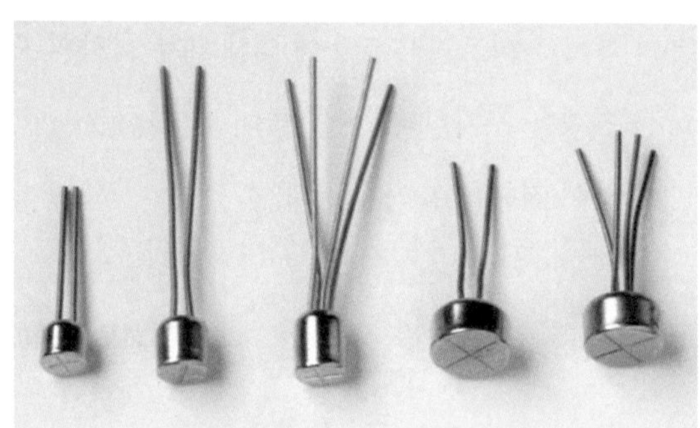

압력 카트리지

토막상식 미사일 발사 후 부스터는 어떻게 분리할까?

: 폭발볼트를 이용한다.

무기체계 특성에 따라 상이하지만, 일례로 미사일 기미부와 부스터 전방부의 인터스테이지(Interstage)가 클램프(Clamp)와 폭발볼트로 조립되어 있는 경우는 부스터 연소 종료 후 유도조종장치에서 부스터 분리 명령을 출력하면 폭발볼트에 전류가 흘러 폭발볼트가 작동되어 클램프의 체결력이 제거되면서 부스터가 분리된다.

하푼 발사(부스터 장착)[www.navalhistory.dk]

하푼 비행(부스터 분리)[Boeing]

24 국방소재

국방소재(Defense Material)는 미사일 등의 전략, 비닉 무기 및 신개념 무기용 재료를 말하며 국방 분야 핵심, 원천기술이다. 최첨단 무기체계에 소요되는 국방소재 기술은 무기체계 개발 이전에 확보해야 하기 때문에 선행 투자가 필수다. 그래야만 무기체계를 개발할 때 즉시 사용할 수 있다.

분야	내용
금속재료	장갑/대장갑 재료, 관통자용 중합금 재료, 경량 구조재료, 고온 구조재료
복합재료	방탄 복합재료, 고강도 탄소재료, 초고온 내열 재료, 나노 특수재료
스텔스 재료	전파 스텔스 재료, 적외선 스텔스 재료
세라믹 재료	전파 투과 재료, IR 투과 재료, 내열재료, 단열재료
특성평가	국방소재 특성 분석 평가, 사고 원인 분석 및 안보 지원

▲ 국방소재의 종류, 특성평가[아카데미]

□ 금속재료

금속재료는 무기체계 재료 및 공정의 발달에 따른 무기에 대응하기 위해 보호와 방어를 목적으로 적합한 방호를 위해 발전해 왔다.

석기	→	청동기	→	철기	→	복합재

▲ 무기 재료의 발달

16세기 화약과 산업혁명의 결합으로 무기체계의 급속한 발달과 대량 살상이 가능해졌으며 인류를 위협하는 무기체계가 오늘날에는 정밀 유도무기로 발전되고 있다.

향후의 무기체계는 고강도, 고경량 금속재료를 기반으로 더욱더 발전할 것으로 예상한다. 금속재료의 대표적인 응용 분야인 대장갑 무기(Anti Armor Weapon)는 운동에너지탄(KEP)[143)]과 성형작약 탄두(Shaped Charge Ammunition)로 구분할 수 있다.

운동에너지탄 분리 장면

[Wiki, Public Domain, ⓒ]

탱크 피해 장면

[www.quora.com]

운동에너지탄은 운동에너지($mV^2/2$)를 이용하여 탱크 등의 장갑을 뚫는 무기다.

143) KEP: Kinetic Energy Penetrator

□ 성형 작약 탄두

성형 작약(Shaped Charge) 혹은 성형 작약 탄은 특정 방향으로 폭발물의 에너지를 집중적으로 투사하기 위하여 성형(成形)된 작약(炸藥)을 의미한다.

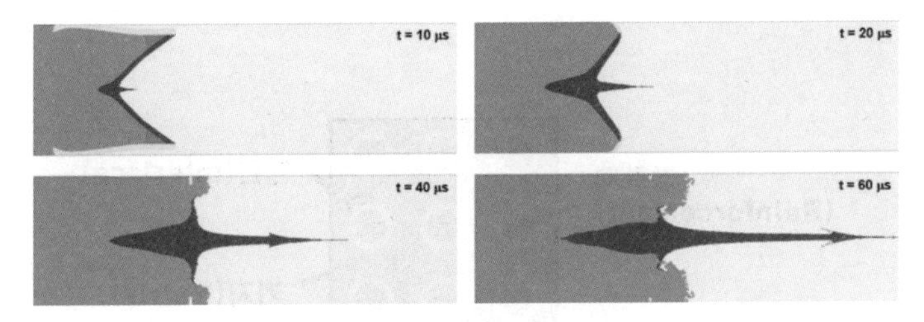

Shaped Charge Jet Formation[www.researchgate.net]

대장갑 무기로 효과를 내기 위해서는 그 특성을 갖는 소재 개발이 필요하다. 이를 위해 물성 조합, 소결 공정, 고밀도·고강도를 위한 열처리, 성형 공정까지 마무리해야 한다.

기존의 전차가 승조원 생존성 향상을 위하여 소재 개발을 통한 방호에 신경을 썼다면 미래의 전차는 다음 그림과 같이 무인으로 전차를 조종하는 새로운 개념을 도입하는 방향으로 발전할 전망이다.

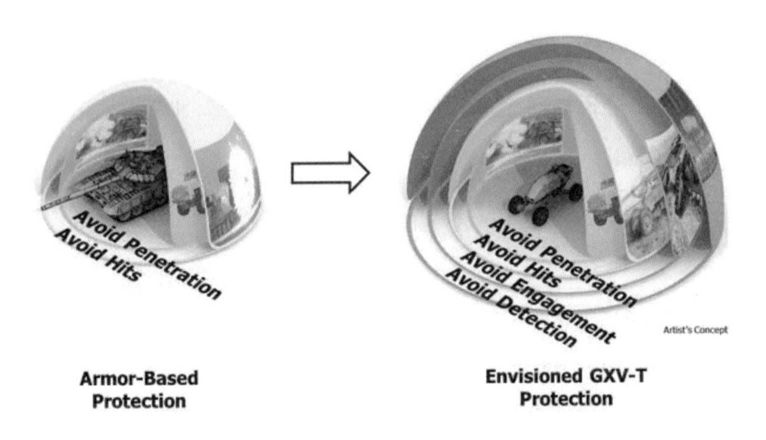

New Ground X-Vehicle Technology[DARPA]

□ 복합재료(Composite Material)

복합재료는 일반적으로 2종 이상의 소재(재료)를 하나로 합하여 물리적으로나 화학적으로 다른 상(Phase)을 형성하여 어떤 유효한 기능을 발휘하는 재료다. 구조적으로 강화재(Reinforcement)인 재료가 섬유, 판, 입자 등의 형태로 기재(또는 모재, Matrix)에 묻어 있는 형태다.

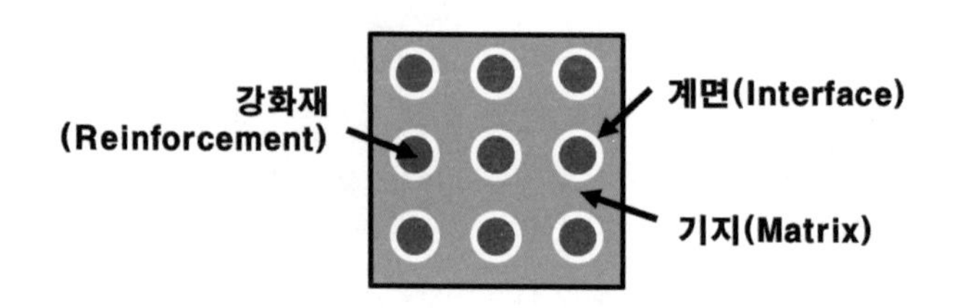

복합재료의 구성 개념도[아카데미]

복합재료는 각기 다른 성질을 갖는 소재를 복합화(조합, 배열)하여 새로운 특성을 갖도록 만든 재료로 기지재(Matrix)와 강화재로 구성된다. 복합재의 종류는 용도에 따라 탄소 복합재, 내열 복합재료, 고강도/경량 고분자 복합재료 등으로 구분할 수 있다.

□ 스텔스 재료(Stealth Material)

스텔스란 다양한 적의 주요 탐지 신호에 대한 탐지 확률을 감소시켜 각 무기체계의 생존성을 향상시키는 기술을 통칭한다.

연대	내용
'40년대	육안 관측 위주
'40~'50년대	레이더 개발 및 레이더 전파 흡수 물질 적용(U boat)
'60년대	냉전 이후 정찰을 위한 항공기 저피탐화 설계 연구(SR-71, U-2)
'70~'80년대	적 종심 침투를 위한 스텔스 설계 개념 및 적용 무기체계(F-117, B-2) 전방향 RCS 감소 형태 설계
'90년대	적외선 등 확장된 개념의 스텔스 무기체계 개발(F-35, F-22)

▲ **스텔스 개발 역사**[아카데미]

□ 세라믹 재료(Ceramic Material)

세라믹이란 열과 냉각 활동으로 마련된 무기 화합물, 비금속 고체다. 그리스어 Keramos에서 온 것으로 도기를 뜻하며 인도·유럽어족의 낱말 Ker는 열을 뜻한다. 세라믹 재료는 무기체계에서 주로 Radome[144] 또는 고온 단열재로 사용한다.

레이돔(Radome)이란 Radar와 Dome의 합성어로 미사일의 가장 앞부분에 장착되어 외부 환경으로부터 안테나 및 전파통신 장비를 보호하고 전파 투과 특성을 유지하는 전파 투과창 역할을 하는 유전체 덮개다.

장비 보호	공력학적 환경으로부터 유도무기의 형상 유지 및 RF 탐색기 보호
특성 유지	마이크로웨이브 송수신 장치 창으로 전파 투과 특성을 유지

▲ 레이돔의 기능

전기적 특성	특정 주파수에서 높은 전파 투과율 저유전 물성 및 저유전 손실
기계적 특성	높은 강도 및 높은 파괴 전압 높은 입자(물, 얼음) 침식 저항성
열적 특성	높은 열 충격 저항성
물리적 특성	낮은 비중 금속 동체와의 유사한 체결성

▲ 레이돔 요구사항

□ 특성평가

국방소재 특성 평가의 주요 업무는 전략/비닉 체계개발 관련 공개불가 재료의 특성 평가, 핵심부품 개발을 위한 재료 성능 평가 및 특성 분석/평가, 외국 무기체계의 재료 분석 등이다. 현재 운용 중인 무기체계의 사고 원인 분석 및 개발 중인 무기체계의 부품 결함이나 원인 분석을 수행하여

144) Radome: RADAR + Dome

Feedback 한다.

분석 세부 업무로는 미세구조 분석, 성분 분석, 결정 구조 분석, 결합 구조 분석, 표면 특성 분석이 있다.

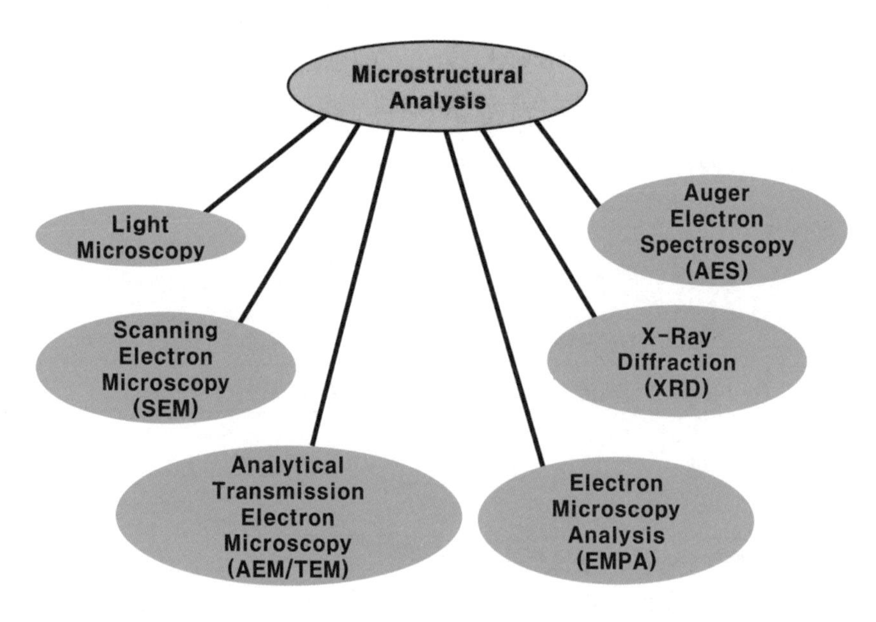

미세구조 분석(Microstructural Analysis)[아카데미, 재작성]

원인 분석 기법으로는 4가지 기본 파손 기구(4 Basic Failure Mechanism), 원인 효과 영향 다이어그램(Cause & Effect Diagram, Fishbone), 근본 원인 분석(Root Cause Analysis) 등이 있다. 타이타닉(Titanic)호 침몰을 예를 들어 분석한 자료는 다음과 같다.

타이타닉 외형
[위키, ©, 퍼블릭도메인, Songyc 0303]

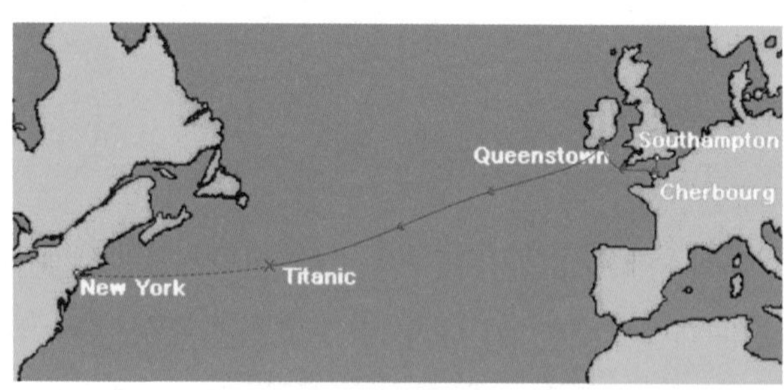

타이타닉 예정 항로, 침몰 위치
[위키, ©, Public Domain, Browman]

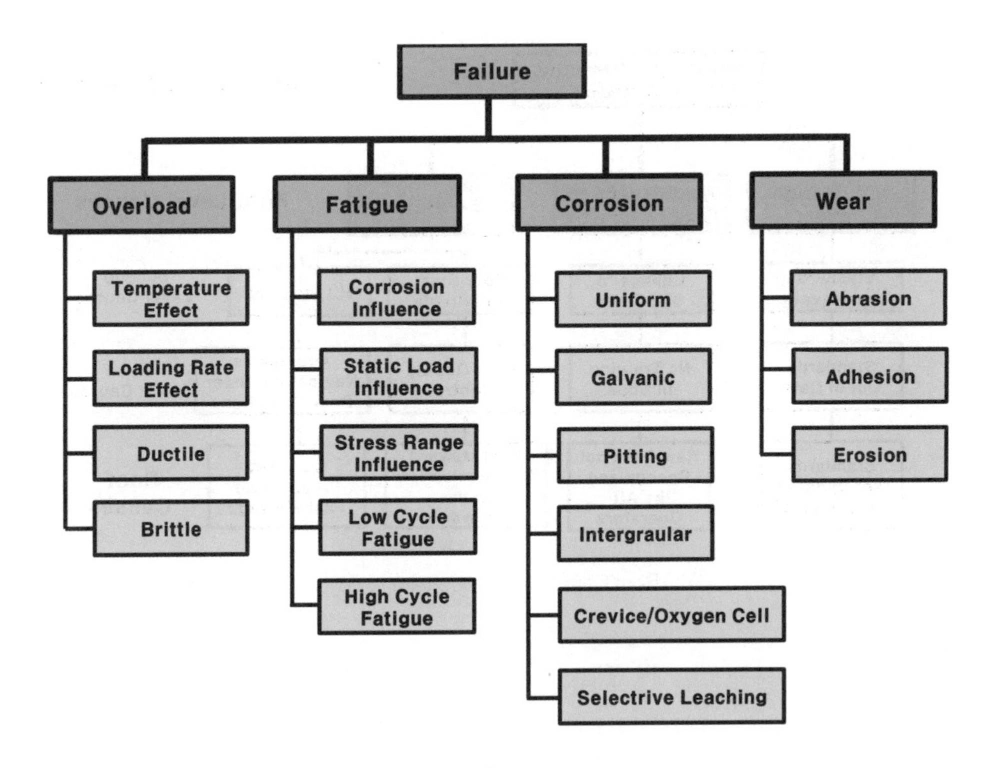

4가지 기본 파손 기구[아카데미, 재작성]

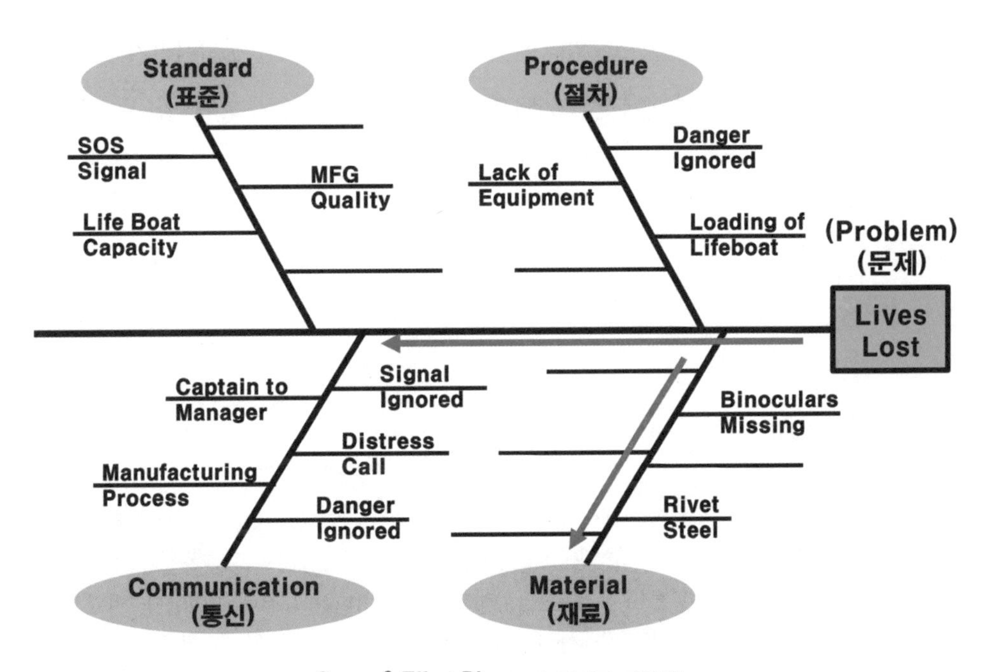

Cause & Effect Diagram[아카데미, 재작성]

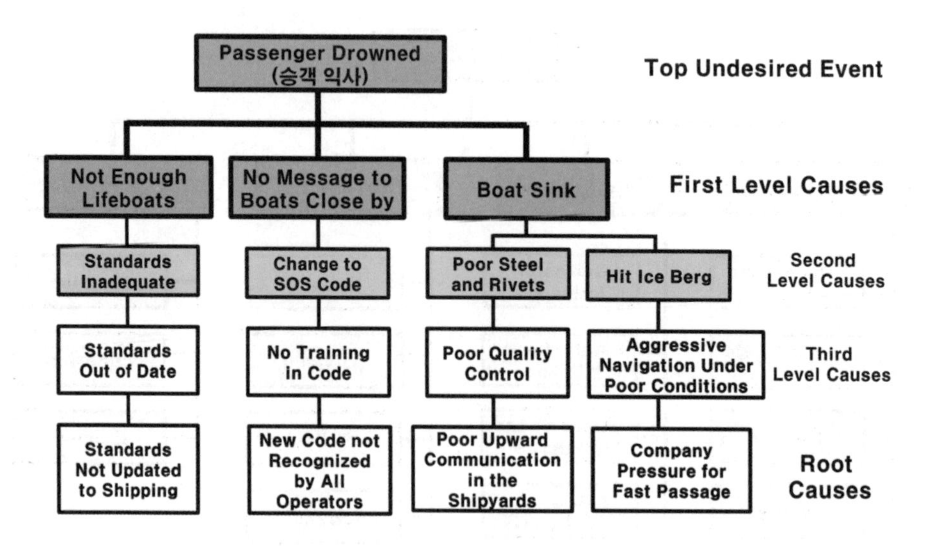

Root Cause Analysis[아카데미, 재작성]

국방소재 분야는 소재의 연구개발뿐만 아니라 소재 분석 능력도 매우 중요하다. 만약 전투기가 추락하는 등 문제가 발생했다면 소재 분석을 포함한 다양한 분석을 통하여 과학적으로 원인을 분석하고 대책을 마련해야 한다.

이 분석 결과를 바탕으로 필요하다면 외국 회사에 배상을 요구할 수도 있다. 독자적인 재료 분석 능력이 없다면 배상금 요구는 고사하고, 원인 분석이 불가하여 전투기를 출격시키지 못해 영공 방위는 꿈도 꾸지 못하는 어려운 상황이 생길 수도 있다.

25 IPS

통합체계지원(IPS)[145]이란 소요제기 단계부터 획득, 운용유지 및 폐기 시까지 전 과정에 걸쳐 체계를 효과적이고 경제적으로 운영, 유지하기 위해 소요를 식별, 설계반영, 확보, 관리하는 활동을 총칭한다. 이 활동들은 궁극적으로 체계의 가동률(운용가용도) 향상과 수명주기비용 감소에 기여한다. 여기서, 체계는 무기체계 또는 전력지원체계에서 지원대상이 되는 주 장비를 말하며, 주 장비 개발 및 운용유지를 위해 통합지원체계는 병행하여 개발되어야 한다. [획득단계 수명주기관리규정, 방위사업청 훈령 제673호, 2021. 7. 7. 제정, 별표 1]

□ IPS 정립 배경

기존 종합군수지원(ILS) 개념은 획득단계에서 운영유지에 중점을 둔 군수지원 측면만을 개발하였기에 획득과 운영유지의 이원화로 경제적 비효율성이 발생하지만, 총수명주기체계관리(TLCSM)[146]는 군수품의 소요 기획부터 폐기 시까지 전체 수명주기 과정에서 성능, 비용, 기술, 정보 등을 통합적인 관점에서 관리하여 수명주기비용이 감소한다.

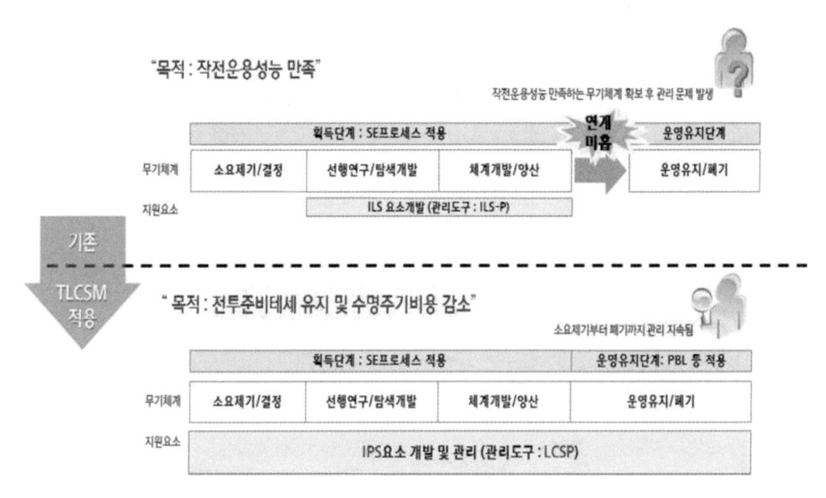

총수명주기체계관리 적용 시 변화[한국형 IPS요소 개발 연구, 국방부, 2020. 7. 31.]

미국의 총수명주기체계관리 적용 배경은 다음 그림과 같다.

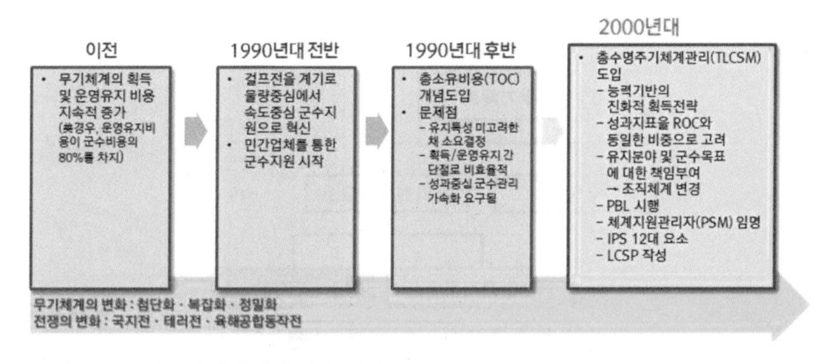

미국 총수명주기체계관리 적용 배경[한국형 IPS요소 개발 연구, 국방부, 2020. 7. 31.]

---

145) IPS: Integrated Product Support

146) TLCSM: Total Life Cycle Systems Management

□ ILS/IPS 요소 비교

ILS 요소에서 IPS 요소로 전환되면서 추가되는 신규 요소는 체계지원관리, 유지관리, 지원정보체계로 ILS 요소와 IPS 요소 비교는 다음 그림과 같다.

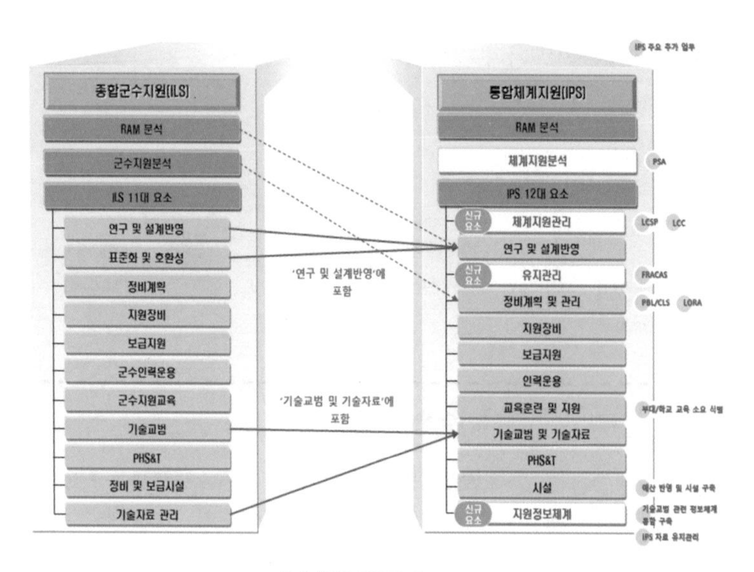

ILS/IPS 비교표[윈텍]

무기체계는 주 장비와 전력화지원요소로 구분한다. 주 장비는 적과의 전투 시 직접적으로 필요한 무기 등을 의미하며 전력화지원요소는 무기/비무기체계 획득 시 야전 배치와 동시에 완전한 기능 발휘와 수명주기 동안 경제적인 운용유지를 보장하는 데 필요한 제반 지원 요소다.

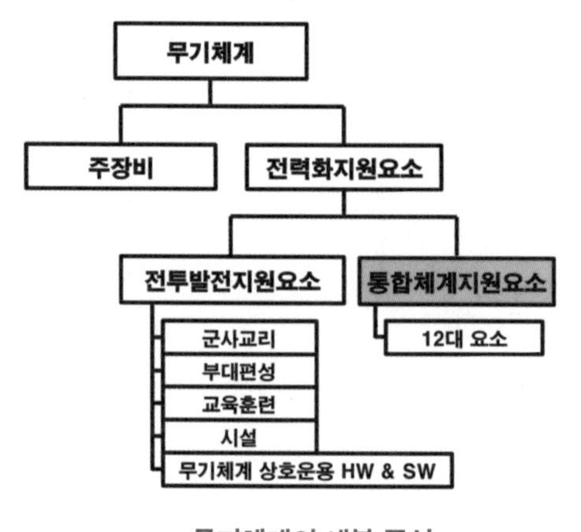

무기체계의 세부 구성

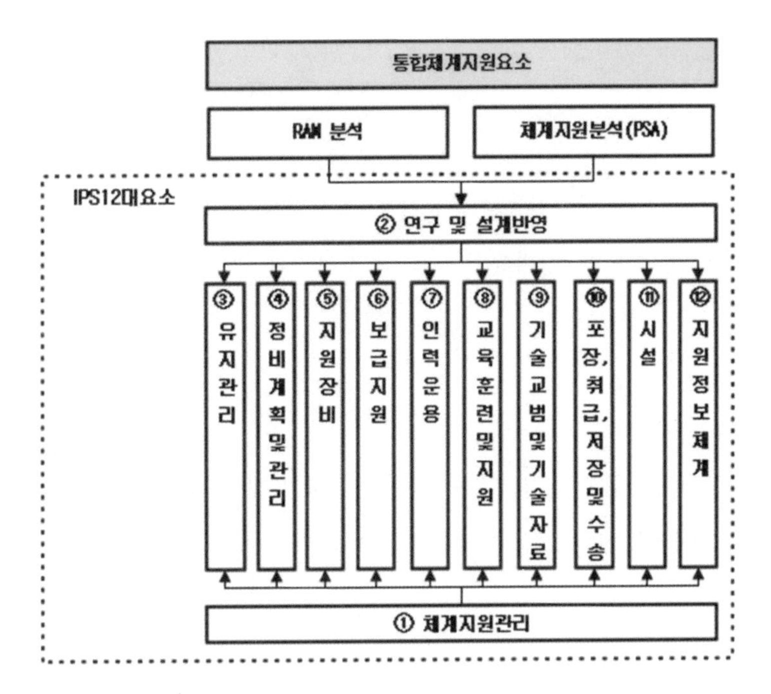

IPS 공정도[윈텍]

전력화지원요소는 전투발전지원요소와 통합체계지원요소로 구분한다. 전투발전지원요소는 소요군의 전투발전을 위하여 무기체계 획득과 연계하여 수정, 발전시키거나 신규로 개발, 획득하여 지원하는 요소를 말한다. 통합체계지원 12대 요소는 무기체계의 개발·획득·배치 및 운용에 수반되는 제반 지원 사항으로 효율적이고 경제적인 군수지원 보장을 위하여 주 장비와 동시에 개발·확보한다.

□ IPS 12대 요소

• 체계지원관리

체계지원관리는 주 장비의 가동률(운용가용도) 향상 및 수명주기비용 감소를 목적으로 체계지원전략을 개발하며, 각 군에서 운용하는 체계지원관리자(PSM)[147]에 의해 체계의 모든 통합체계지원요소에 대한 계획, 관리 및 예산 반영 등의 획득과 운용유지 단계에서의 일관된 체계지원관리를

147) PSM: Product Support Manager, 체계지원관리자

하는 활동이다.

- **연구 및 설계반영**

연구 및 설계반영은 주 장비의 가동률(운용가용도)을 향상시키고 수명주기비용 감소를 목적으로 주 장비 설계 특성인 신뢰성, 정비성, 표준화 및 호환성과 군수지원 요구사항을 설계에 반영하는 활동이다.

- **유지관리**

유지관리는 주 장비의 가동률(운용가용도) 향상을 위해 체계 시험 및 운영유지단계에서 고장 원인 및 정비 애로사항 분석, 신뢰도/정비도 추이 등 운용자료 분석 등을 통하여 문제점을 식별하고 개선하는 활동이다.

- **정비계획 및 관리**

정비계획 및 관리는 주 장비에 적용할 정비단계와 정비 방안 및 주체 등 정비개념을 수립하고, 고장 및 예방정비 소요, 정비소요에 대한 정비수행 단계설정 및 절차 수립, 정비수행에 필요한 인적·물적 자원을 식별·관리하는 활동이다.

- **지원장비**

지원장비는 주 장비 운용 및 정비에 필요한 지원장비 소요를 식별·확보·관리하는 활동으로, 지원장비에는 시험장비, 측정장비, 교정장비, 특수/일반공구 등이 포함되고, 구난차, 지게차 등 물자취급장비, 유류·탄약지원장비, 발전기, 냉방기 등 보조장비, 주 장비의 수명주기 관리장비 등이 포함된다.

- **보급지원**

보급지원은 주 장비 가동률(운용가용도) 향상을 위해 주 장비와 동시에 공급해야 할 초도 보급소요와 운영유지를 위한 후속 보급소요를 식별·확보·목록화·관리하는 활동으로, 수리부속의 적기 보급과 민수자원을 포함한 공급망 관리에 중점을 둔다.

• **인력운용**

인력운용은 주 장비 운영유지에 필요한 기술과 기술수준을 가진 소요인원을 식별 · 확보 · 관리하는 활동으로 소요인원에는 무기체계 운용 및 정비요원, 보급 및 교관요원 등이 포함된다.

• **교육훈련 및 지원**

교육훈련 및 지원은 주 장비 운영유지에 필요한 운용 · 정비 · 보급 · 교관 요원에 대한 교육훈련 계획을 수립하여 이행하고, 교육에 필요한 장비 및 교보재 소요를 식별 · 확보 · 관리하는 활동이다.

• **기술교범 및 기술자료**

기술교범 및 기술자료는 주 장비, 지원장비 및 교육훈련장비 등을 운용 · 정비하기 위한 기술교범과 보급품의 원활한 조달을 위한 목록화 자료, 체계 형상 기준을 정의하는 규격화 자료, 설계반영 · 군수지원 자원 소요 식별을 위한 RAM[148] 및 체계지원분석 자료와 유지관리 자료를 개발 · 확보 · 관리하는 활동이다.

• **포장, 취급, 저장 및 수송**

포장, 취급, 저장 및 수송은 주 장비 및 구성품, 지원장비, 기타 지원품목 들의 가용성을 최대화하기 위해 포장, 취급, 저장 및 수송 요구조건을 식별 · 개발 · 관리하는 활동이다.

• **시설**

시설은 무기체계의 주 장비 운영 및 유지에 필요한 부동산과 관련 설비 등에 대한 소요와 요구조건을 식별하고 획득 · 관리하는 활동으로, 무기체계의 획득과 동시에 정비 및 보급시설 설계기준을 계속 보완 및 발전시켜야 한다.

• **지원정보체계**

지원정보체계는 획득된 기술교범 · 기술자료 관리, 정비 · 보급지원 관리 및 주 장비의 주요 내장형 소프트웨어 유지보수 등을 위한 정보체계 및 전산자원에 대한 소요를 식별 · 확보 · 관리하는 활동이다.

---

148) RAM: Reliability, Availability, Maintainability, 신뢰도, 가용도, 정비도

26 규격화

규격화는 국방규격 및 국방표준을 제정, 개정하고 관련 정보를 관리하는 일련의 과정으로 양산 및 원활한 운영유지(조달, 경쟁 입찰 등)를 위해 실시된다.

□ 국방규격

국방규격[149]은 군수품 조달에 필요한 제품 및 용역에 대한 성능, 재료, 형상, 치수 등 기술적인 요구사항과 요구 필요조건의 일치성 여부를 판단하기 위한 절차와 방법을 서술한 사항으로 규격서, 도면, 품질보증요구서, 소프트웨어 기술문서 등으로 구성된다.

- 기능성, 표준성, 경쟁성, 경제성, 최신성, 시장성을 고려하여 제정
- 군사 요구도가 없는 군수품은 국방규격의 제정을 지양하고 민수규격(KS 등)을 최대한 활용
- 기 표준화 및 규격화 완료 품목은 제외

▲ 국방규격의 제정 원칙

□ 규격화를 위한 자료

규격화를 위한 자료에는 규격서, 품질보증요구서, 도면, 부품 정보, 전산입력자료, 소프트웨어 기술자료, 포장제원표 등이 있다.

• 규격서

규격서에는 상세형, 성능형, 혼합형의 3가지가 있다.

---

149) Korean Defense Specification

상세형	구매에 적용될 품목과 용역에 대한 기술적인 요구조건과 요구성능의 달성 방법이 구체적으로 기술된 규격서(재질, 설계, 제조, 안전성, 호환성 등을 보증 가능한 범위까지 구체화)
성능형	요구되는 결과를 얻기 위한 구체적인 방법을 기술하지 않고 요구성능, 환경조건, 연동성, 호환성 등이 명시되는 규격서(제품의 형상, 기능 및 요구사항을 명시)
혼합형	상세형과 성능형 규격서의 절충형으로 규격서 작성 관리기관에서 범위를 선정하여 작성

▲ 규격서의 종류

- **품질보증요구서**

품질보증요구서(QAR)[150]는 부품, 조립체의 형상 및 기능, 안전과 관련되는 특성에 대한 품질보증을 위하여 항목의 위치, 확인 항목 및 합격품질수준이 수록되는 문서이다.

- **도면**

도면은 도면의 성질, 용도, 내용 등에 따라 분류될 수 있으며 가장 많이 사용되고 있는 제작도면에는 부품도, 부분조립도, 조립도가 있다.

- **부품 정보와 BOM**[151]

부품 정보는 부품 자체의 특성, 부품 확보를 위한 운영/유지 보전 특성을 만족시키기 위한 부품별 기본적인 정보이다.

- **전산입력자료(TI)**[152]

메타 정보를 대체하여 국방표준 종합정보시스템(KDSIS)[153]에 탑재할 기술자료 정보 관리를 위한 전산관리 서식이다.

- **소프트웨어 기술자료**

'무기체계 소프트웨어 개발 및 관리 지침'을 적용하여 형상 품목 단위로 개발계획서, 요구사항명

---

150) QAR: Quality Assurance Requirement

151) BOM: Bill Of Materials

152) TI: Technical Information

153) KDSIS: Korea Defense Standard Information System

세서, 설계기술서, 시험절차서 및 결과보고서, 산출물명세서 등 소프트웨어 및 개발 관련 자료를 관리하기 위한 문서이다.

- **포장제원표**

포장규격서 KDC 0001-P4001을 적용하여 규격서에 해당 군수품 포장 기준이 포함되지 않은 품목에 대하여 작성된다.

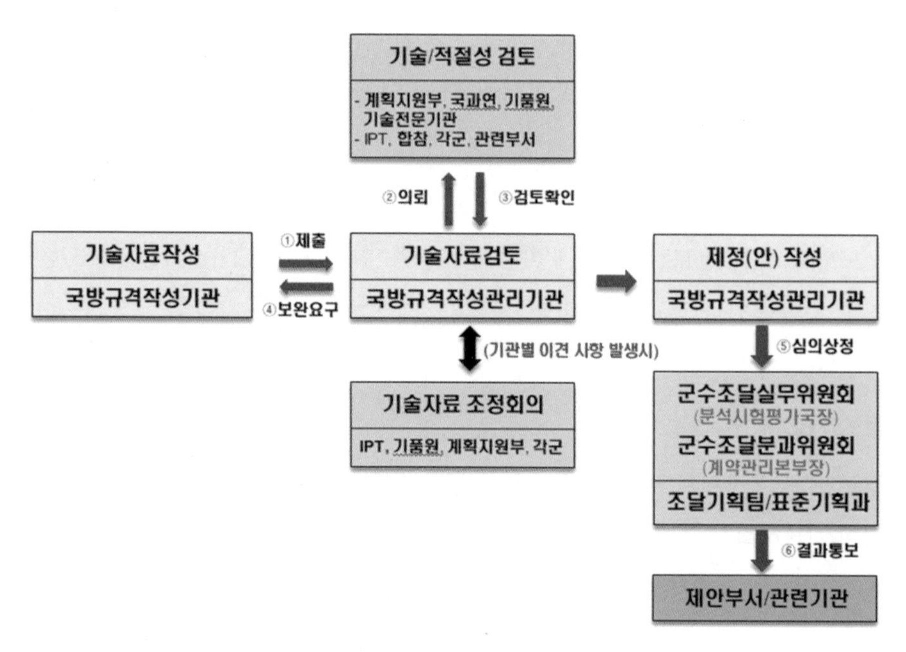

연구개발사업 국방규격 제정 절차[원텍]

국방규격 제정이 완료되어야 체계개발 단계의 무기체계 연구개발이 종결된다.

회상

금낭화(복주머니)

미사일 시험평가와 정비

형상

1 시험평가

시험평가(T&E)[154]란 시험과 평가의 합성어다.

연구개발하는 무기체계는 최종 목표성능 만족 여부를 확인하기 위해 다양한 시험을 거쳐야 한다. 다양한 시험을 통해 무기체계 성능과 관련된 자료를 수집하고, 개발 중인 무기체계에 대해 평가하는 일련의 과정을 시험평가라 한다.

측정 등을 통하여 자료를 획득하는 것이 시험이라면 이 획득된 자료를 바탕으로 합격/불합격 판단을 내리는 것은 평가다.

구분	정의
시험	개발 대상품의 객관적 성능을 검증하고 평가하는 데 기초가 되는 자료를 획득하는 과정
평가	시험 및 기타 수단으로 획득된 자료를 근거로 사전에 설정된 기준과 비교 분석을 통하여 개발 대상품이 요구에 부합하는지를 판단하는 과정

▲ 시험평가의 정의

시험평가는 효율적이고 적합한 체계를 제공하기 위해 가능한 한 조기에 결함을 식별하고 해결방안을 찾는 것으로 그 목적과 중요성은 다음과 같다.

- 획득과 관련된 위험도(Risk)를 사전에 감소
- 획득 관련 기관이 운용 측면에서 효과성, 적합성이 높은 무기체계를 획득
- 적기에 정확하고 적절한 정보를 의사 결정자에게 제공
  → 최적의 무기체계 획득을 위한 판단 자료 제공

▲ 시험평가의 목적

154) T&E: Test & Evaluation

- 시험평가를 통해 사업의 위험이나 제한사항을 조기에 식별, 해소하고 국방 예산의 효율성 제고
- 운용상의 적합성을 판단하여 전투용 적합 여부 판단과 기종 결정 판단의 기초 자료 제공

▲ 시험평가의 중요성

시험평가의 3대 원칙은 다음과 같다.

구분	내용
전문성	모든 시험평가는 과학적이고 체계적인 절차에 따라 해당 분야의 전문성을 가진 자가 수행하여야 한다.
객관성	모든 시험평가는 개발자나 운용자의 주관이 배제되고 독립된 조직에서 정해진 시험방법 및 절차와 평가 절차 및 기준에 따라 객관적 관점에서 이루어져야 한다.
정확성	모든 시험평가는 표준화된 도구와 공인된 절차에 의하여 수행되어야 하며, 허용된 오차범위 내에서 정확성을 가져야 한다.

▲ 시험평가의 3대 원칙

시험평가의 종류별 특징은 다음과 같다.

구분	특징
개발 시험평가 (DT&E)	기술적 목표 달성 가능성에 대한 정보 제공
운용 시험평가 (OT&E)	운용 효과도, 운용 적합성(Operational Effectiveness & Operational Suitability)
실사격 (LFT&E)[155]	취약성, 치명성(Vulnerability and/or Lethality)
통합 시험 (Combined Test)	DT, OT 통합, 비용 절감, 기간 단축(결과 분석/평가는 독립적으로 수행)

▲ 시험평가의 종류별 특징

155) LFT&E: Live Fire Test & Evaluation

시험별 시험평가의 정의와 판정 기준은 다음과 같다.

개발 시험평가	구분	운용 시험평가
시제품에 대하여 요구성능 및 개발 목표 등의 충족 여부를 검증하기 위한 시험평가	정의	시제품에 대하여 작전운용성능 충족 여부 및 군 운용 적합 여부를 확인하기 위한 시험평가
개발주관기관(ADD 등)	수행 기관	소요군
기술적으로 조성된 환경	시험 환경	실제 운용 환경 (혹서기, 혹한기 포함 3계절 시험)
개발 목표 충족 여부	시험 중점	ROC 충족 및 군 운용 적합성 확인
기준 충족 또는 미달	판정	전투용 적합 또는 부적합

▲ 시험별 시험평가의 정의 및 판정 기준

2 탄도 계측 장비와 탄도 계측

미사일 탄도 계측 장비는 레이더와 광학장비 등이 있다. 탄도 계측 장비는 주로 레이더를 사용하며 시험장(Range)[156]에서 사용하는 레이더를 RIR[157]이라고 한다.

탄도 계측 장비

RIR[www.baesystems.com]

Doppler Radar[www.baesystems.com]

156) Range: 사거리 또는 시험장

157) RIR: Range Instrumentation Radar

광학장비는 주로 발사장 주변에 설치하여 단거리 탄도 계측에 사용하는데, EOTS[158] 등을 이용하여 미사일을 추적해 가며 영상을 획득한다.

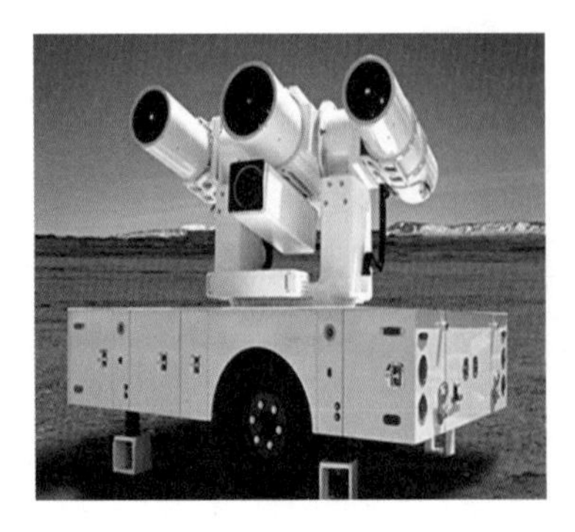

EOTS[www.tridentinfosol.com]

Tracking Radar System[www.baesystems.com]

3차원 공간상에서 위치를 표시하는 방법으로 직교좌표계(Rectangular Coordinate System 또는 Cartesian Coordinate System)와 극좌표계(Polar Coordinate System)가 있으나 직교좌표계는 탄도 계측에 적합하지 않으므로 미사일 탄도 계측은 3차원 극좌표계를 이용한다.

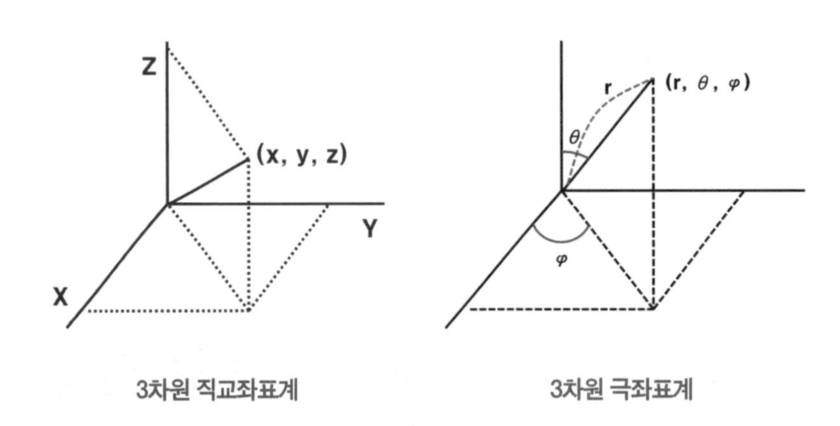

3차원 직교좌표계 3차원 극좌표계

미사일 탄도 계측은 일정한 주기(PRF)[159]로 레이더에서 전파를 송신하고 비행체(미사일)에서 반사되어 돌아온 신호를 이용한다. 극좌표계 좌표(r_1, θ_1, ϕ_1)에서 좌표(r_2, θ_2, ϕ_2)로 변경된 변화 성분으

158) EOTS: Electro Optical Tracking System

159) PRF: Pulse Repetition Frequency

로부터 거리, 속도, 가속도를 계산하여 탄도를 계측한다.

발사장에서 발사 초기 탄도 계측은 도플러 레이더(Doppler Radar)를 이용한다. 도플러 레이더는 도플러 효과(Doppler Effect)를 이용하는 레이더이다.

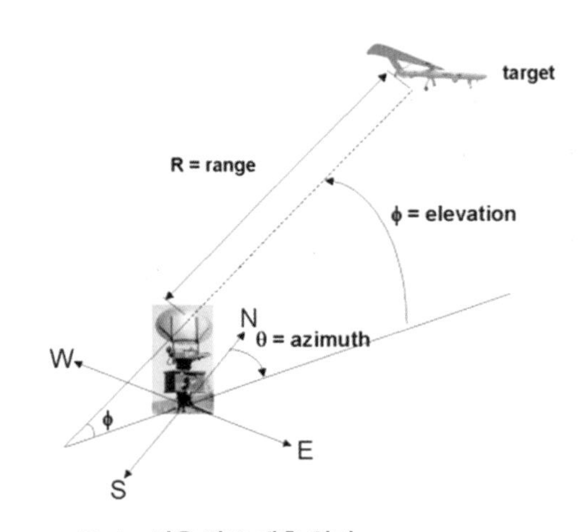

Radar 이용 탄도 계측 원리[www.soue.org.uk]

Doppler Radar 이용 탄도 계측(원 안)[www.rpm-psi.com]

토막상식 **도플러 효과란?**

: 1842년 오스트리아의 물리학자 도플러(J. C. Doppler)가 음파에서 발견한 현상.

파원과 관측자, 파동이 전파되는 매질의 상대속도에 따라 파원이 내는 원래의 파장과 진동수가 다르게 관찰된다. 모든 종류의 파동에서 성립하는 보편적인 현상으로 이를 도플러 효과라 한다. 경찰이 도로에서 과속 자동차를 단속하거나 야구장에서 야구공의 속도를 측정하는 스피드 건(Speed Gun)은 도플러 효과를 이용한다.

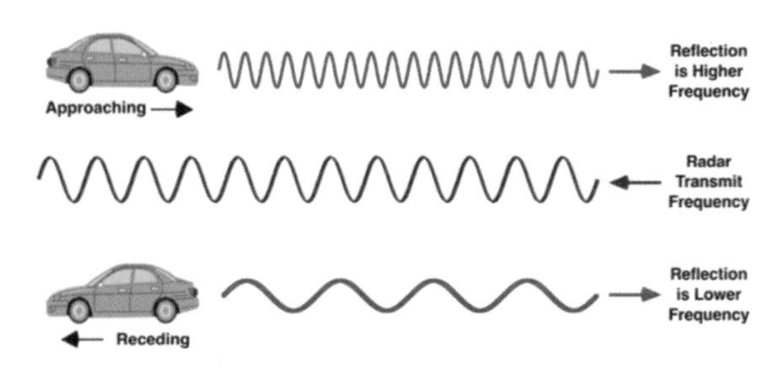

스피드 건의 원리[www.copradar.com]

측정 대상 물체가 정지해 있다면 송신주파수와 수신주파수는 동일하다. 만약 빠른 속도로 접근하는 물체라면 송신주파수보다 수신주파수가 높아지고, 반대로 멀어지는 경우는 송신주파수보다 수신주파수가 낮아진다.

측정 속도: v

$v = cf_d/(2f_0)$

여기서 c: 매질 내에서의 파동의 속도(예: 광속, 음속)

f_d: 레이더 도플러 Shift 주파수

f_0: 송신주파수

미사일 탄도 계측 방법에는 스킨 트레킹(Skin Tracking)과 비콘 트레킹(Beacon Tracking) 2가지 방법이 있다. 스킨 트레킹은 일반적인 레이더와 같이 송신한 전파가 비행체에 반사해 돌아온 반사파를 이용하여 탄도를 계측하는 방법이다.

비콘 트레킹은 미사일에 탑재된 수신기가 지상의 탄도 계측 레이더에서 보내 주는 특정 신호에만 응답 신호를 보내 주기 때문에 미사일이 멀리 떨어진 경우에도 미사일의 정확한 탄도 계측(비행궤도 추적)이 가능하다.

구분	장점	단점
스킨 트레킹	• 피시험물이 큰 경우에 효과적 • 시스템 구성이 간단	• 탄도 계측 거리 제한
비콘 트레킹	• 장거리 탄도 계측 가능	• Beacon을 탑재하므로 시스템이 복잡

▲ **미사일 탄도 계측 방법 비교**

Q. 순간적으로 일어나는 이벤트 등의 계측은 어떻게 할까?

A. 고속카메라를 이용한다.

고속으로 움직이는 피사체를 일반 비디오카메라로 촬영하면 화면이 흐려져 세부 분석하기 어렵기 때문에 고속카메라(HSC)[160]를 이용하는데, 사람의 눈으로 식별하기에 너무 빠른 이벤트도 프레임 단위로 캡처(촬영)하여 분석할 수 있다.

지금은 사진이 일반화되었지만 1837년 다게레오(Daguerreo) 타입 카메라 발명 이래 많은 발전을 거듭해 오고 있으며, 계측용으로 주요 발전 방향 중의 하나는 고속카메라의 개발이다.

고속카메라의 최초 응용은 1878년 캘리포니아에 거주하는 사진작가 Eadweard Muybridge가 말이 질주할 때 네 발굽이 모두 땅에서 떨어져 있는 순간이 있는지를 확인하기 위해 실시한 사진 촬영이다. 말이 질주하는 경로에 기계적인 릴리즈(Release)를 연결한 24대의 카메라를 사용하여 말이 질주할 때 네 발굽 모두 땅에서 떨어져 있는 순간이 있음을 증명하는 고속 모션 사진을 촬영했다.

Multi Camera Setting(24개 카메라 설치)[Wiki, Public Domain, Unknown]

The Horse in Motion[Wiki, Public Domain, ©, Eadweard Muybridge]

160) HSC: High Speed Camera

1930년대에 Bell Telephone Lab에서는 릴레이 바운스(Relay Bounce)의 효과를 연구하기 위해 이스트만 코닥(Eastman Kodak)으로부터 고속카메라를 구입했다. 카메라는 1,000 fps[161) 16 mm 필름 100피트를 사용했다. 이후 더 빠른 카메라에 대한 열망으로 Bell Telephone Lab에서 5,000 fps를 촬영할 수 있는 자체 고속카메라 Fastax를 개발했다.

1940년에는 이론적으로 1,000,000 fps를 처리할 수 있는 회전식 거울(Rotating Mirror) 카메라에 대한 특허가 나왔다. 회전식 거울 모드 사진기의 동작 원리는 다음과 같다.

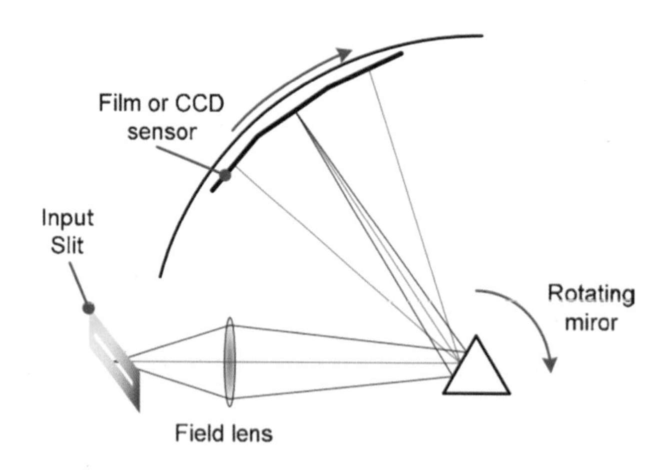

회전 거울 Mode Photography 동작 원리

[Ultrafast Imaging in Standard(Bi) CMOS Technology, Wilfried Uhring and Martin Zlatanski]

영국의 C4 Camera(회전 거울 모드) 무게 2,000 kg, 7 Mfps

[petapixel.com]

161) fps: Frame Per Sec, 초당 프레임 수

반도체 기술 발달에 따라 필름은 CCD 센서, 고속 메모리로 교체되어 최근에는 화질(화소 수)에 따라 다르지만 수천만~십억 fps 초고속 카메라도 나왔다.

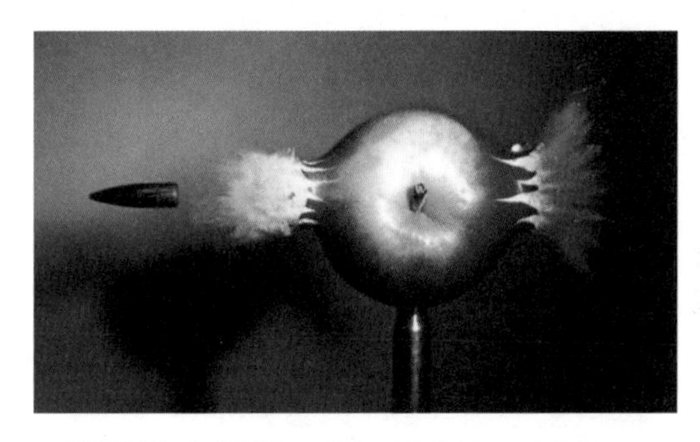

5000 ft/s @ 25 Mfps, Ultra High Speed Camera

[nofilmschool.com, V Renée]

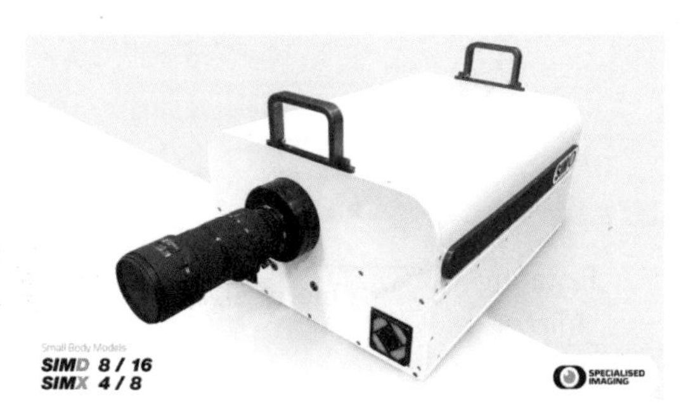

십억 fps까지 가능한 초고속 카메라

[www.specialised-imaging.com]

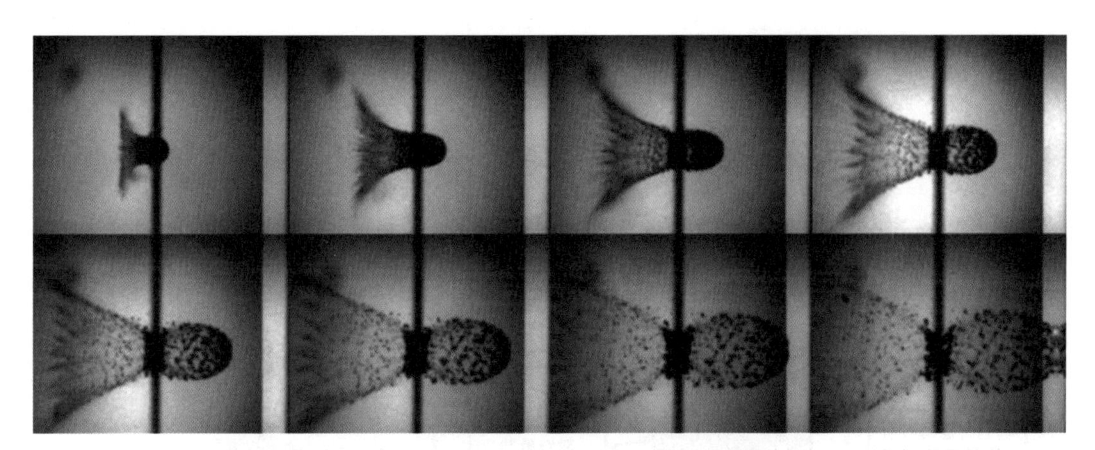

충돌 장면 고속촬영(순서: 좌 → 우, 상 → 하)[www.specialised-imaging.com]

고속카메라는 촬영할 수 있는 화각이 좁아 넓은 범위(각도)를 촬영하기 어렵다. 이에 대한 대책으로 거울을 추가하고 컴퓨터를 이용하여 거울을 회전시키면서 피사체를 추적하면 넓은 범위 촬영도 가능하다.

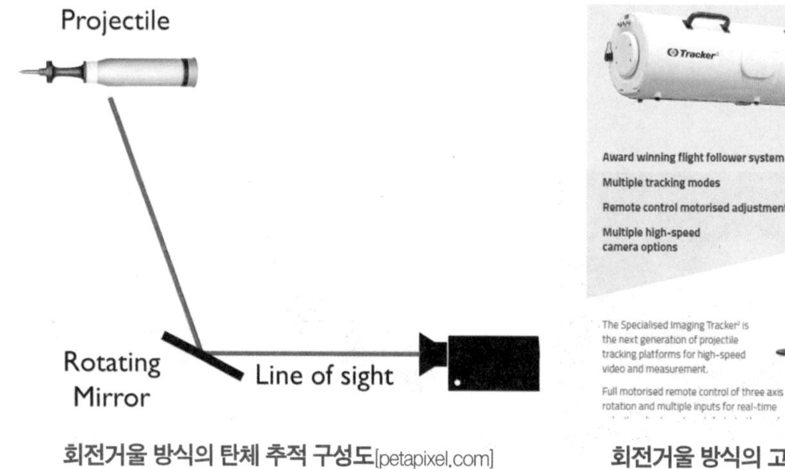

회전거울 방식의 탄체 추적 구성도[petapixel.com]　　**회전거울 방식의 고속추적 장비**[petapixel.com]

미사일 시험장에서는 이와 같은 여러 가지 계측 장비를 네트워크로 연결하여 시험평가, 계측한다. 다음 그림은 미사일 시험장의 장비 구성도 예를 보인다.

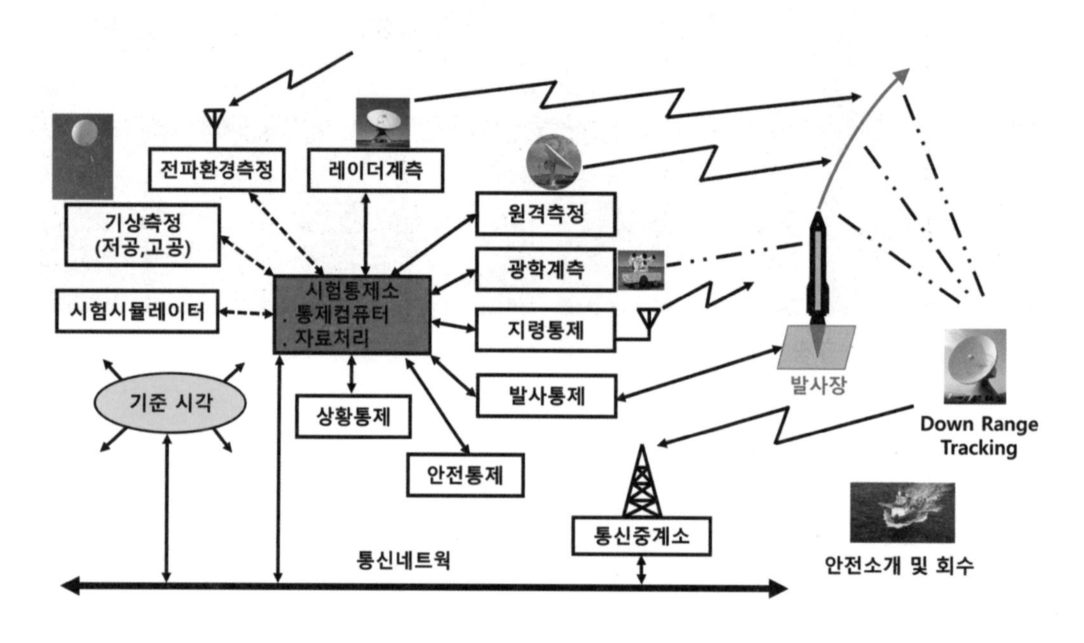

미사일 시험장의 장비 구성[아카데미, 재작성]

3 미사일 점검 및 시험 준비

□ 미사일 점검

미사일 개발은 기본 장비만 개발하면 의미가 없고 미사일을 개발할 때 필요한 각각의 장비용 점검 장비와 향후 군이 운용·유지하는 데 필요한 미사일 점검 장비, 정비 장비뿐만 아니라 군이 훈련할 수 있도록 훈련 장비까지 개발해야 한다.

누가? 미사일 연구개발자가! 언제? 미사일 개발 시에!

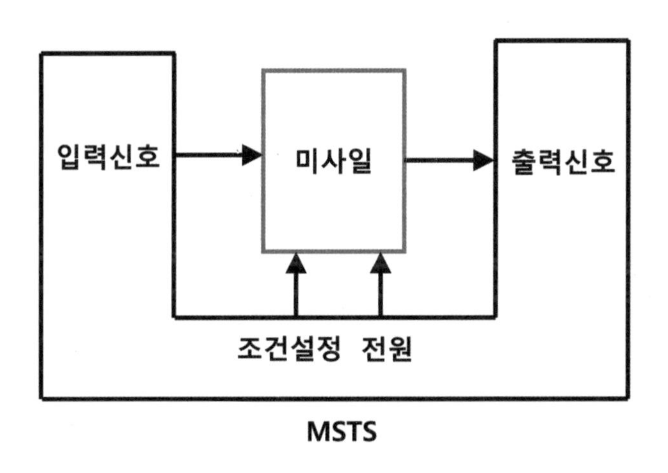

미사일 점검 개념도

D5 Missile Checkout System

Trident Missile Test Set

[www.mikestovall.com]

각각의 장비를 개발하는 세부 기술 분야에서는 WBS상의 미사일 구성장비(예: 유도조종장치, 구동장치 등)를 개발하는 동시에 각 장비의 점검 장비를 개발한다. 체계/설계 종합 팀에서는 미사일 종합 점검 장비(MSTS)[162]를 개발한다. MSTS의 종류로는 휴대용 점검 장비와 거치형 점검 장비가 있는데 휴대용 점검 장비는 이동을 위하여 소형 경량으로 제작하고, 거치형 점검 장비는 고정 설치

162) MSTS: Missile System Test Set

하여 운용하므로 보통 산업용 표준 19인치 랙(Rack)을 이용하여 제작한다.

□ 비행 시험 시 안전 대책

개발 중인 무기체계의 시험에는 항상 위험성이 있다. 따라서 안전 대책을 강구해야만 한다. 전력화 후에는 필요 없는 사항이지만 개발 중에는 중요한 업무 중의 하나다.

무기체계에 따라 다르지만 3중, 4중의 안전장치를 구성한다. 점검에서 조건이 맞으면 안전 대책이 작동하는지, 조건이 맞지 않으면 동작하지 않는지 모든 경우의 수에 대하여 점검해야 한다.

이상 상황	담당 장비	조치 사항
시험장 안전구역 이탈	미사일 내부 장비	안전을 위해 추락 또는 자폭 명령 생성
지령 송신	시험 장비	

▲ 비행 시험 시 안전 대책(예)

미국의 경우는 일부 미사일 비행 시험 시 전투기가 따라가면서 비행 장면을 촬영하거나, 위험한 상황이 일어나면 미사일을 격추시킨다.

□ 미사일 표적

미사일 표적은 나중에 명중률 평가 관련하여 미사일 개발 사업의 성공, 실패를 결정하는 중요한 요소다. 실제 대상 표적을 사용하는 것이 가장 좋으나 여러 가지 제약 때문에 실제와 유사한 표적을 제작해 사용한다.

미사일 표적은 누가 제작해야 하나? 표적 제작 주관은 미사일 개발자인 체계 시험평가팀에서 주로 수행한다. 소요군에서 필요한 표적을 차용하거나 대함 미사일인 경우는 해군의 폐함정을 표적으로 사용하기도 한다.

표적 제작 시 고려할 사항은 명중하기 좋도록 표적을 제작했다는 논란이 있을 수 있기 때문에 객관성 확보를 위하여 표적 제작 전에 대상 표적에 대한 정확한 분석이 필요하다.

표적 제작을 위해서는 대상 표적을 모델링하고 특성을 추출하여 제작에 반영한다. 대함 미사일 표적의 경우 Corner Reflector 설치 등 여러 장비 배치를 고려하면 넓은 면적을 가지고 있는 바지선이 해상 표적을 제작하기 가장 좋다.

보통 대함 미사일 표적은 이동을 모사할 필요 없이 고정형으로 한다. 필요에 따라서는 엔진과 리모컨을 이용하여 이동하는 표적을 모사한다.

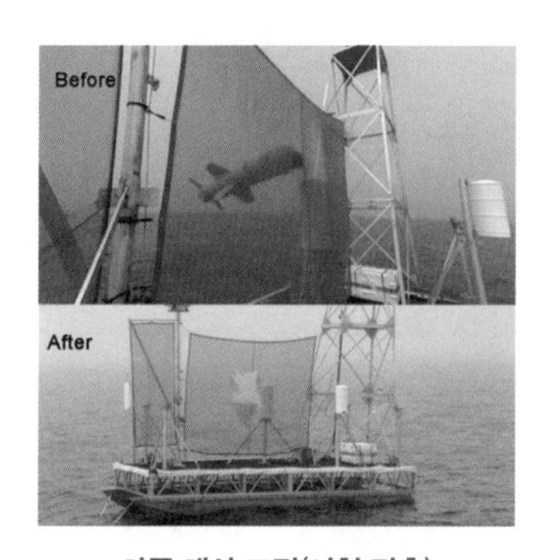

하푼 해상 표적(시험 전후)

[www.theaviationist.com]

하푼 해상 표적(시험 후)

[www.defence.pk]

토막상식 대공 미사일의 경우 표적 명중 여부를 어떻게 판단할까?

: MDI[163]를 사용한다.

대지, 대함 미사일의 경우는 미사일이 표적에 명중했는지 판단하기 용이하다. 그러나 대공 미사일 또는 대공포의 경우는 표적에 명중했는지 판단하기가 까다롭다.

대공 표적에 명중(직격)하면 표적이 파괴되기 때문에 판단이 쉽지만, 표적 부근을 살짝 스쳐 지나가는 경우는 명중 여부 판단이 어렵다. 이런 경우를 대비하여 MDI를 사용한다. 엔진을 탑재한 무인기가 깃발 모양의 대공 표적을 끌고 날아가는데 이를 슬리브 타깃(Sleeve Target)[164]이라 한다. 슬리브 타깃 앞에 MDI를 설치한다.

163) MDI: Miss Distance Indicator

164) Sleeve Target: 비행기가 달고 나는 대공 사격 연습용 기류(旗旒) 표적

2차 대전 중 폴 가버(Paul Garber)가 연(Kite)에 비행기 형상을 그려 넣은 대공 표적을 제안하여 해군의 대공포 연습용으로 사용하기도 했다.

Sleeve Target 앞의 MDI[www.airtarget.com]

연을 이용한 대공 표적[airandspace.si.edu]

□ 배꼽 커넥터

아이가 어머니 배 속에서 배꼽을 통하여 혈액(영양분)을 공급받아 성장하는 것처럼 미사일에도 배꼽 커넥터(UC)[165]가 있다.

미사일 일상 점검 중에는 배꼽 커넥터를 이용하여 장비 상태 점검을 수행하고, 발사 준비 시에는 배꼽 커넥터를 통하여 표적 자료 등을 입력받는다. 배꼽 커넥터는 미사일 상태를 확인할 수 있는 유일한 점검 채널이다.

점검을 완료하고 부스터를 점화시키면 추진력이 생겨 미사일이 발사되며 배꼽 커넥터가 빠진다.

V2 배꼽 케이블 분리 장면

[www.v2rockethistory.com]

V2 배꼽 케이블

[www.scalemodellingnow.com]

배꼽 커넥터 종류에는 랜야드(Lanyard) 타입 커넥터, Push-Pull 타입 커넥터가 있는데 대부분은 랜야드 커넥터를 사용한다. 어뢰 같은 일부 무기체계는 배꼽 커넥터를 분리하지 않고 칼날을 이용하여 배꼽 케이블을 절단하기도 한다.

랜야드 커넥터(Lanyard-Release Quick-Disconnect Connector)는 체결 및 분리 시에 일반 커넥터처럼 나사를 돌려 체결 및 분리한다. 랜야드 커넥터를 배꼽으로 분리하기 위해서는 랜야드를 고정해 놓아야 한다. 부스터가 점화되어 미사일이 전방으로 이동하면 고정되어 있던 랜야드에 의해 커넥터 내부 Shell이 벌어지며 나사에 의한 체결력이 없어져 커넥터가 분리된다.

---

165) UC: Umbilical Connector

랜야드 커넥터 작동 개념도

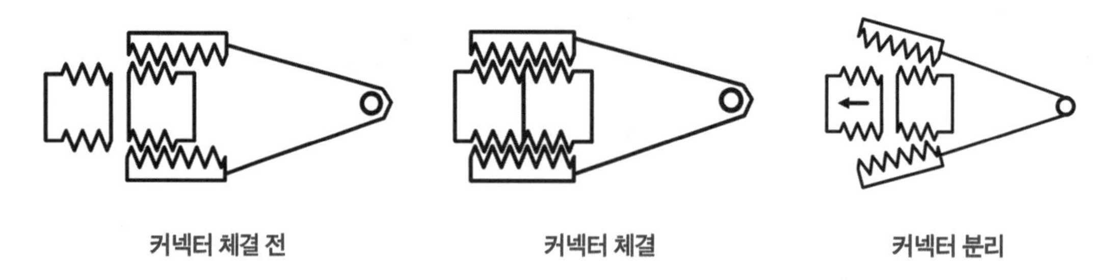

Push-Pull 커넥터는 축 방향 힘으로만 커넥터를 체결(Mating) 또는 분리(Unmating)한다. 접촉이 불안정할 수 있어 기계적으로 추가 고정할 수 있는 부스터 섹션 분리용으로 주로 사용한다.

배꼽 커넥터의 장착 위치는 미사일 종류에 따라 후방, 측면, 상부, 하부, 비분리 등 여러 가지 방법이 있으며 무기체계 특성에 따라 위치가 정해진다. 후방, 측면, 상부 위치에 대한 특징을 정리하면 나음과 같나.

구분	후방	측면	상부
위치	부스터 후방	미사일 측면	미사일 상부
특징	체결 및 분리가 용이	미사일~발사관 사이 공간 필요	체결/분리가 용이
구조	간단	상대적으로 복잡	간단
분리력	부스터 추진력	부스터 추진력 + 배꼽 분리장치	중력(미사일 무게)
신뢰도	상대적으로 높음	보통	높음
적용 체계	VLA(미국), 하푼	사일로 발사 미사일, S-300(러시아)	공대함 하푼

▲ **배꼽 커넥터 장착 위치에 따른 특징**

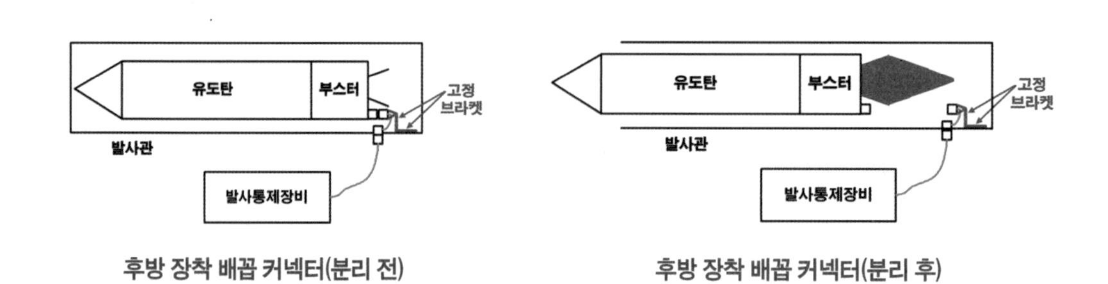

후방 장착 배꼽 커넥터(분리 전) **후방 장착 배꼽 커넥터(분리 후)**

측면 장착 배꼽 커넥터

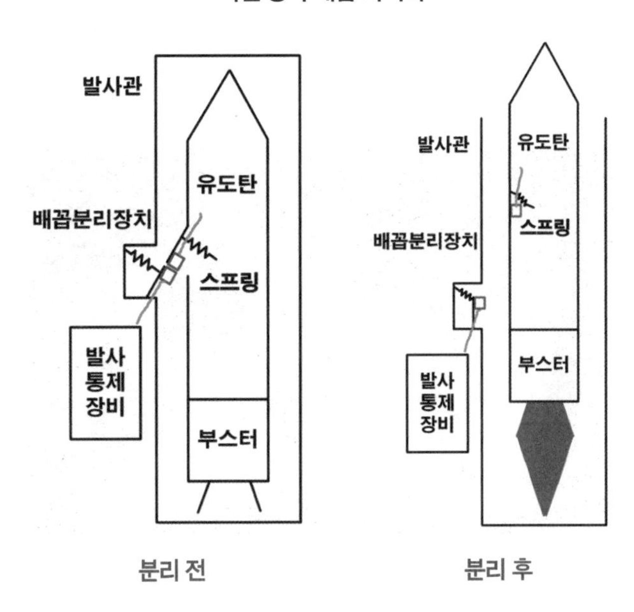

분리 전　　　　　　　　분리 후

배꼽 커넥터가 미사일 측면에 있는 경우, 발사관과 미사일 사이 간격이 좁은 경우는 발사관 외부로 돌출 공간을 만들어 빠진 배꼽이 미사일과 충돌하지 않도록 발사 후 은닉형 배꼽 커넥터를 사용한다.

상부 장착 배꼽 커넥터

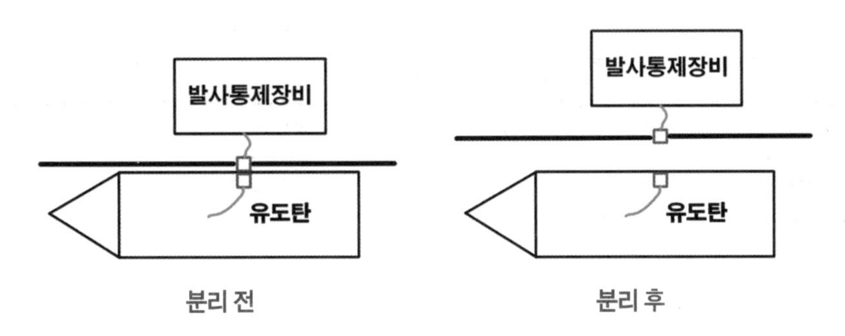

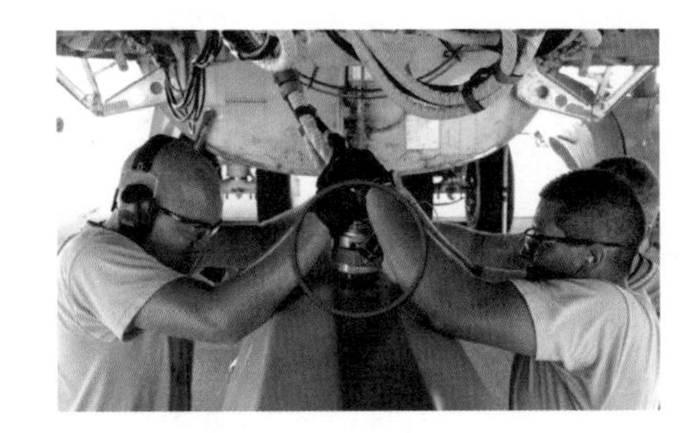

AGM-86B 배꼽[Wiki, Public Domain, Benjamin Wiseman]

미사일 기미부와 부스터부를 전기적으로 연결시켜 주는 Push-Pull 타입의 섹션 분리 커넥터는 공대함 하푼 후방에서 볼 수 있다.

공대함 하푼의 단 분리 커넥터(적색 원 안)[www.seaforces.org]

배꼽 커넥터가 미사일 하부에 있는 나이기 등의 경우는 부스터 추력에 의해 전단 핀(Shear Pin)이 파단되며 배꼽이 분리된다.

하부 장착 배꼽 커넥터

유도탄
부스터
발사 레일
발사통제장비
분리 전

유도탄
부스터
발사 레일
발사통제장비
분리 후

실무에서는 배꼽 커넥터 체결 과정에서 아주 드문 경우지만 커넥터 핀이 휘어지는 문제가 생기기도 한다. 이런 문제 발생을 근본적으로 해결하기 위하여 무선 배꼽 커넥터를 개발하여 장착하기도 한다.

무선 배꼽 커넥터 동작 원리는 휴대폰의 무선 충전 원리와 같은 방식으로 전력을 무선으로 전송하고, 무선 통신으로 신호를 주고받는다. 단 가까운 거리에 있어야 전력 전송이 가능하다.

무선 배꼽 커넥터[Paris Air Show 2015, MBDA]

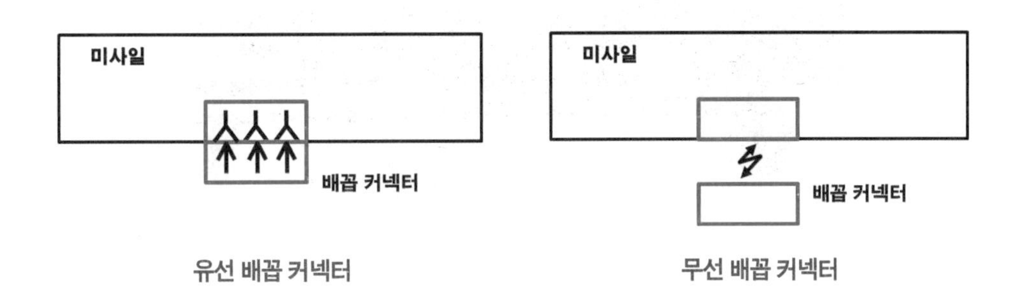

수중 발사 무기체계의 경우는 해수에 의해 배꼽 커넥터 핀에 전기적 단락(Short)이 일어날 수 있으므로 단 분리가 한 번 더 일어나는 2단 분리 배꼽 커넥터를 사용하는 경우도 있다.

□ 미사일 장입

장입은 발사관을 사용하는 미사일에만 해당하며, 최종 점검을 완료한 미사일을 발사관에 넣는 것을 말한다. 미사일을 조립 점검대(Dolly) 위에 준비(거치)하고, 장입할 발사관도 똑같이 조립 점검대 위에 거치한다.

조립 점검대 위에 미사일 준비[LIG-NEX1 홈페이지]

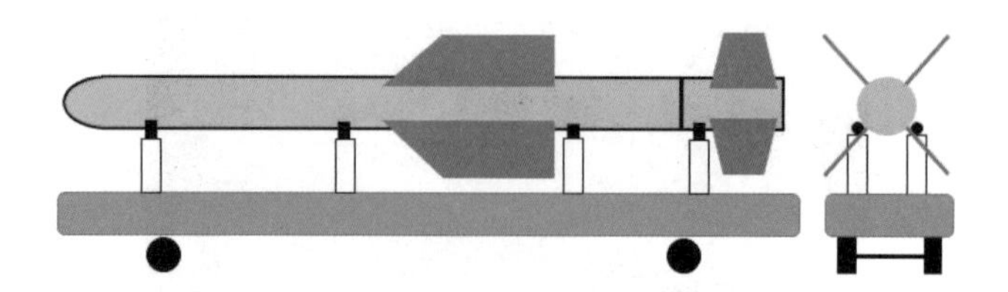

조립 점검대 위에 미사일 준비(개념도)

조립 점검대 위에 발사관 준비[LIG-NEX1 홈페이지, 합성]

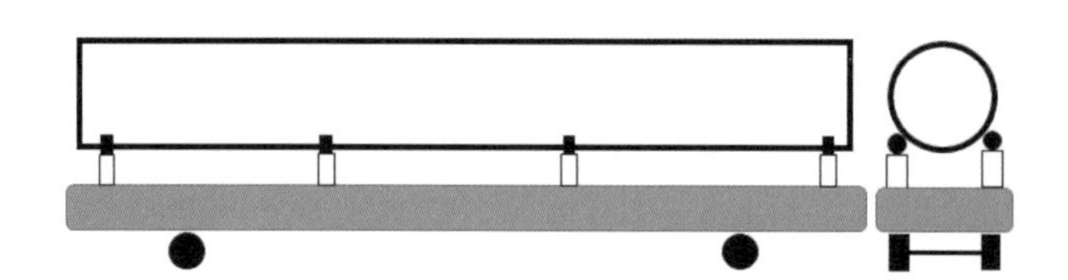

조립 점검대 위에 발사관 준비(개념도)

2개의 조립 점검대는 일자로 연결하여 고정한다. 발사관 후방부에 미사일 견인 장치와 미사일 견인 줄을 설치하고 견인 장치를 회전시키면서 미사일을 잡아당긴다. 미사일이 발사관으로 들어가면서 필요시 날개를 접고 미사일 받침대를 제거해 가며 장입을 완료한다. 발사관의 단면은 원형 또는 사각형이다.

미사일과 발사관 내부 사이를 연결하는 케이블을 연결하고 배꼽 커넥터를 이용하여 장입 후 점검한다. 이상이 없으면 발사관 앞, 뒤 커버를 조립하여 발사관 장입을 완료한다.

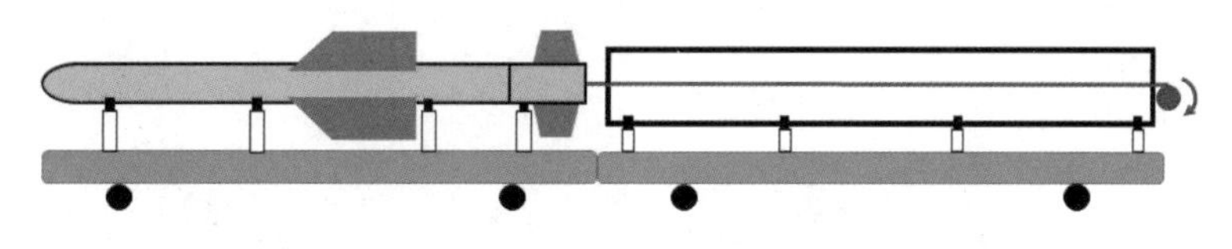

발사관에 미사일 장입 준비(개념도)

발사관 내부에 레일이 있거나 발사관과 유도탄이 기계적으로 바로 접촉하는 경우는 탄 지지대(Sabot)가 필요 없지만, 미사일과 발사관 내부 사이 간격이 큰 경우는 탄 지지대를 추가하며 장입한다.

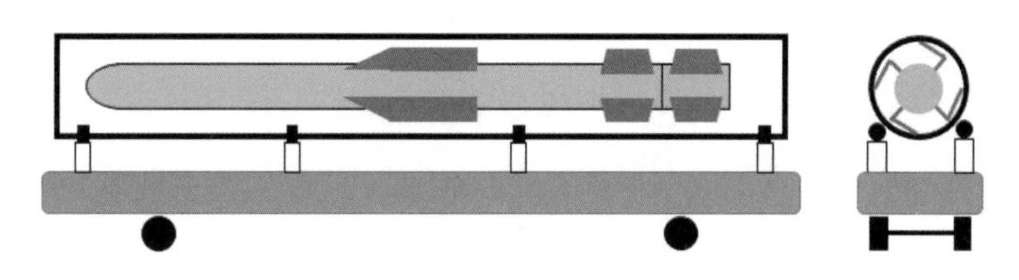

미사일 장입 발사관(개념도)

무기체계 특성에 따라 발사관 내부에 습기 침투를 방지하기 위하여 질소 가스 등을 충전하여 양압[166]을 유지한다.

발사관에 장입된 미사일은 개발 시 비행 시험을 위하여 드디어 조립 점검장을 떠나 비행 시험장으로 수송한다.

□ 탑재 비행 시험

미사일 개발 중 시험평가 단계에서 위험 요소 제거와 비용 절감 그리고 개발 기간 단축 등을 위하여 탑재 비행 시험이라는 시험평가 기법을 활용한다.

탑재 비행 시험(CFT)[167]은 항공기를 플랫폼(Platform)으로 해서 개발 중인 미사일 체계 시제품 중 일부나 미사일 전체를 항공기에 장착하여 여러 가지 성능을 시험하는 것이다.

---

166) 양압(陽壓): Positive Pressure, 일반 대기압보다 높은 압력

167) CFT: Captive Flight Test 또는 Captive Carry Flight Test

B-52를 이용한 ARRW[168] CFT

[Wiki, Public Domain, ©, Christopher Okula]

New Cruise Missile CFT

[defence-blog.com, Kyle Brasier]

시제품을 장착한 항공기는 정해진 임무 시나리오에 따라 비행 시험(소티, Sortie)을 수행함으로써 미사일에 대해 실제 발사하지 않고도 미사일 비행과 유사한 환경에서의 시험 자료를 얻을 수 있다는 장점이 있다. 항공기 탑재 비행 시험은 시험을 원하는 시험지역에서 반복적으로 다수 시험하여 장비 성능 평가를 확실히 할 수 있다.

탑재 비행 시험에 사용되는 시험체의 외형은 형상이 이미 결정되어 있는 경우를 제외하고 고정익기의 경우 비행 중 안정성 확보를 위하여 보통 Pod에 장착하는 외부 연료탱크와 유사한 형태로 제작한다. 헬기의 경우는 Skid 사이에 보조 구조물을 설치하고 이 구조물에 시험체를 장착하기도 한다.

탑재 비행 시험 자료 획득 방법은 시험 데이터를 시험체의 메모리 등에 저장하거나 원격 측정시스템(Telemetry System)을 이용하여 지상에서 실시간으로 받는 방법이 있다.

KGGB의 XKO-1 CFT

[무기체계의 항공기 탑재 비행 시험을 통한 개발 시험 기법 연구, 한국항공우주학회지, 2009. 10.]

168) ARRW: Air-Launched Rapid Response Weapon, The AGM-183, 미국 공군의 초음속 무기

플랫폼 역할을 하는 항공기는 탑재 비행 시험을 하고자 하는 탑재장비가 요구하는 특성에 따라 고정익 항공기나 회전익 항공기를 선택하여 사용한다.

항목		고정익기(비행기)	회전익기(헬기)
속도	빠른 속도와 고기동	○	
	상대적으로 느린 속도		○
고도	고고도(예: 수백 m 이상)	○	
	저고도(예: 수십 m 이하)		○

▲ 탑재장비 요구 특성에 따른 사용 가능 플랫폼

4 미사일 비행 시험

□ 비행 시험 업무 영역/장소

비행 시험 업무 영역/장소는 무기체계 특성에 따라 다르지만 보통 4곳으로(시험 통제소 지역, 탄도 계측 지역, 발사장 지역, 표적 지역 등) 나눌 수 있다.

비행 시험은 미리 작성해 놓은 시나리오에 따라 진행하는데 개략적인 순서는 다음과 같다. 비행 시험을 위해서는 시험 통제소 및 탄도 계측 지역에 다수의 전용 시험장비가 필요하다. 특히 수십 년간 장비 운용 경험이 있는 전문 인력도 많이 필요하다.

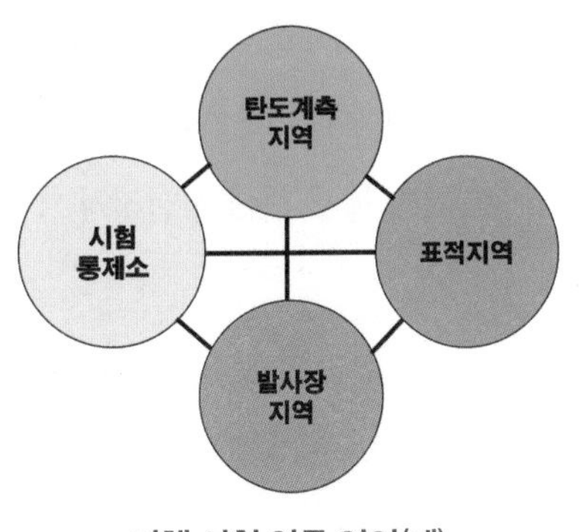

비행 시험 업무 영역(예)

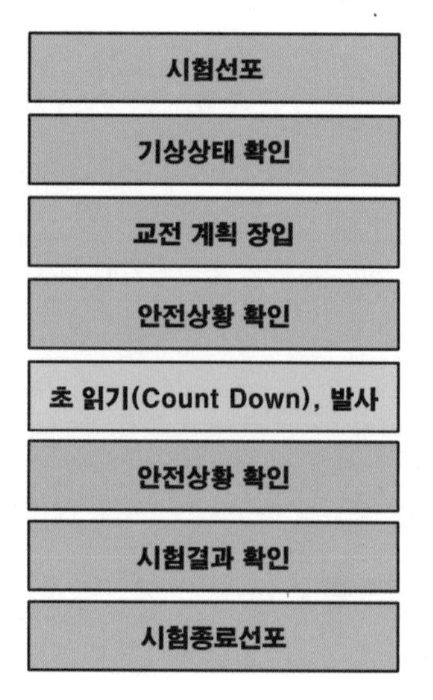

비행 시험 순서(예)

□ 원격측정과 결과 분석

미사일 비행 시험 시 획득한 원격측정 자료는 비행 시험이 계획대로 잘 수행되었는지 판단하고, 문제가 있는 경우 원인 분석 용도로 사용하는 중요한 자료다. 따라서 원격측정 자료를 획득하지 못하면 미사일 비행 시험을 수행하는 의미가 없다고 해도 과언이 아니다.

예를 들어 미사일 내부 장비 특정 부위의 온도를 측정하는 경우를 생각해 보자. 측정하고자 하는 예상 온도 범위(최소~최대)에 따라 서모커플(Thermocouple, 열전대), RTD,[169] 서미스터(Thermistor) 등 여러 센서 중에서 선정하고 측정하고자 하는 부위에 부착하여 온도를 원격측정 한다.

온도 센서의 입력(x, 온도)과 출력(y, 전압)의 상관관계를
$y = ax + b$라고 하자.

여기서
a: 기울기 상수

169) RTD: Resistance Temperature Detector, 측온저항체

b: Offset 값

온도 센서(예를 들어 RTD)의 출력과 원격측정장치 사이에 입력 임피던스를 고려하여 기본적으로 신호 전처리 회로(Buffer)를 추가한다. 신호의 크기가 작은 경우는 증폭기(Amplifier), 신호가 큰 경우는 저항 등으로 분압기(Divider)를 추가하여 원격측정장치의 입력단 회로를 완성하게 된다.

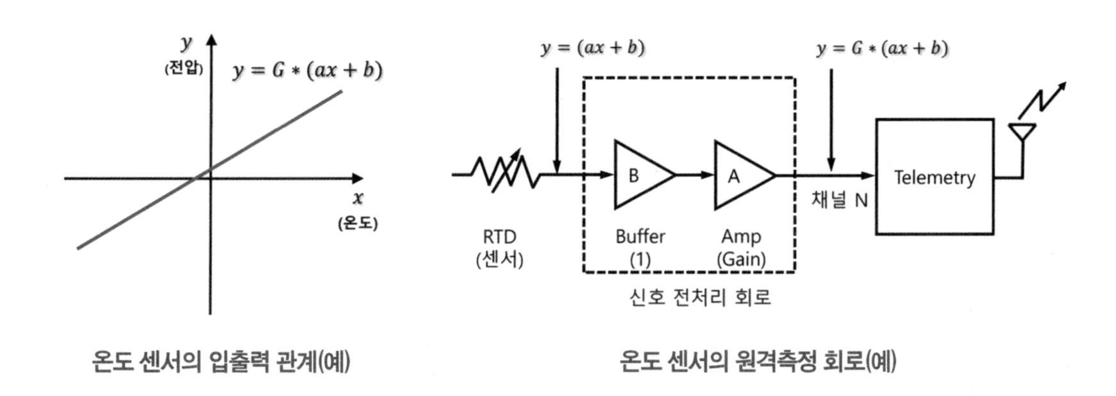

온도 센서의 입출력 관계(예)

온도 센서의 원격측정 회로(예)

비행 시험 종료 후 수신한 원격측정 자료는 분석을 위하여 초기 물리량 데이터로 다시 변환해야 한다. 측정하고자 하는 원래의 물리량(온도)은 다음과 같이 계산해 낼 수 있다.

원격측정으로 획득한 출력(전압)이 y이므로 입력(온도) x를 구하기 위해서는 측정 회로 구성으로부터 역으로 계산하여 측정하고자 하는 물리량(온도)을 구할 수 있다.

y = G * (ax + b)에서 환산식 x를 구하면 (G는 이득)

∴ (y-Gb) / (Ga)

측정한 데이터(전압, y)가 있어도 x(온도)를 구하기 위해서는 a, b, G를 알아야 정확한 분석이 가능해진다.

분석 채널 데이터가 온도라는 것과 환산식 및 각종 계수를 알고 있다면 정확한 원격측정 자료분석은 가능하지만, 현실적으로 어떤 채널인지 또 환산식 및 각종 계수를 알 수 없는 경우는 극히 일부 채널을 제외하고는 원격측정 자료분석이 불가능할 수 있다.

□ 미사일 색상

다음 그림에서 같은 미사일인데 왜 색상이 다를까? 이는 개발 중인 경우와 실전배치(전력화)의 차이다.

개발 중인 미사일은 비행 시험 후 자료분석 목적으로 일부러 눈에 잘 띄도록 미사일에 관련 패턴(Pattern)을 정하여 색상을 칠한다. 이 패턴은 비행 시험 후 사진이나 비디오 자료로부터 미사일의 상하운동이나 회전운동, 날개 전개 등 자료분석에 사용한다.

개발이 끝나 실전 배치할 경우는 자료분석 필요성이 없어지므로 자료분석 목적인 패턴이 필요 없고 위장 색으로 도장한다.

개발 중 해성[국방과학연구소]

전력화된 해성[해군]

자료분석용 패턴 대신 충돌 시험용 더미 스티커(Crash Test Dummy Sticker)를 부착하는 예도 있다. 보통 비행체의 면적이 넓으면 패턴으로 하고, 면적이 좁으면 더미 스티커를 이용한다. 무기체계 특성에 따라 체계부서에서 패턴이나 더미 스티커를 선정한다. 더미 스티커는 자동차 충돌 시험용 더미에 부착하여 사용한다.

Check Pattern
[Wiki, Public Domain, Є, Indolences]

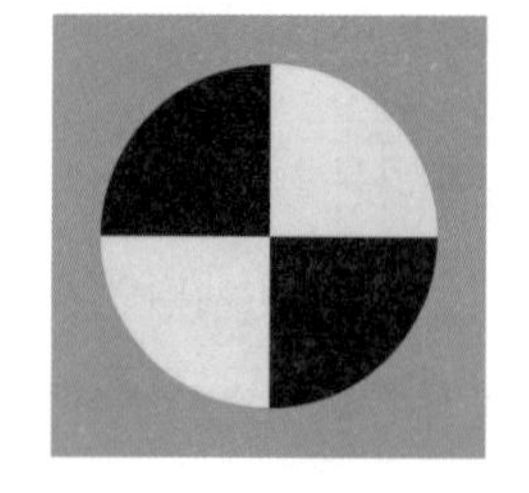

Crash Test Dummy Sticker
[www.ebay.com]

다음에 패턴을 이용한 사례를 볼 수 있다.

백곰

[www.twitter.com]

[나무위키]

V2

[위키, CC BY-SA 3.0, AElfwine]

[www.postbeeld.com]

더미 스티커를 부착한 미사일과 패턴으로 구별한 미사일을 참고하길 바란다.

전술 지대지 유도무기[국방과학연구소 홈피]

현무 3 순항미사일[국방일보]

다음 그림에서 이스라엘과 일본의 시험 장면을 볼 수 있다.

외국의 미사일 시험

이스라엘 하푼 시험[www.jewishbusinessnews.com]

일본 미사일 시험[www.thediplomat.com]

Q. 최초의 더미는 언제 사용했을까?

A. 1949년 미 공군 전투기의 비상 탈출 실험을 위해 처음으로 시험 전용 더미(Dummy)인 시에라샘(Si-erra Sam)을 제작해 사용했다.

자동차로 인한 최초 사망 사고가 1899년 발생했다. 자동차 개발단계에서 성능 및 디자인 요소 외에도 다양한 안전장치와 충돌 테스트 필요성이 제기되어 백인 남성 해부용 카데바(Cadaver, 시체)를 운전석에 태워 속도별, 상황별로 피해 정도를 분석하기도 하고, 마취시킨 돼지를 이용하여 시험했으나 생체 충실도가 부족했다.

1950년부터 시에라샘을 본떠 만든 자동차 충돌 시험용 더미 VIP 시리즈, 1971년 하이브리드 시리즈, 최근에는 차세대 더미 인형 토르(Thor)를 이용하여 시험하고 있다.

더미 가격은 종류나 센서 장착 등에 따라 1억 원~10억 원 정도라 한다. 충돌 시험 전에 더미 얼굴에 파스텔을 칠해서 충돌 부위에 파스텔이 묻어나도록 한다.

교통사고에서 남자보다 여자가 크게 다치기 때문에 여자 더미를 이용하는 경우가 늘고 있고, 노인 인구가 증가함에 따라 노인 더미, 다양한 상황을 대비하여 임산부 더미, 보행자 더미, 어린이 더미, 반려견 증가에 따른 개 더미, 사슴 더미까지 다양한 더미를 활용하고 있다.

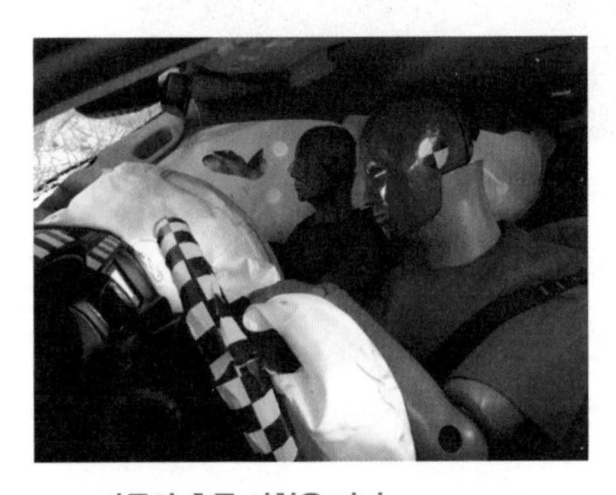

자동차 충돌 시험용 더미[www.cbc.ca]

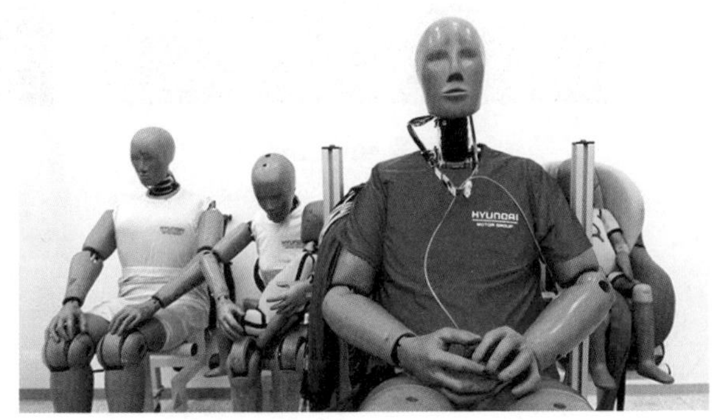

다양한 충돌 시험용 더미[news.hyundaimotorgroup.com]

Q. 대함 미사일은 왜 백색인가?

A. 위장 목적

개발할 때는 향후 자료분석 목적으로 잘 보이도록 해야 하지만 전력화 후에는 적의 눈에 잘 띄지 않도록 위장 색으로 칠한다.

대함 미사일(해성, 하푼, 엑소세)은 모두 백색이다. 이유는 저고도로 비행하여 공격해 들어갈 때 적함에서 탐지가 어렵게 파도와 같은 백색으로 위장하기 때문이다.

해성[국방과학연구소]

하푼[man.fas.org]

엑소세[Wiki]

군함과 잠수함의 색상은 어떨까? 군함 상부는 보호색인 바다 같은 파란색을 칠하는 것이 아니고 Navy Gray로 칠한다. 이는 우리 눈이 수평면을 인식할 때는 파란색이 아닌 회색으로 인식하기 때문이다.

군함[www.paulnoll.com]

상가 중인 군함[www.imgur.com]

군함의 수면 아래 부분 도장은 위장 목적이 아니고 따개비 등 해양 생물 부착(항해에 방해) 방지를 위하여 붉은 색상의 방오 도료로 칠한다. 수리를 위하여 상가(Dry Dock) 중이라면 쉽게 볼 수 있다. 잠수함의 경우는 검은색으로 한다.

잠수함[www.dsme.co.kr]

군함은 전장 상황에 따라 위장을 달리한다. 1차 세계대전 당시 영국 해군은 독일 잠수함에 의한 피해가 커지자 독일 잠수함으로부터 탐지를 피하려고 위장 도색(Dazzle Camouflage, Dazzle

Painting)을 하였다. 안전을 위하여 방향, 속도, 거리, 형상을 독일 잠수함이 오판하도록 하는 목적으로 군함에 그림을 그렸다.

이 위장 도색은 군함뿐만 아니라 항공기에도 적용하였다.

위장 도색한 HMS SAXIFRAGE

[Wiki, Public Domain, ⓒ, Surgeon Oscar Parkes]

위장 도색한 Brewster F2A

[Wiki, Public Domain, ⓒ, US Navy]

잠수함 잠망경으로 본 모습(좌: 위장 후, 우: 위장 전)

[Wiki, Public Domain, ⓒ, None Stated]

□ 탄 지지대

해성 발사 장면에서 미사일 주변의 물체는 무엇일까? 이는 발사관 앞 덮개 조각 및 탄 지지대(세보, Sabot)다. 하푼과 엑소세 등 다른 대함 미사일의 경우는 어떨까? 발사 장면을 살펴보자. 해성 발사 사진에는 미사일 주변에 물체가 있지만, 하푼 주변에 다른 물체는 보이지 않는다.

해성 발사 장면[국방과학연구소]

하푼 발사 장면[www.seaforces.org]

엑소세, 브라질 해군의 MANSUP 대함 미사일 발사 사진에는 미사일 주변의 물체가 크고 확실히 보인다. 해성, 엑소세, 브라질 MANSUP 주변에 보이는 물체는 발사관 내부에 들어 있던 탄 지지대다.

Exocet 발사 장면[www.navyrecognition.com]

MANSUP 발사 장면[www.militaryleak.com]

그러나 하푼의 경우는 Sabot을 사용하지 않는다. 인터넷 하푼 발사 장면 분석 그림 중 Sabot이 있다고 설명한 자료가 있는데 이는 사실이 아니다. 왜냐하면 하푼 발사관 내부에는 레일이 있어 Sabot을 사용할 필요가 없다. 하푼 Sabot이라고 표기한 물체는 발사관 앞 덮개가 4조각 난 조각 중 하나다. (원을 4등분한 조각)

하푼 발사 장면
[www.researchgate.net]

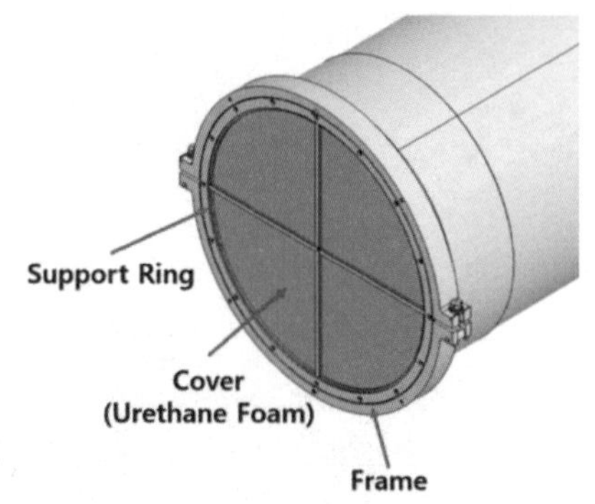

미사일 캐니스터[Launch Performance Degradation of the Rupture-Type Missile Canister]

공중발사 하푼의 경우는 발사관이 없으므로 미사일에 레일 슈가 필요 없다. 그러나 Sub 하푼은 다음 그림과 같이 Sabot을 사용한다.

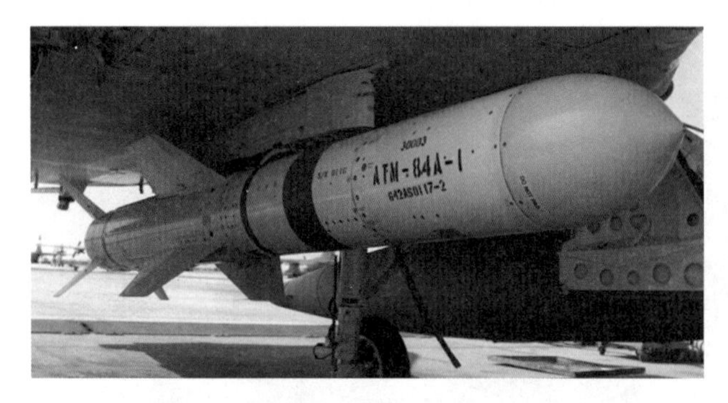

공대함에는 레일 슈가 없다
[www.defesaaereanaval.com.br]

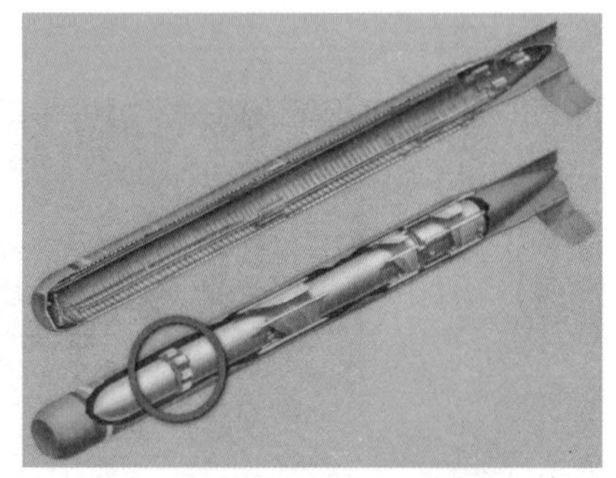

Sub 하푼 Sabot 위치(적색 원)
[www.ausairpower.net]

Q. **미사일과 표적만 준비하면 비행 시험이 가능할까?**

A. **미사일, 표적이 있다면 일단 비행 시험 준비는 끝이다. 그러나 날씨가 도와주지 않으면 비행 시험을 하기 어렵다.**

실전에서는 날씨가 아주 중요한 변수가 아닐 수도 있다. 그러나 개발 중인 경우는 비행 시험에서 원격측정 자료 외에 사진이나 동영상 촬영 등 비행 시험 종료 후에 자료분석을 위한 영상 자료 수

집이 매우 중요하다. 따라서 비 또는 눈이 오거나 안개가 끼는 등 날씨가 도와주지 않으면 비행 시험 진행이 어려워 날씨가 좋아질 때까지 잠시 대기해야 하는 경우도 있다. 또 시험장 안전 소개 여부도 중요한 변수이다.

□ 미사일 비행 시험은 항상 성공하는가?

미사일 비행 시험 성공은 미사일 개발자뿐만 아니라 관련자 모두의 희망 사항이다. 독자들이 보는 성공 장면 뒤에는 엄청난 실패가 있을 수도 있다는 것을 알아주었으면 한다. 아무리 완벽하고 철저하게 시험을 위해 준비했다 하더라도 전혀 예상치 못한 원인으로 시험 목적을 달성하지 못하는 일도 있다.

독일은 V2 개발 초기에 발생할 수 있는 모든 이유로 실패를 거듭했지만 결국은 성공했고, 이를 영국 공격에 사용했다. 참고로 V1 개발 시 총 68기를 발사했는데 그중 28기만 비행에 성공(성공률 41.1 %)했다 한다.

V2 발사 실패[유튜브 캡처, Epic V2 failure]

미국 Trident II D-5 잠수함 발사 실패[www.usni.org]

미국도 개발 시 시험 성공률은 절반 이하라고 한다. 업무에 관련해서는 철저하기로 소문난 미국인들도 이 정도라니 연구개발이 얼마나 어려운지를 단적으로 말해 주는 것이 아닐까 한다.

SpaceX 폭발 장면[www.spaceflightnow.com]

인도 잠대함 발사 실패[www.indiatoday.in]

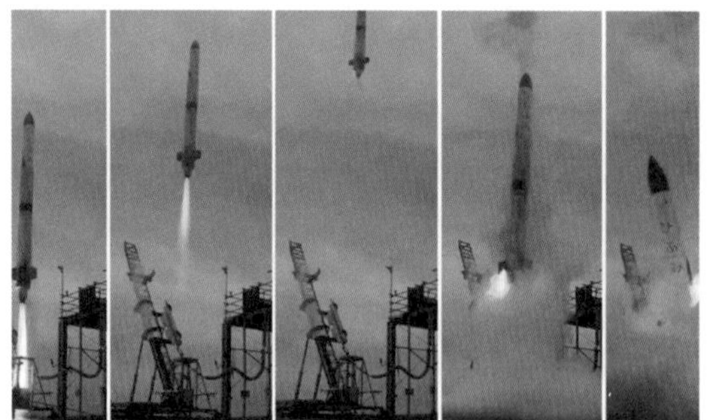

일본 로켓 발사 실패[www.fortune.com]

토막상식 미사일 개발 시에도 하인리히 법칙이 성립하는가?

: 미사일 개발 시에 발생하는 문제의 횟수가 매우 적어 단정적으로 말하기 어렵지만, 하인리히 법칙이 성립하지 않는다고 볼 수 있다.

하인리히 법칙[170]은 대형사고(사망 또는 중상)가 1건 발생하기 전에 그와 관련된 29차례의 경미(경상)한 사고와 300번의 징후(무상해 사고)들이 나타난다는 것을 뜻하는 통계적 법칙이다. 300번의 무상해 사고에 대책을 세우지 않으면 29건의 경상이 발생하고, 29건의 경상에 대한 대책을 세우지 않으면 1건의 사망 또는 중상이 발생한다는 법칙이다. 사전에 충분한 대책을 세우지 않으면 큰 사고가 발생한다는 것이다.

---

170) Heinrich 법칙: 1931년 허버트 윌리엄 하인리히(Herbert William Heinrich)가 펴낸 『산업재해 예방: 과학적 접근(Industrial Accident Prevention: A Scientific Approach)』이라는 책에서 소개된 법칙으로 1:29:300의 법칙이라고도 한다. 하인리히는 미국의 '트래블러스 보험'이라는 회사의 엔지니어링 및 손실통제 부서에 근무하면서 산업재해 사례분석을 통해 하나의 통계적 법칙을 발견했다.

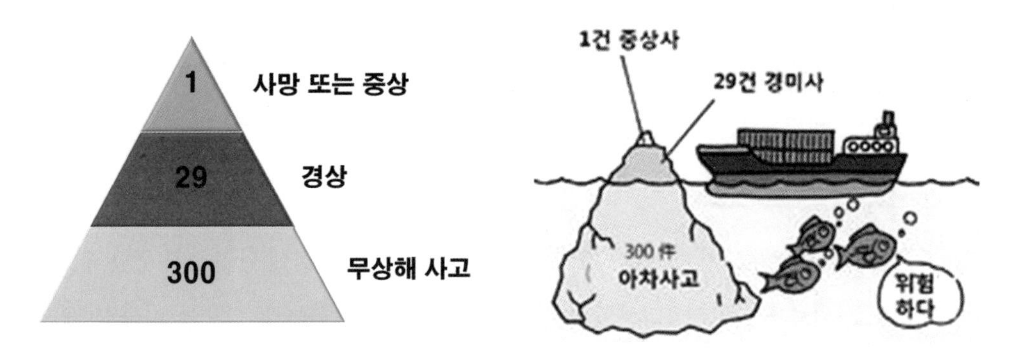

하인리히 법칙[www.newsfs.com]

미사일 개발 시(점검 및 비행 시험)에는 철저한 준비를 했다고 하더라도 사전에 예상할 수 없는 다양한 일이 발생한다. 원인을 분석해 보면 상호 연관 관계가 없다.

왜냐하면 점검 단계에서 문제가 발생하면 다음 단계로 넘어가기 전에 완벽한 대책을 수립하고 문제 발생 여부를 확인하기 때문에 이로 인한 문제는 다시 발생하지 않는다.

비행 시험 단계에서는 점검 단계에서의 문제가 다시 발생하는 경우는 없다.

다른 공학 분야에서 99.99 %는 100 %로 간주될 수도 있지만, 적어도 미사일 개발에서 99.99 %는 0 %다. 오직 100 %만이 100 %다. 모든 것이 완벽해야 한다는 뜻이다. 또 운도 따라 주어야 비행 시험이 성공할 수 있다.

진인사대천명이라 했던가. 이 말이 딱 들어맞는 말이다. 그러나 무엇보다도 중요한 것은 문제가 발생하더라도 자료분석을 통해 철저한 원인 분석을 하고, 재발하지 않도록 하는 일이다.

5 표적 탄착 오차

미사일은 관성항법장치 오차 등 여러 가지 이유로 정확한 목표지점에 탄착하지 못할 수 있다. 미사일의 정확도는 뭐로 표시할까? 미사일의 정확도는 CEP로 표시하는데, CEP는 미사일 또는 폭탄의 거리 오차 정도를 표시하는 용어로, 탄착한 수의 50 %를 포함하는 원의 반경을 말한다.

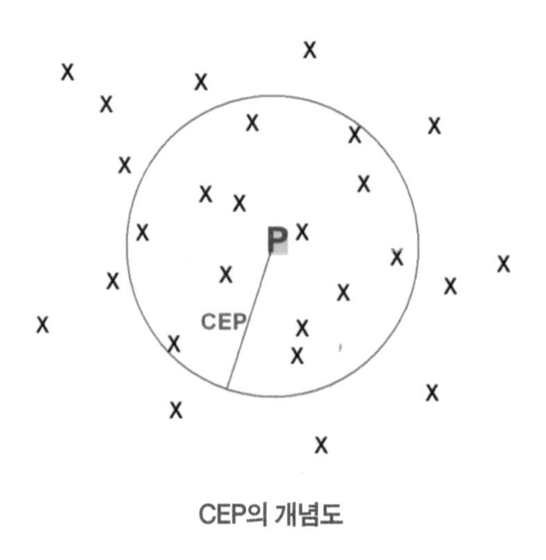

CEP의 개념도

□ 탄착 오차의 확률적 특성 해석

표적별로 정의된 유효 탄착 오차의 확률적 특성은 정확도와 정밀도 개념으로 구분한다. 체계 시뮬레이션의 통계적 결과(Monte-Carlo Simulation Result)로 참값에 가까운 확률적 특성을 확보할 수 있다.

- 정확도(Accuracy): 목표점 접근 정도
- 정밀도(Precision): 탄착군 재현 정도

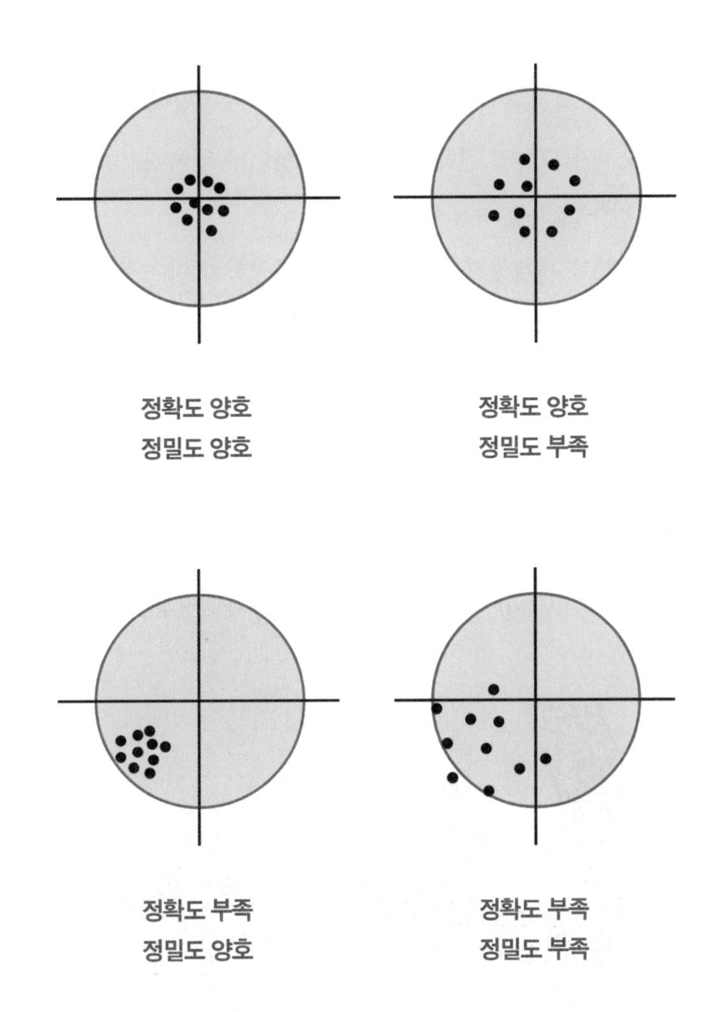

• **대표적인 무기체계의 예상 CEP**

구분	예상 CEP	구분	예상 CEP
미국 미니트맨	약 240 m	Scud-B	~1 km
Trident II SLBM	50~100 m	Nodong	~4 km
V2	4~5 km	DF-5 ICBM	1~3 km

▲ **무기체계 예상 CEP**[David Wright, Missile Technology Basics]

INS만 사용하는 경우는 INS 오차가 시간에 따라 점점 커지기 때문에 CEP가 커진다. 최근의 미사일은 GPS, GLONASS 등을 사용하는 복합항법장치를 적용하여 탄착 오차를 대폭 줄이고 있다.

토막상식 탄착 오차(CEP)가 클 때 효과적인 방법은?

: 핵을 사용하는 방법 이외에 지진 폭탄(항공 폭탄)을 이용하는 방법이 있다.

미사일(폭탄)의 탄착 오차가 크다면 원하는 위치에서 벗어나 떨어지기 때문에 폭발 에너지가 감소하여 표적에 충분한 탄두 효과를 내기 어렵다.

이에 대한 해결책으로 제2차 세계대전 당시 영국의 항공공학자 번즈 윌리스(Barnes Wallis)가 지진 폭탄(Earthquake Bomb, 항공 폭탄)을 제안했다.

지진 폭탄(항공 폭탄)의 작동원리는 중량물이 높은 고도에서 낙하할 때의 운동 에너지를 이용해 탄두를 지하에 침투시킨 후 폭발시켜 인공지진을 일으킨다. 이 지진을 이용하여 정확한 탄착 지점에 떨어지지 않더라도 지진에 의한 효과를 발휘하는 방법이다.

지진 폭탄에는 22,000 lb(10,000 kg)인 Grand Slam, 약 12,000 lb(5,400 kg)인 Tall Boy 등이 있다.

지진 폭탄(Grand Slam)[Wiki, Public Domain, ©]

Grand Slam 투하[www.thisdayinaviation.com]

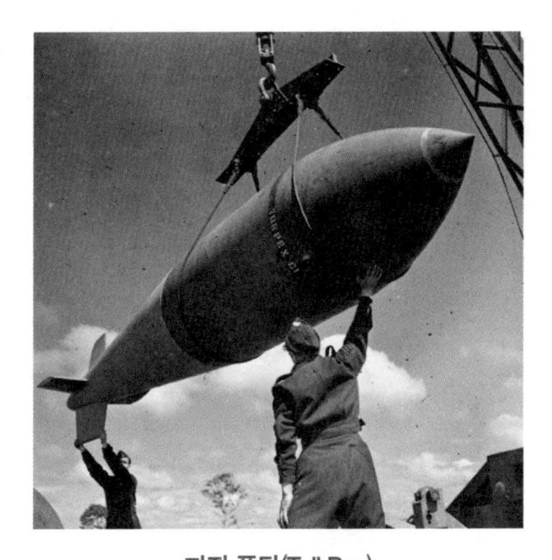

지진 폭탄(Tall Boy)

[Wiki, Public Domain, ©, Devon S A]

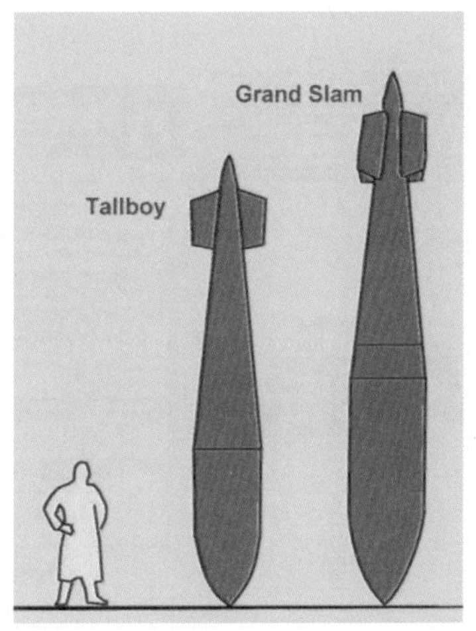

Grand Slam과 Tall Boy 비교

[live.warthunder.com]

지진 폭탄(항공 폭탄)의 대표적인 적용 사례는 2차 세계대전 때 독일 브레멘에 있는 잠수함(U Boat) 생산 시설 발렌틴(Valentin) 폭격이다.

독일 히틀러는 연합군의 공중 폭격으로부터 잠수함 생산 시설을 보호하기 위하여 길이 400 m 강화 콘크리트 건물인 발렌틴을 건설하였다. 발렌틴은 아주 두꺼운 두께의 콘크리트 건물로 잠수함을 처음부터 마지막 진수까지 가능한 생산 시설로 공습이 있어도 건물 안에서는 안전하게 잠수함을 생산할 수 있는 아주 큰 규모의 건축물이다.

발렌틴 전경[Wiki, CC BY-SA 3.0, Olliku]

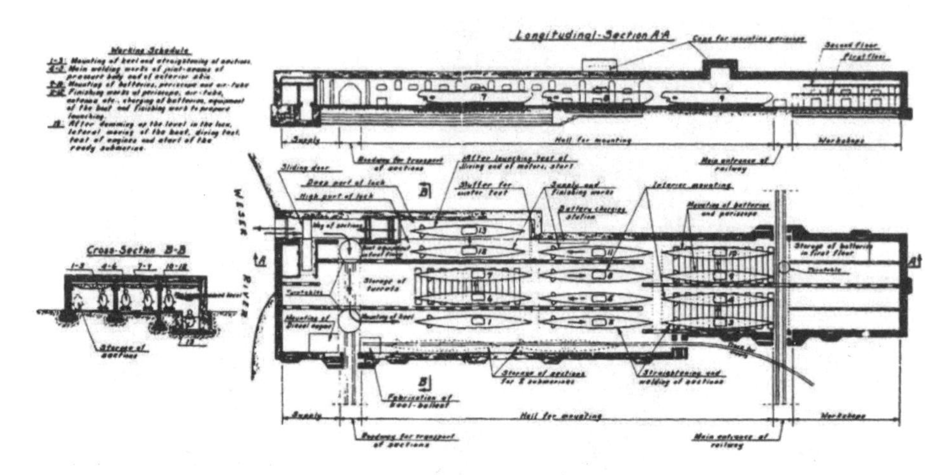

발렌틴 잠수함 건조 시설 배치도[Wiki, Public Domain]

그러나 영국의 Grand Slam(22,000파운드) 지진 폭탄은 강화 콘크리트로 두껍게 만든 발렌틴의 두께 4.6 m의 천장을 관통했다.

Grand Slam 폭탄으로 파괴된 장면

[Wiki, Public Domain, Wilson]

[Wiki, Public Domain]

6 미사일 정비와 작동 신뢰도

미사일을 개발할 때 연구개발자는 각각의 탑재장비 제작 후 장비 자체 점검을 위한 점검 장비와 비행 시험을 위한 미사일 종합점검 장비를 개발하여 점검을 수행하고, 미사일 종합점검 장비를 바탕으로 향후 군에서 운용·유지하거나 창정비를 위한 점검 장비를 개발한다.

□ 미사일 정비

미사일이 고장 나면 누가 고칠까? 사람(자동차)도 정기적으로 건강 검진(검사)을 받듯이 실전 배치된 미사일도 주기적으로 점검(정비)한다. 군의 종류에 따라 3 또는 4단계로 정비한다.

미사일은 사용하지 않는 대기 상태에서도 여러 가지 이유로 시간 경과에 따라 작동 신뢰도가 점점 낮아진다. 따라서 신뢰도를 목표 수준 이상으로 높이기 위해서는 일정 기간(정비 주기)마다 정비해 주어야 한다.

정비 주기가 도래하면 미사일을 수리창 등으로 보내서 점검하는데 고장이 발생한 장비는 수리, 교체하고 필요시 고무 같은 시한성 부품 또는 시효성 품목을 교환한 후 원래 부대로 보낸다. 군에서 정비하기 어려운 경우는 전문 업체 또는 외국에서 정비한다.

미사일 정비 주기는 미사일 개발과정에서 완성한 ILS에 정해져 있다. 실제 미사일을 운용(정비)해 가면서 고장 발생 분석 자료 등 정비 결과에 따라 정비 주기를 조정하기도 한다.

미사일 정비 주기는 무기체계 종류(하푼, 엑소세 등) 및 발사 플랫폼(잠수함, 수상함, 전투기 등)에 따라 각각 다르다. 일반적으로 보관 환경이 좋은 발사 플랫폼(예: 잠수함)에 있던 미사일은 수상함 갑판에 있던 미사일보다 정비 주기가 길다.

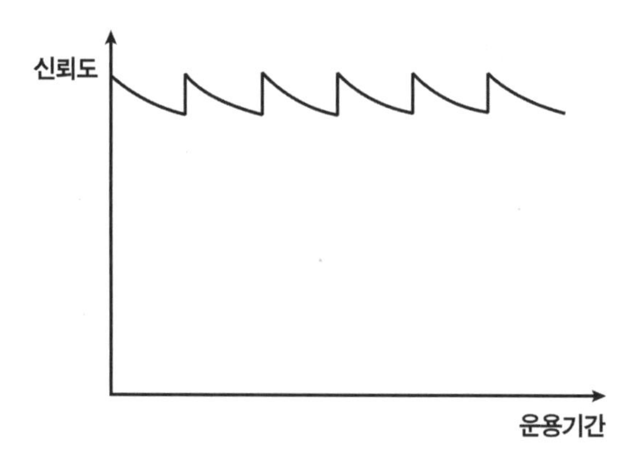

운용 기간에 따른 신뢰도(예)

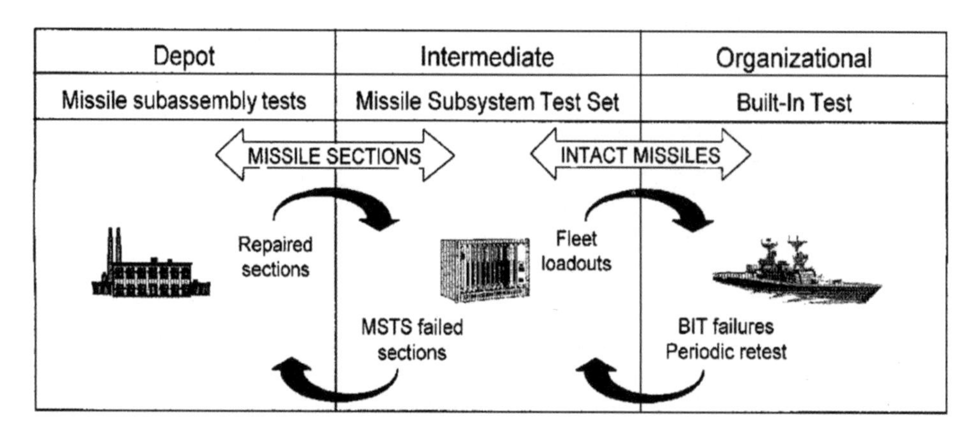

하푼 정비개념도[Effects of environment and aging upon missile reliability]

각 군은 보유하고 있는 유도탄을 수명주기 간 최소의 비용으로 적기에 정비함으로써 신뢰성 및 가용성을 보장하고, 전투 임무 수행이 가능하도록 최상의 가동상태로 유지한다. [국방부훈령 제2022호, 2017. 3. 2. 제정, 유도탄 정비업무 훈령 6조]

유도탄의 정비는 정비작업을 수행하는 기관 및 대상에 따라 군직정비, 외주정비, 국외정비로 분류하며, 유도탄 및 부품에 대한 정비능력, 경제성, 품질보증 정도를 고려하여 결정한다. [국방부훈령 제2022호, 2017. 3. 2. 제정, 유도탄 정비업무 훈령 10조]

제7조(정비의 원칙)
각 군은 다음 각 호의 정비원칙을 준수하여 정비활동을 실시하여야 한다.
1. 정비는 예방정비 개념에 의해서 사용자 부대가 우선 실시하고 정비능력 초과 시에는 상급 정비부대에서 지원한다.
2. 각급 제대는 허용된 정비수준 범위 내에서 유도탄 성능과 신뢰성 보장 등을 고려하여 경제적인 정비를 수행한다.
3. 정비가 필요한 유도탄은 최단시간 내에 정비를 실시한다.
4. 전·평시 신속한 정비지원이 가능토록 정비지원체제 및 능력을 구비한다.

▲ **정비의 원칙**[국방부훈령 제2022호, 2017. 3. 2. 제정, 유도탄 정비업무 훈령 7조]

제8조(국내연구개발 유도탄 정비)
① 각 군은 필요시 국내연구개발 유도탄에 대한 정비능력을 확보하며, 창정비 물량 선정 시 군직정비 능력이 확보된 유도탄의 업체정비는 필요시 군내정비능력, 경제성을 고려하여 적정물량을 산정할 수 있다.
② 국내연구개발 유도탄의 창정비 형태는 고장정비 및 계획정비로 구분하여 시행한다.
③ 방사청은 유도탄 국내연구개발 시 군직정비를 고려하여 종합군수지원(ILS) 요소를 개발하며, 종합군수지원계획서(ILS-P)에 반영하고 정비용장비, 공구, 수리부속에 대한 표준화 및 목록화를 실시하여 후속군수지원을 보장한다.
④ 방사청은 창정비 방침안을 작성하여 각 군, 국과연, 기품원 등 유관기관의 협의를 거쳐 확정하고 그 방침에 따라 소요군과 협조하여 창정비요소를 개발한다.
⑤ 각 군 및 관련기관은 국내연구개발 유도탄의 신뢰성 및 정비업무 발전을 위해 유도탄 체계개발 추진단계 간 '보증탄' 개념을 적용하는 방안에 대하여 상호 협조한다.

▲ **국내연구개발 유도탄 정비**[국방부훈령 제2022호, 2017. 3. 2. 제정, 유도탄 정비업무 훈령 8조]

제9조(국외도입 유도탄 정비)
① 각 군은 유도탄을 국외도입 시 정비에 필요한 매뉴얼, 장비 등의 도입을 검토하고 필요시 해당 국가에서 운용하는 기술자문 기구에 가입하거나 절충교역을 활용하여 정비를 위한 정보를 획득하고 제조사와의 실무협의체를 구성하는 등 기술협력체계를 구축한다.
② 방사청은 유도탄 국외도입 시 정비여건 보장을 위해 정비용장비, 공구, 수리부속 등에 대한 목록화를 실시하여 후속군수지원을 보장한다.
③ 국외 정비원의 폐쇄 및 정비 중단 시 각 군은 방사청, 국과연, 기품원, 기타 유관기관(업체)와 협조를 통해 정비능력 확보를 추진한다.

▲ **국외도입 유도탄 정비**[국방부훈령 제2022호, 2017. 3. 2. 제정, 유도탄 정비업무 훈령 9조]

구분	군직정비	외주정비	국외정비
내용	군이 보유하고 있는 정비 능력(인력, 장비, 기술, 시설, 부속 등)을 활용하여 군이 직접 정비	국내 방산업체 등에서 실시하는 정비로, 각 군에서 하는 것보다 국내 업체에서 정비하는 것이 더 경제적인 경우의 정비	군직정비 및 국내 업체에서 정비가 불가한 정비 및 수리부속을 외국 생산 업체 및 정비업체를 통해서 실시하는 정비

▲ **정비의 비교**[국방부훈령 제2022호, 2017. 3. 2. 제정, 유도탄 정비업무 훈령 11~13조]

구분	부대정비	야전장비	창정비
장소	유도탄을 사용하는 부대에서 수행	탄약 및 정비 부대에서 수행	군직창이나 원제작사
정비 내용	• 예방정비 및 저장 중 정비 • 유도탄의 수명을 보장하고 결함을 조기에 발견	• 전용 검사장비로 수행 • 주요 부품 교환, 탄약 및 컨테이너의 재생 등 • 유도탄 부분 분해, 경수리 부품의 교환, 진공포장 등	• 특수 정비시설·정비용 장비 및 공구를 이용하여 수행 • 유도탄 완전 분해 • 고장검사, 조립, 회로, 전기장치 시험 • 유도탄 주요 부품의 재생 및 수리 등

▲ **3단계 정비**[국방부훈령 제2022호, 2017. 3. 2. 제정, 유도탄 정비업무 훈령 14~16조]

□ 미사일 작동 신뢰도

미사일의 작동 신뢰도는 어느 정도일까? 미사일 내부에는 각종 장비가 상호 복잡하게 연결되어 있다. 미사일의 최종 목적을 달성하기 위해서는 미사일 내부 장비들이 모두 정상적으로 작동해야만 한다.

장비 동작은 전기 회로를 예로 든다면 전원에 연결된 스위치와 같다. 스위치가 On 되어야 램프가 켜진다. 다수의 스위치가 직렬로 연결된 경우 모든 스위치가 전부 On 되어야 램프가 켜진다. 다수의 스위치 중에서 단 1개 스위치라도 On 되지 못하면 램프는 켜지지 않는다. 이렇게 모든 스위치가 100 % 작동해야 램프가 켜지는 것처럼, 미사일도 미사일 내 모든 장비가 100 % 정상 작동해야 제 임무를 다할 수 있다.

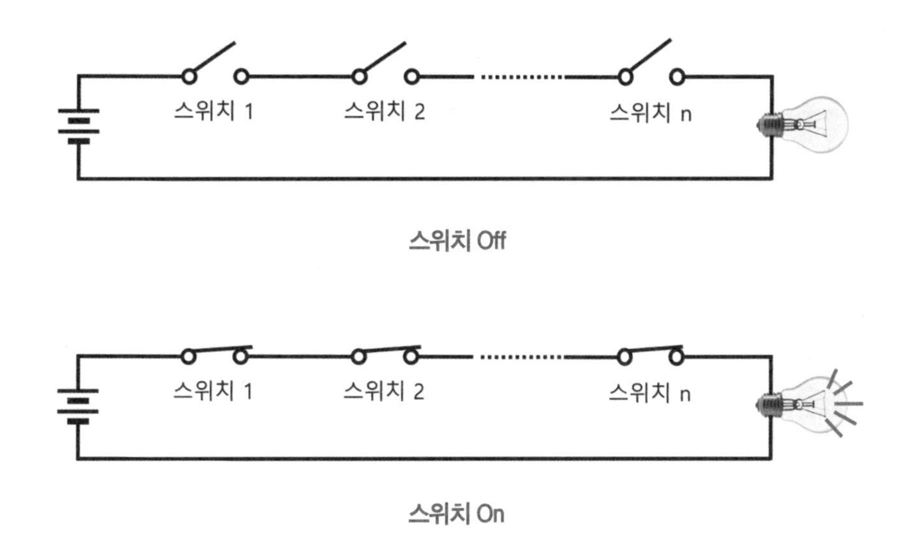

스위치 Off

스위치 On

예를 들어 미사일 내부의 주요 장비 또는 각종 주요 이벤트(Event) 신뢰도가 그림과 같다고 하면 미사일 전체의 작동 신뢰도는 장비 각각의 신뢰도와 이벤트 신뢰도를 모두 곱해야 해서 1보다 작아진다. 장비의 수가 많아질수록 작동 신뢰도는 더 낮아진다.

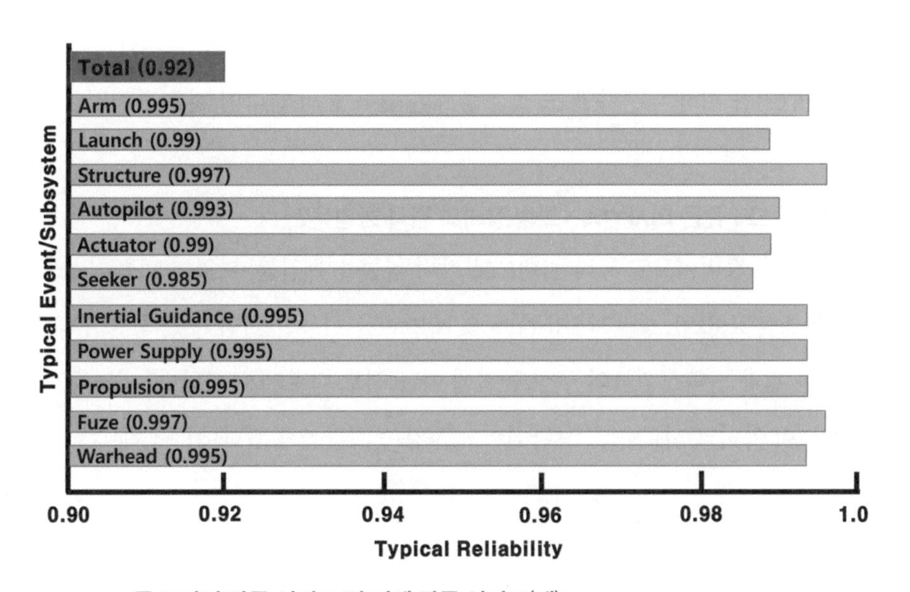

주요 장비 작동 신뢰도 및 전체 작동 신뢰도(예)[Tactical Missile Design, Eugyne]

미사일 전체의 작동 신뢰도를 $R_{Totalsystemreliability}$라고 하면

$R_{Totalsystemreliability}$

$= R_{arm} * R_{Launch} * R_{Struct} * R_{Auto} * R_{Act} * R_{Skr} * R_{Iner} * R_{Ps} * R_{Pro} * R_{Fuz} * R_{Whd}$

$= 0.995 * 0.99 * \cdots\cdots * 0.995$

$= 0.92$

숫자에서 보듯 미사일 전체의 작동 신뢰도는 1(100 %)보다 작다. 개별 장비의 신뢰도는 매우 높은 편이지만 시스템 전체의 신뢰도는 의외로 낮은 것을 알 수 있다. 이 숫자가 말해 주듯 실전 배치된 미사일이라도 발사 시 가끔 문제가 발생할 가능성이 있다.

예를 들어 미사일 100발을 발사했다면 그중 8발은 임무를 다하지 못한다는 이야기다.

개발 완료 후 실전배치 미사일의 작동 신뢰도(예)가 이 정도라면 개발 중인 미사일의 작동 신뢰도는 짐작할 수 있을 것이다.

이런 이유로 미사일 개발 비행 시험에서 만약의 경우에 문제가 생겨도 안전에 문제가 없도록 사전에 대책을 강구하고 이를 구현하는 것은 미사일 개발자에게 주어진 큰 업무 부담이며 심리적 부담이다. 그렇다고 안전을 위하여 생략할 수 없는 중요한 업무 중의 하나인 것은 틀림없다.

토막상식 탄두나 부스터 같은 미사일의 1회성 장비의 검사 방법은?

: 장비 특성상 1회 사용 장비이므로 동작 시험으로 장비 성능을 확인할 수 없어 NDT[171)]를 한다.

비파괴 검사로는 X선(X-Ray), 중성자선(Neutron, N-Ray)을 이용한 시험이 있다. X선과 중성자로 비파괴 검사를 한 결과는 피시험물의 구성 물질에 따라 서로 다르게 나타난다. 어느 한쪽이 좋고 나머지는 나쁜 것이 아니고 서로 상호 보완적이므로 양쪽 결과를 종합하여 판정해야 한다.

특히 탄두, 부스터 등 화학 성분을 사용하는 장비는 시간 경과에 따라 성능이 저하된다. 성능 저하를 확인하는 방법의 하나로 수명평가 예측 방법이 있으며 이를 위해 가장 많이 사용하는 방법이 비파괴 검사다.

171) NDT: Non Destructive Test, 비파괴 검사

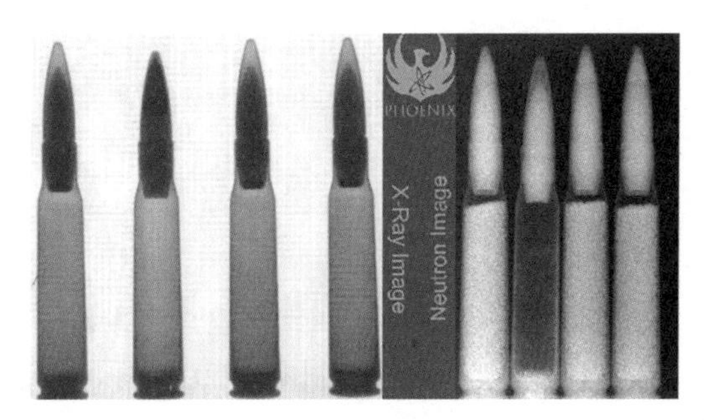

X-Ray(좌) N-Ray(우)[www.phoenixwi.com]

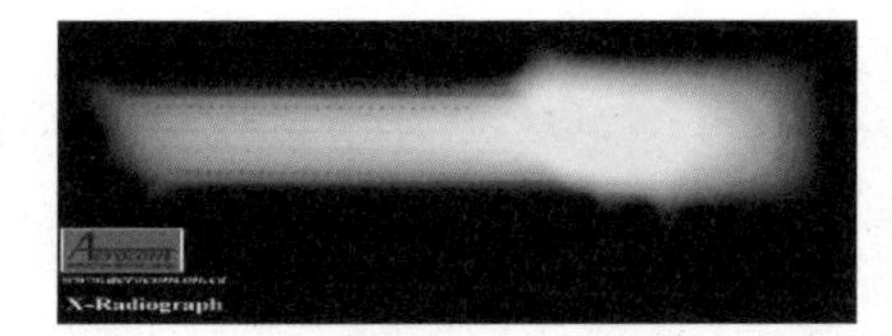

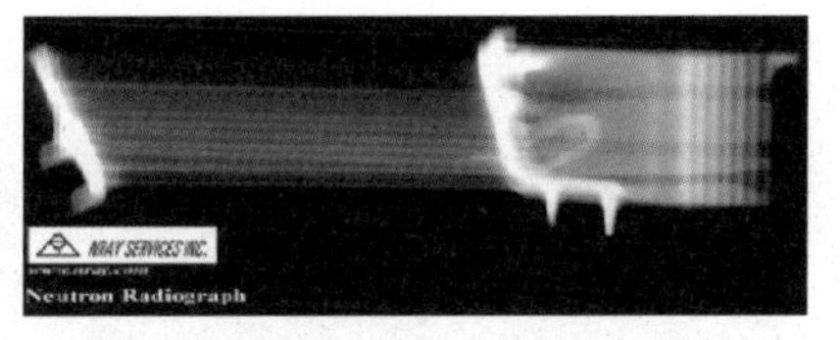

X-Ray(좌) N-Ray(우)[www.researchgate.net]

미사일 사거리 증가 및 탄두 중량 증가에 따라 크기가 더 큰 탄두, 부스터, 엔진 등 대형 부품/구조물의 비파괴 검사를 위해서는 더 높은 가속 전압의 X-Ray 검사장비가 필요하다. 이를 위한 대형 부품/구조물 검사장비용 고에너지 X-Ray 발생장치 핵심기술은 국내 독자개발을 완료하여 2차원(X-Ray), 3차원(CT)[172] 영상을 얻을 수 있다.

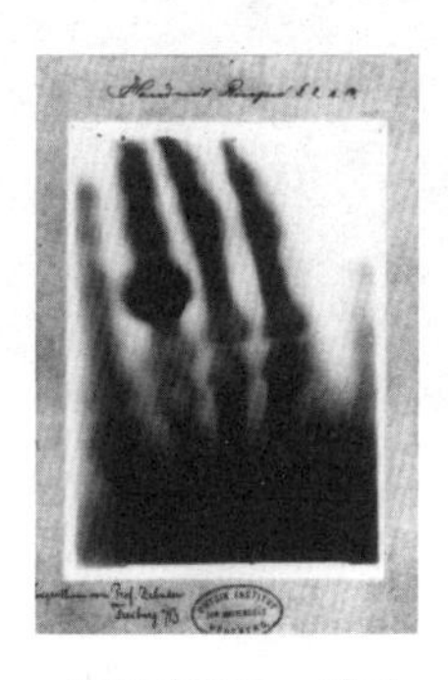

최초의 X-Ray 사진
[Wiki, Public Doamin, ⊖, Wilhelm Röntgen]

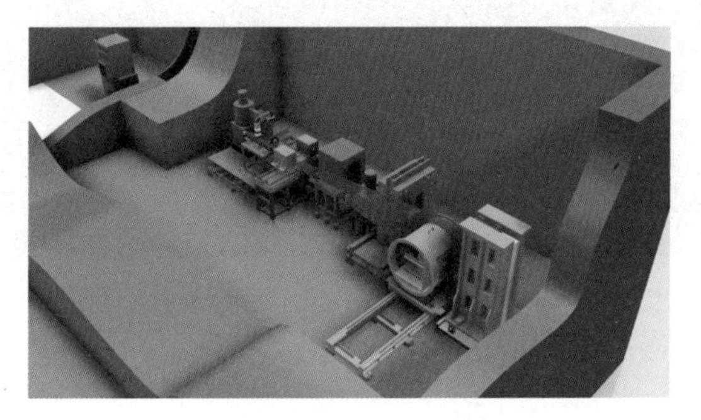

X-Ray 영상획득 시스템(예)
[세크]

172) CT: Computed Tomography, X-선을 투과시켜 그 흡수 차이를 컴퓨터로 재구성하여 인체의 단면 영상(Cross Sectional Image)을 얻거나 3차원적인 입체영상을 얻는 영상진단법. CT는 컴퓨터를 이용하여 계산 및 영상을 재구성하므로 5 mm 이하의 아주 작은 조직의 밀도 차이를 구별할 수 있어 질병의 조기진단과 함께 그 구성성분까지도 확인할 수 있다. [www.samsunghospital.com]

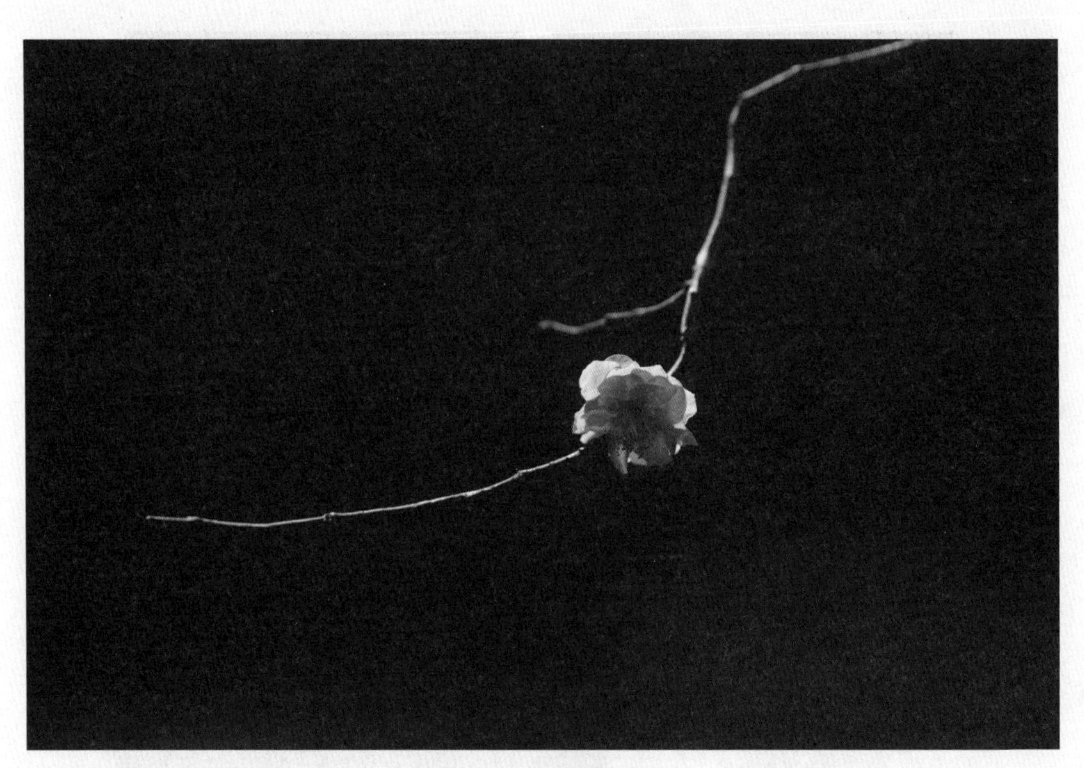

봄소식을 전하는 홍매화

가을과 겨울의 공존

얼레지 〈바람난 여인〉

누가 전쟁에서 승리하는가

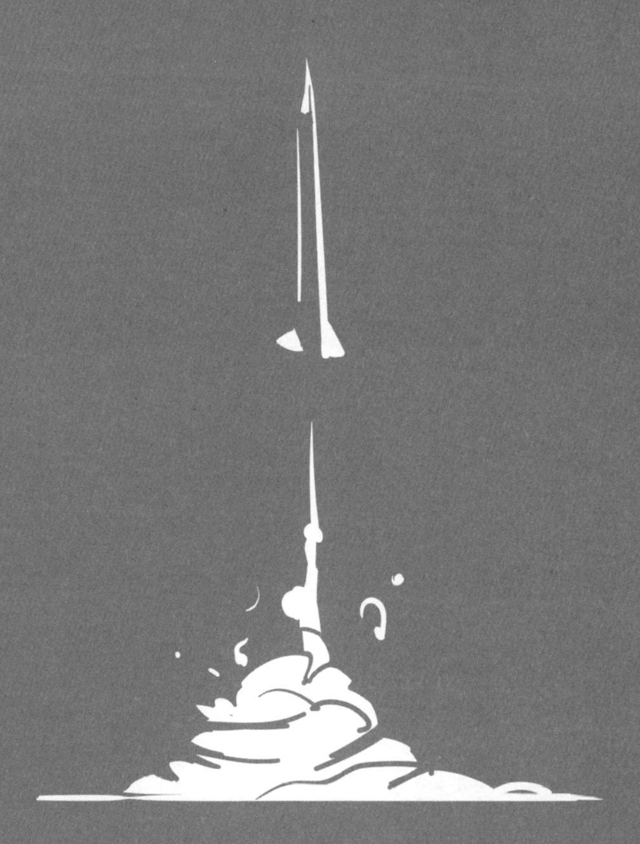

또 다른 시선

1 미국과 일본의 무기 성능 차이가 승패를 가르다

2차 세계대전에서 일본은 제로센 전투기(0식 함상 전투기)를, 미국은 Hell Cat 전투기 등을 투입하여 공중전을 벌였다. 일본 전투기는 미국 전투기에 비해 가볍고 기동 성능이 좋았지만 가장 큰 문제는 연료탱크 밀봉 기능이 없어 미국 전투기의 기총소사, 대공포 등에 연료탱크를 맞으면 기름이 흘러나와 더 이상 비행할 수 없었다. 그러나 미국 전투기는 조종사 보호용 방탄 외에 연료탱크를 맞아도 기름이 흘러나오지 않는 자체 밀봉 연료탱크(Self Sealing Fuel Tank)를 사용했기 때문에 장기간 비행이 가능했다.

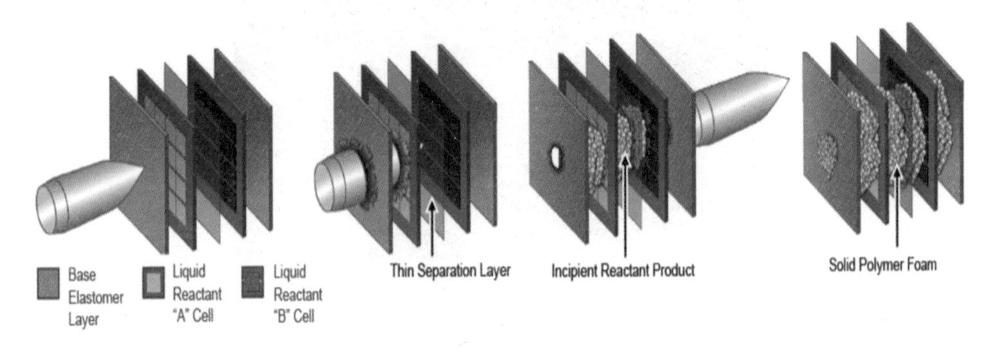

자체 밀봉 개념[dsiac.org]

□ 가미카제 공격

일본은 태평양 전쟁에서 미국의 진주만을 먼저 공격하여 승리한 것처럼 보였으나 전쟁을 계속하는 동안 식량, 연료 등 군수물자 부족과 미국의 인력, 월등한 장비 등 군사력에 밀려 결국에는 사이판에 이어 필리핀까지 내주는 상황이 되었다. 일본 본토가 공격받을 것을 우려한 일본은 가미카제(자살 폭격) 방법까지 동원하며 미국에 적극적으로 항전하였다.

미국과의 전쟁에서 수세에 몰린 일본은 공중에서 오카(Ohka)라는 유인 자살 폭격기를, 수중에는 가이텐(Kaiten, 回天)을 투입한다.

오카는 일본의 제로센 전투기에서 기관총, 통신장비 등을 제거하고 대신 폭탄과 고체 추진 로켓 모터 3개를 장착하여 미군 군함에 아주 빠른 속도로 접근하여 자살 폭격을 감행할 수 있도록 개조한 폭격기다. 오카 가미카제 특공대를 투입하였지만 완벽한 실패였다. 일본은 수많은 조종사 손실이 있었지만, 미국의 피해는 항공모함 1척과 50척의 함정뿐으로 미미했다.

효과가 미미했던 이유는 신무기를 개발해서 전투지역까지 수송하는 데 어려움이 있었고 개발한 신무기 오카의 조작이 너무 어려웠으며, 무엇보다도 미국 함정까지 가까이 가서 공격해야 하지만 미국의 대공포 때문에 멀리서부터 공격을 시작했기 때문이다.

일본의 공중 가미카제(오카)

[Wiki, Public Domain, Navy or Marines]

승조원	1명	최대 속도	648 km/h @고도 3,500 m
길이	6.1 m	종말 강하속도	926 km/h
날개폭	5.1 m	사거리	37 km
높이	1.6 m	무장	1,200 kg 탄두
총무게	2,140 kg	추진	고체 추진 로켓 모터 3개

▲ **일본 공중 가미카제 오카 규격**[Wiki]

가이텐은 자살 잠수함 겸 유인 자살 어뢰다. 가이텐은 제2차 세계대전 당시 일본 해군이 사용하던 전술 무기로 어뢰의 명중률을 높이고자 어뢰에 조종장치와 스크루를 달아 조종사가 직접 어뢰를 몰고 적함을 들이받게 하는 것으로, 수면 아래에서 가미카제 방법으로 미국 함정에 피해를 주는 개념이다.

수중 가미카제 가이텐[www.hnsa.org]

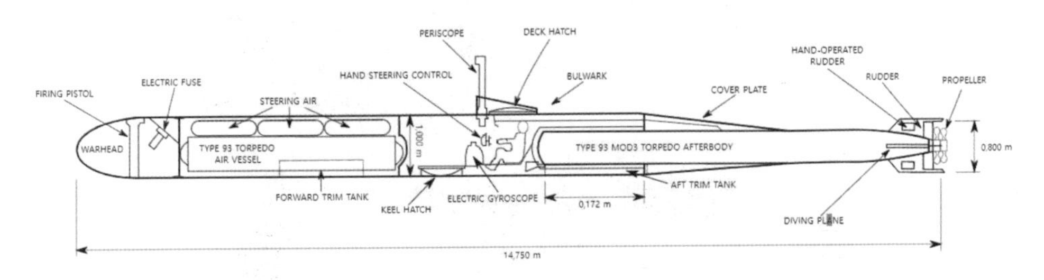

가이텐 내부 구성도[Wiki, Public Domain, Є, Lakkasuo]

총중량	8.3 톤	순항속도	22 km/h
길이/직경	14.75 m/1 m	최대 속도	56 km/h
탄두	1,550 kg	최대 운용 수심	80 m
엔진 출력	410 kW(550 hp)	작전반경	78 km

▲ **일본 수중 가미카제 가이텐 규격**[Wiki]

□ 생존자 편향의 오류

2차 세계대전 중에 임무를 마치고 돌아온 미국 폭격기 등은 날개, 동체, 꼬리 부분에 적국 대공포 등의 피탄 흔적을 가지고 있었다. 이를 분석한 군 보고서에는 그 부분이 가장 피격을 많이 당하는 부분이라며 생존성을 더 높이기 위하여 피탄 흔적 부분을 강화해야 한다고 쓰여 있었다.

돌아온 폭격기 피탄 위치(적색 점)[riskwerk.com]

피탄 흔적의 Hell Cat[Pinterest]

그러나 아브라함 월드(Abraham Wald)는 피탄 위치가 아니라, 다른 부분(황색 원)에 장갑을 더 덧대야 한다고 주장했다. 폭격기가 피탄 흔적을 가지고도 살아 돌아올 수 있었던 것은 그곳이 치명적인 곳은 아니기 때문이며, 조종석과 엔진 등에 피격 흔적이 없다는 것은 그 부분에 치명타를 입었기 때문에 돌아오지 못했다는 것이다.

피탄 흔적이 없는 부분을 살펴보니 그곳은 조종석, 엔진이 위치한 부분으로 공격을 받을 경우 격추될 수밖에 없는 부분이었다. 월드의 조언을 받아들여 피탄 자국이 없는 부분에 장갑판을 추가했다. 덕분에 폭격기의 생존율이 증가하였다.

월드는 살아 돌아온 폭격기만을 조사 대상으로 하였다는 점을 지적했는데, 격추된 폭격기는 돌아오지 못해 외상 부위를 평가할 때 반영되지 못했다는 것이다.

통계학에서는 이 오류를 생존(자) 편향(Survivorship Bias) 또는 표본 편향(Sample Bias)의 오류라고 한다. 살아남은 것에만 주목하고 실패한 것은 고려하지 않으면 생존 가능성을 잘못 판단하게 된다는 것이다.

생존 편향은 우리의 일상생활에 여러 방식으로 영향을 미칠 뿐만 아니라, 다양한 분야의 의사결정에도 큰 영향을 줄 수 있다.

2 일본, 과학의 힘에 무조건 항복하다

일본은 미국의 일본 본토 공격을 총력 저지하기 위하여 가미카제 전법까지 동원하여 미국 항공모함 등 전함을 공격했다. 이오지마, 오키나와 등을 점령한 미국은 우세한 제공권으로 일본 도시 폭격과 더불어 마지막에는 과학의 힘으로 일본을 공격한다.

□ 맨해튼 프로젝트의 산물 '원자폭탄'

맨해튼 프로젝트로 원자폭탄을 개발한 미국은 원자폭탄을 독일 히틀러에게 먼저 사용하려 했으나 독일 히틀러가 자살하고 1945년 5월 7일 항복을 선언하는 바람에 사용할 수 없었다.

미국은 일본과의 전쟁을 빨리 끝내고자 일본 본토 공습과 동시에 일본의 항복을 요구하였으나 일본은 거절하였다. 죽을 때까지 싸우는 일본 전략에 미군에는 희생자가 많았다. 일본 본토에 상륙하면 많은 인명 피해(일본 점령에 미국인 100만 명과 영국인 50만 명 전사)가 예상되었기 때문에 미국의 마지막 선택은 원자폭탄이었다.

첫 번째 원자폭탄이 투하된 히로시마는 당시 일본군 제2사령부이면서 통신 센터이자 병참 기지로 일본의 군사상으로 중요한 근거지였다. 히로시마에 원폭을 투하하고 다음에 투하할 도시로 공업도시인 고쿠라(Kokura)를 선정했지만, 폭격 당일 구름 때문에 충분한 시야가 확보되지 못했고 연료마저 부족하여 제2 목표 도시인 나가사키에 원폭을 투하한다.

일본 천황의 "무조건 항복" 방송 하루 전인 8월 14일, 일본군 내 강경파가 방송하지 못하도록 천황의 목소리가 녹음된 테이프를 뺏으려고 쿠데타를 일으켰지만 실패했다. 나가사키 원폭 투하 6일 후 1945년 8월 15일 일본은 무조건 항복했으며, 1945년 9월 2일 미 전함 미주리호 선상에서 항복 문서에 사인하면서 공식적으로 태평양 전쟁과 제2차 세계대전이 끝났다.

미국은 3번째 원자폭탄을 투하하려고 계획했으나 일본의 무조건 항복으로 폭격하지는 않았다.

1945년 8월 6일	**날짜**	**1945년 8월 9일**
히로시마	**장소**	나가사키
리틀 보이(Little Boy)	**명칭**	팻맨(Fat Man)
 [Wiki, Public Domain, ⓔ, US government]	**외형**	 [Wiki, Public Domain, ⓔ, U.S. Department of Defense]
우라늄 235	**성분**	플루토늄
 [Wiki, Public Domain, ⓔ, George R. Caron]	**버섯 구름**	 [위키, 퍼블릭도메인, ⓔ, George R. Caron]

▲ **일본 투하 원자폭탄**

독일과 일본도 원자폭탄을 개발했으나 무기로 사용할 정도로 완성하지는 못했다.

□ 미국-일본과의 전쟁 교훈

일본은 가미카제 전법으로 정신력까지 총동원하여 미국과의 전쟁에서 결사 항전으로 버텼지만, 미국의 가공할 만한 위력의 새로운 무기 원자폭탄 2발에 무조건 항복하고 만다. 전쟁에서 승리하기 위해서는 결사 항전의 정신력도 중요하지만, 적보다 월등한 무기체계가 있어야 한다는 것이 큰 교훈이다.

미래전은 어떨까? 기술의 발달에 따라 기존의 재래식 대량 파괴용 무기보다는 정밀타격할 수 있는 미사일과 인공지능(AI), 드론, 로봇 등 4차 산업을 바탕으로 하는 과학기술을 이용한 무기가 더욱더 강력한 무기가 될 전망이다.

그러나 아무리 성능 좋은 무기를 보유하고 있다 해서 모든 것이 해결되는 것은 아니다. 전쟁 수행에 필요한 소모성 물자를 적기, 적소에 공급하는 군수도 중요하다. 전쟁의 승패는 군수가 결정하기 때문이다.

3 미사일에도 소부장이 있다

민수 분야와 마찬가지로 미사일(방산 분야)에도 소재, 부품, 장비가 있다. 유도 무기체계는 국내 독자 개발한 핵심 부품이 있어야만 비로소 완성된다. 예를 들어 자이로와 가속도계 등이 없으면 미사일을 개발할 수 없고 양산도 불가하다. 또 유도 무기체계가 개발됨에 따라 표적의 생존성 향상을 위한 대응책도 많은 연구가 되고 있다. 이는 유도무기 특히 탐색기 관련 기술의 노출은 바로 대응기술 개발과 연관된다는 의미로 탐색기 관련 자료 및 기술은 정부의 통제하에 엄격히 관리되고 있다. 따라서 해외 협력을 통한 기술 습득은 기본적으로 불가능하므로 핵심 부품 및 소요 기술을 자체 확보하는 것이 유일한 방법이다.

해룡 미사일 개발 시 핵심 부품인 탐색기를 국내 개발하지 못하고 미국에서 도입하려다 가격 문제로 양산이 불발된 사례가 있다.

해룡 사례를 계기로 국내에서 개발하는 미사일의 핵심 부품은 기술적으로 개발이 아무리 어려워도 모두 국내 개발을 하는 것으로 원칙으로 하고 있다. 그래야만 유도 무기체계 국내 독자개발이 가능하고 개발 완료 후에 양산 및 외국으로 수출할 때 제약 조건이 없어진다.

□ 소재의 차이가 체계 성능(미래)의 차이

무기체계에 들어가는 센서의 성능은 바로 핵심 소재가 좌우하며 국방 기술과 무기체계 발전은 바로 원천 소재의 발전에서 비롯된다. 이뿐만 아니라 내열 소재, 복합재 등도 중요한 요소이다.

성능 좋은 소재가 있어야 핵심 센서가 있고, 이 센서를 이용한 무기체계가 더 좋은 성능을 내는 것이다. 이것이 바로 게임체인저(Game Changer)[173]다. 즉 게임체인저 수준의 전력 확보는 핵심 소재에서부터 출발한다고 말해도 과언이 아니다.

핵심 소재의 중요성은 2019년 일본의 전략 품목 수출 통제 리스트만 봐도 알 수 있다. 예를 들어 전략 품목 수출 통제 리스트의 민감한 품목에 수중 탐지 장치 부품 중 1세대 및 2세대 압전 단결정 응용 부품이 포함되어 있다.

지상 무기체계에서는 적외선 검출기와 냉각기, 수중 무기체계에서는 소나 센서를 대표적인 예로 들어 본다. 이런 핵심 소재/부품은 체계개발 사업 이전에 선제적으로 개발해 놓아야 한다.

대전차 유도무기체계인 현궁의 예를 들어 본다. 적 탱크를 탐지하기 위한 적외선 영상 탐색기에는 적외선 검출기(IR Detector)가 필요하다. 적외선 검출기는 I3 System[174]에서 국내 독자 개발, 생산하기 때문에 이를 적용한 상위 체계인 미사일 개발 생산이 가능했다.

---

173) 시장의 흐름을 통째로 바꾸거나 판도를 뒤집어 놓을 만한 결정적 역할을 한 요소(사람, 사건, 서비스, 제품 등)

174) I3 System: Intelligent Image & Information System

핵심 부품을 국내 독자 개발했기 때문에 이를 이용한 무기체계 국내 독자개발이 가능하고 개발한 유도무기체계를 제약 없이 외국으로 수출할 수 있게 되었다.

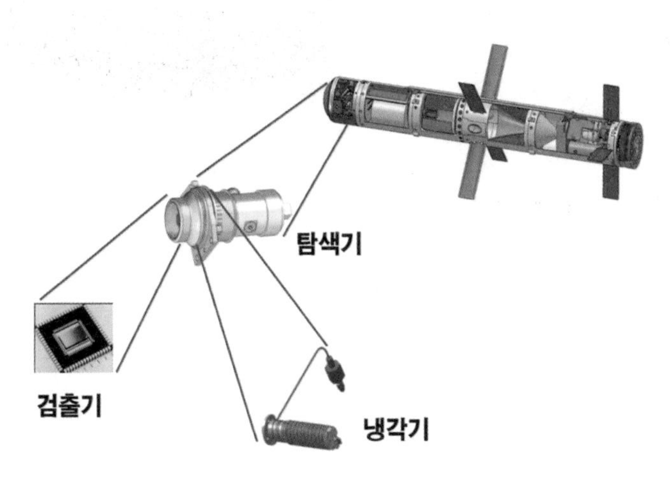

현궁 미사일 탐색기 구성 개념도[I3 System, 나무위키 등 조합, 재작성]

적외선 검출기를 이용하여 영상을 얻는 경우 해상도에 따라서 엄청난 무기체계 성능 차이가 있다. 어떤 적외선 검출기를 채택한 무기체계가 승리할 수 있을지는 불문가지다.

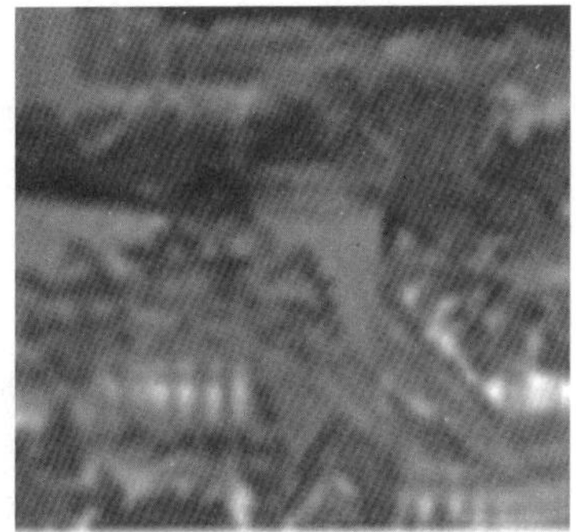

적외선 영상(해상도 차이, 예)[I3 System]

K1 전차의 EOTS[175] 등에도 적외선 영상 검출기와 극저온 냉각기가 필요하다. 극저온 냉각기도 국내 업체인 에프에스에서 국내 독자개발, 생산하기 때문에 양산에 문제없는 것이다.

---

175) EOTS: Electro Optical Tracking System

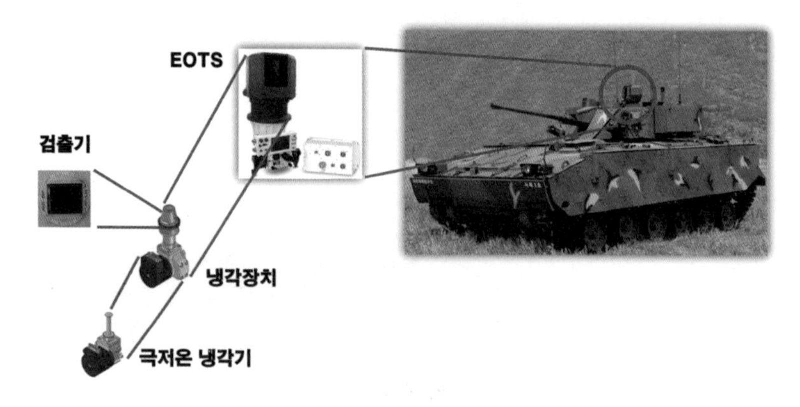

K1 EOTS 구성 개념도[에프에스, 재작성]

수중 무기체계에 사용하는 소나 센서의 소재에 대하여 알아본다. PMN - PT[176]는 기존의 압전 세라믹(PZT)[177]처럼 다결정이 아니라 산화물을 용융하여 단결정으로 성장시킨 소재다.

PMN - PT는 마그네슘 니오브산연(PMN)과 압전체인 티탄산연(PT)의 고용체 단결정 압전 재료로서 기존에 주로 사용되어 온 PZT 세라믹스와 비교해 3배 이상 압전 성능을 내는 고성능의 압전 단결정 재료다. 어뢰 또는 함정에 탑재된 소나 센서가 PMN-PT를 사용했다면 기존 PZT 센서보다 성능이 월등하여서 먼 거리에서도 적 잠수함을 탐지할 수가 있다.

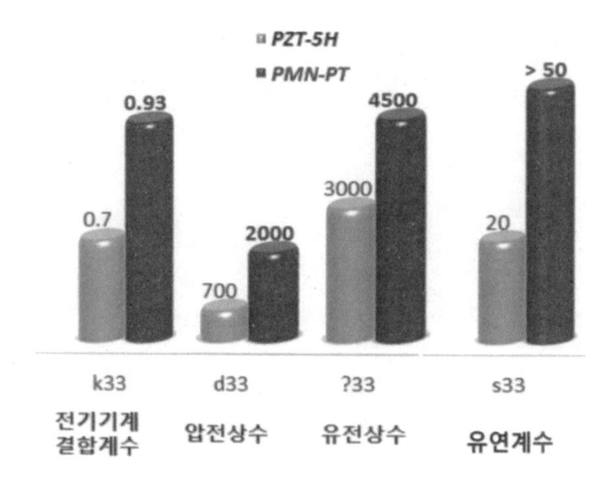

센서 성능 비교[아이블포토닉스]

176) PMN-PT: Lead Magnesium Niobate/Lead Titanate [Pb(Mg1/3Nb2/3)O3-PbTiO3]

177) PZT: Lead Zirconate Titanate [Pb(ZrxTi1-x)O3]

압전 세라믹 대비 성능	압전 단결정 소자 적용 시 장점
78 % 낮은 탄성계수	• 소형화, 경량화 설계로 탑재 운용성 증대(크기, 중량은 1/3) • 저주파 센서 설계로 탐지거리 증대
650 % 높은 압전상수	• 고출력 송신으로 동일 출력 대비 탐지거리 증대 • 동일 출력 대비 소요 전력 저감
50 % 높은 결합계수	• 초 광대역화 설계로 탐지 주파수 대역 획기적 증대 • 송신 파워앰프의 크기 최소화

▲ **압전 단결정 소재 적용에 따른 수중음향 센서의 장점**[아이블포토닉스]

민간용	구분	군용
의료 진단용 초음파	1세대 단결정 (5원소)	어뢰
의료용, 산업용 초음파	2세대 단결정 (6원소)	내환경 성능이 요구되는 군사용 소나 (어뢰) 등
1, 2세대보다 고출력이 요구되는 산업용 초음파 (자동화 초음파 검사장비 등)	3세대 단결정 (7원소)	1, 2세대보다 고출력이 요구되는 군사용 소나(구축함, 잠수함, 어뢰, 기만기) 등

▲ **압전 단결정 센서 응용 동향**[아이블포토닉스]

Dipping Sonar의 잠수함 탐지 성능은 내부 센서의 성능에 따라 달라지기 때문에 고성능 센서(소재)의 필요성이 더욱더 커진다.

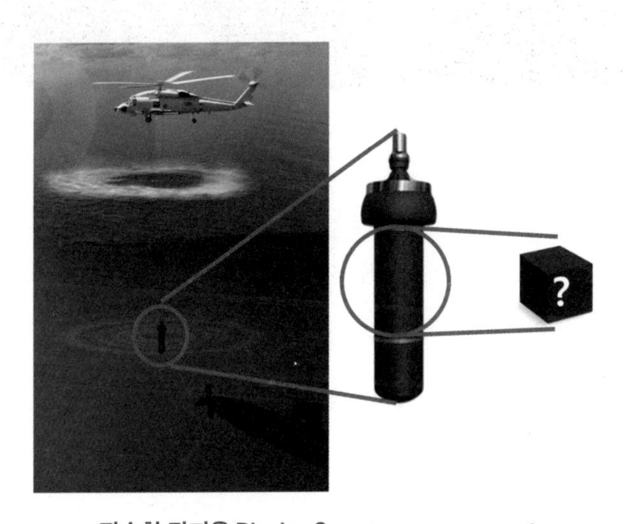

잠수함 탐지용 Dipping Sonar[www.armelsan.com]

수상함이나 잠수함은 소나 센서를 이용하는데 이 센서는 적 잠수함의 탐지 성능을 좌우하며 생존성, 전투력 발휘에 절대적으로 영향을 미친다.

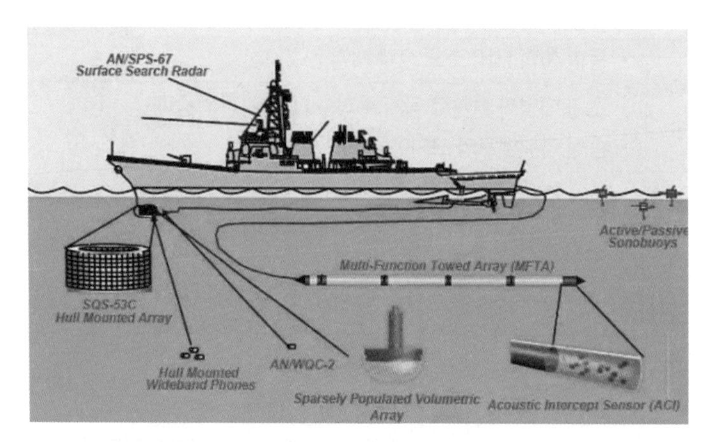

미국 대잠수함전(US Anti-submarine Warfare)[www.nextbigfuture.com]

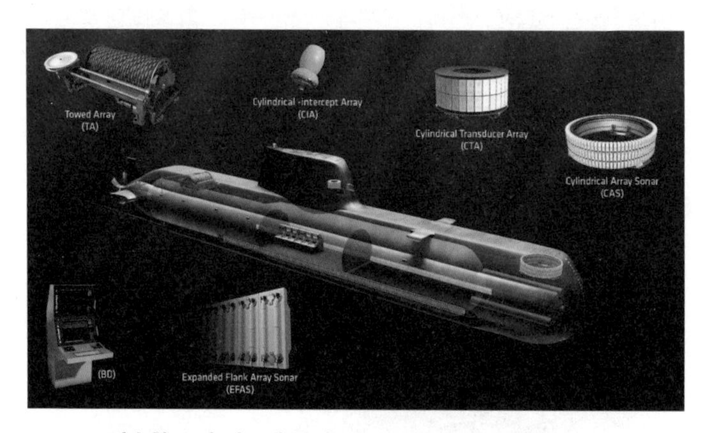

잠수함 소나 시스템 구성[www.finland.atlas-elektronik.com]

보다 성능 좋은 소재, 부품, 장비를 탑재해야 더 성능 좋은 무기체계를 개발할 수 있다. 사소한 작은 것 하나가 성능 좋은 시스템의 기본이 되는 것이다. 적보다 성능 좋은 소재(부품, 장비)를 적용한 무기체계를 보유한다면 이는 Game Changer가 아니라 Game Over다.

4 연구개발은 계속되어야 한다

무슨 제품이든 처음부터 완벽한 물건으로 세상에 나올까? 희망 사항일 뿐이다. 그래서 출시 후 수많은 수정 보완을 거쳐야 한다. K11 복합형 소총 사례를 들어 본다.

초기 K11[위키]

개량형 K11[위키]

K11 복합형 소총은 국방과학연구소 주관으로 개발한 차기 복합형 소총(OICW)[178]으로 5.56 mm 자동소총과 20 mm 공중 폭발탄 발사기를 이중 총열화 시켜서 설계된 복합형 소총이다.
레이저 거리측정기를 이용해 조준점을 잡으면 마이크로프로세서(Microprocessor)가 거리를 탄환의 회전수로 환산해 공중 폭발탄을 정확한 조준점 상공에서 터뜨려 숨어 있는 표적을 공격하는 데 효과적이다. [나무위키]

1998년 연구개발이 시작된 이래 불량 논란이 끊이질 않던 K11 복합소총의 운명이 결국 사업 중단으로 결론 났다. [The JoongAng]

만약 사업 중단이 사실이라면 연구개발자 입장에서는 매우 안타까운 소식이다. 왜냐하면 무슨 물건이든 처음 나올 때는 완벽하지 못하고, 여기에 더 많은 연구개발이 더해져야 완벽한 물건으로 탄생하기 때문이다.

복합소총 사업의 중단은 향후 발전 가능성을 아주 없애는 결정으로 아쉽기만 하다. 좀 더 발전하는 방향으로 길을 열어 놓을 수는 없었을까?

---

178) OICW: Objective Individual Combat Weapon

□ 연구개발 계속 사례

연구개발 관련한 대표적인 개발 계속 사례로 디지털카메라(Digital Camera), 휴대용 전화기의 예를 들어 본다.

1975년 필름으로 유명한 미국 코닥(Kodak)사의 스티븐 새손(Steven Sasson)이 최초로 디지털카메라를 개발한다. 이 내용은 필자가 취미로 40년 넘게 해 온 사진 촬영을 하면서 얻은 경험을 바탕으로 하는 사진 세미나「사진 예술의 이해(부제: 변화와 혁신, 코닥이 망한 이유)」에 소개하는 내용 중 일부다.

최초 개발한 디지털카메라의 성능은 무게 3.8 kg, 저장 시간 23초, 해상도 1만 화소였다. 이런 저급 성능의 카메라를 많은 돈을 주고 살 사람이 있을까?

코닥사는 당시 필름으로 많은 수익을 내고 있었으므로 필름 시장을 잠식당할 우려가 있다고 판단하여 자사에서 개발한 디지털카메라 상품화에 적극적이지 않았다. 미래의 흐름을 읽지 못하고 정책 결정을 잘못하는 바람에 코닥은 결국 법정관리를 신청하게 된다.

1981년 일본의 소니가 최초의 상용 디지털카메라 마비카(Mavica)[179]를 판매한다. 이후 성능이 좋아지면서 최근에는 4,600만 화소 카메라가 나왔다.

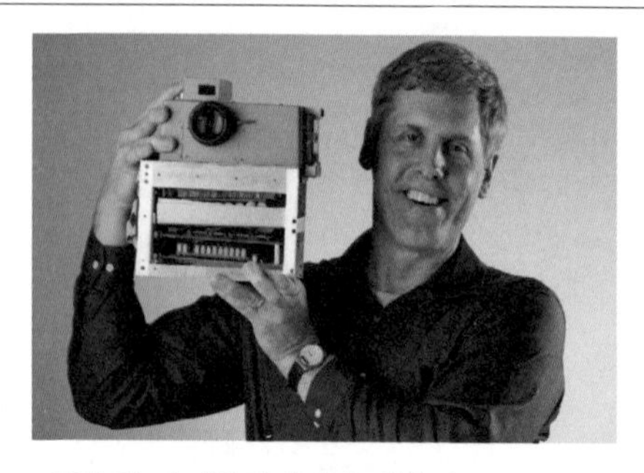

최초의 디지털카메라와 개발자[wcsa.world]

- 1975년: 최초의 디지털카메라 개발
- 개발자: Steven J. Sasson(코닥)
- 색상: 흑백
- 해상도: 10,000 화소
  (100 * 100, CCD 사용)
- 데이터: 카세트테이프에 저장
  (저장 시간: 23초/장)
- 무게: 3.8 kg
- 전원: AA Battery 16개

179) Mavica: Magnetic Video Camera

디지털카메라[니콘 홈페이지]

- 유효화소수: 4,575만 화소
- 크기(W * H * L): 146 * 124 * 78.5 mm
- 무게: 본체만 915 g
- 연속 촬영 속도: 최대 초당 9
- 동영상: 촬영 가능
- Wifi: 가능

최초의 휴대전화(First Cell Phone)는 어떤가?

1973년 4월 3일 모토롤라(Motorola)에서 개발한 최초의 휴대전화는 무게 1.1 kg, 크기 23 * 13 * 4.5 cm, 통화 시간 30분, 충전 시간 10시간으로 휴대의 편리성과 상용화와는 한참 거리가 멀었다.

최초 벽돌 폰으로 놀림받았던 초기 휴대전화는 최근에 카메라, 관성 센서 등을 탑재하여 소형 스마트 폰으로 비약적인 발전을 하였고 현대인이라면 모두 1대씩 가지고 있는 휴대전화가 되었다.

최근 삼성전자에서 크기를 반으로 줄일 수 있는 접는(Fold) 휴대폰도 출시했다. 최초 한 손으로 들기 힘들 정도의 크기, 무게였던 휴대전화가 지금은 한 손에 쏙 들어오는 전화기로 발전한 것이다.

최초의 휴대전화[Wiki, CC BY-SA 3.0 Rico Shen]

- 최초의 휴대전화: 1973년 4월 3일
  (First Cell Phone, 일명 벽돌 전화기)
- 모델: DynaTAC
- 가격: $9,634(2018 환산)
- 무게: 1.1 kg
- 크기: 23 * 13 * 4.5 cm
- 통화 시간: 30분
- 충전 시간: 10시간

 **삼성 갤럭시 S22+** [삼성전자 홈페이지]	• 크기(H * W * D): 75.8 * 157.4 * 7.6 mm • 무게: 195 g • 후면 카메라: 12 + 50 + 10 Mega Pixel • 전면 카메라: 40 Mega Pixel • 센서: 가속도 센서, 기압 센서, 지문 센서, 자이로 센서, 지자기 센서, 홀 센서, 조도 센서, 근접 센서 • 위치 기술: GPS, Glonass, Beidou, Galileo, QZSS

□ 무기는 쓰면서 완성하는 것. 우물가에서 숭늉 안 나온다

어느 나라든 어떤 회사든 첫 제품이 나오면 완벽할 수는 없다. 갤럭시 노트7의 발화 문제처럼 심지어는 잘 만들던 회사도 실수하는 경우가 있다. 첫 사양이 완벽하지 않기 때문에 조금 생산해서 운영하면서 성능을 검증하고, 그다음에 성능을 다시 개량해서 생산한다. 이렇게 다양한 배치(Batch) 또는 블록 생산을 거쳐서 제품이 점점 완벽해져 나간다. 소위 진화적 획득 과정이다.
그러나 우리는 그러한 여유가 없다. 애초에 수리온의 개발과 완성에 걸린 시간이 73개월이다. 말도 안 되는 시한을 일단 잡아 개발하고, 시간이 부족하다 보니 일단 해외에 있는 기술을 많이 들여와서 만들 수밖에 없었다. (중략)
그럼에도 '니들이 제대로 만들지 못했으니까 페널티 받아야 돼, 손바닥 맞아야 돼. 분명히 비리가 있을지 모르니 조사해 볼 거야' 이런 인식들이 팽배하다. 물론 범죄적인 잘못이 있으면 그에 따른 처벌을 받는 게 당연하다. 그러나 처음 하는 일이고 그로 인한 문제가 발생한다면, 어떻게 하면 정상적으로 기술이 진화하도록 할 수 있을까 하는 환경을 만들어 주는 일이 중요하다. [양욱의 Wide & Wise 군사, 진화적 획득을 위한 변명, it.chosun.com]

미국도 개발을 추진했다가 포기했던 최첨단 소총을 우리나라가 세계에서 처음으로 양산에 들어가 실전 배치까지 시작했다는 점에서 각광을 받기도 했다. 하지만 큰 기대를 모았던 K11은 양산된 뒤에도 문제가 끊이지 않았다. (중략)
책임 소재 문제와 함께 K11 개발과정에서 축적된 기술 활용 등 교훈을 살리는 것이 더 중요하다는 지적이 나온다. 축적된 기술 활용의 대표적인 사례로 단거리 함대함 해룡 미사일 연구개발에는 성공하고 양산에 실패했지만 축적된 기술로 천마 미사일을 개발했다. [유용원의 밀리터리 시크릿, 플래닛미디어]

중국의 ZH-05 복합소총[kimssine51.tistory.com]

만약 적군이 이런 무장을 했다면 우리는 전투에서 승리를 장담할 수 있을까? 연구개발은 현재 목표 성능에 만족하는지 여부와 관계없이 성능개량을 위하여 무조건 계속되어야 한다. 쭉~~~

□ 진화적 개발

진화적 개발은 진화적 획득전략[180]으로 표현하는 연구개발 모델로서 개발 대상 총전력화 물량에 대해 블록(Block)으로 구분하여 단계별로 요구조건을 적용하여 개발하는 모델이다.

기술의 개발 및 확보 시기와 개발 위험도를 고려하여 작전운용성능의 목표치를 분할, 같은 개발 단계를 2회 이상 반복 적용하여 최종적으로 개발 완료함으로써 기술의 급변에 대처하고 조기 전력화 할 수 있는 개발 전략이다.

진화적 획득전략을 실행하기 위한 진화적 개발 방법은 2가지가 있다.

- 점진적 개발(Incremental Development)
- 나선형 개발(Spiral Development)

180) Evolutionary Acquisition Strategy

점진적 개발	• 무기체계의 ROC가 개발 이전 단계에서 이미 확정되었으나, 개발 목표치의 달성을 위하여 개발단계를 반복적으로 적용 • 가용 자원이 제한되는 경우 또는 개발의 기술적 위험도가 높은 경우 무기체계의 성능을 나누어 우선순위에 따라 점진적으로 개발을 완성하는 방식 • 기술 성숙도 예측이 가능할 때 적용
나선형 개발	• 무기체계의 운용개념은 확정되었으나, 구체적인 ROC가 개발 착수 이전에 확정되지 않은 경우에 적용 • 단계별 사업 종료 시 기술 성숙도를 고려하여 다음 개발단계의 무기체계 ROC를 부분적으로 확정하는 일련의 개발과정을 반복 • 나선형 개발은 주로 신개념 무기체계 또는 첨단 기술이 적용되는 복합 무기체계와 개발 시 기술 성숙도의 예측이 곤란할 때 적용

▲ 진화적 개발 방법

장점	단점
• 핵심 능력의 신속한 배치 • 유연성과 혁신적인 기술 적용 • 대부분의 체계 획득 적용 가능 • 점진적 개발에 따른 위험 관리 용이	• 초기 단계에서 100% 능력 제공 곤란 • 오픈 체계 구조로 인한 가격 예측 및 관리 곤란 • 체계 공학 기반으로 다양한 분야의 지원이 요구됨 • 유연성으로 인한 사용자 요구 제공 곤란

▲ 진화적 개발의 장단점

미국 하푼의 진화적 연구개발 사례를 살펴보자.

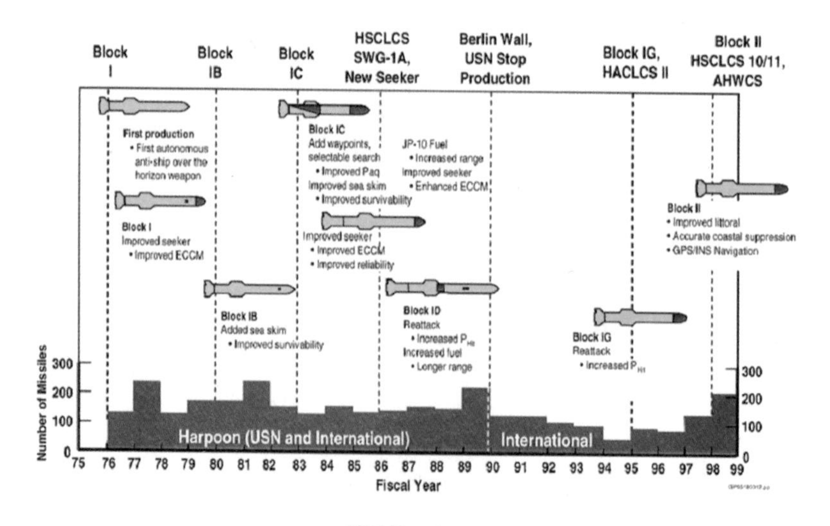

하푼 Roadmap

1997년 최초 개발 이후 다양한 플랫폼에 탑재 및 운용 중 지속적인 성능개량을 추진해 왔다.

토마호크도 최초 개발 이후 지속적인 성능개량을 추진해 왔다.

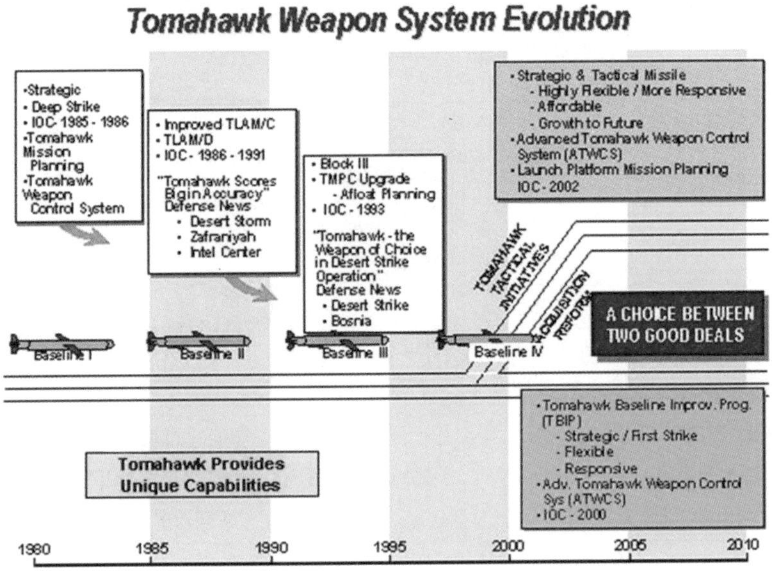

토마호크 Roadmap[www.fas.org]

성능개량 단계인 블록(Block) 및 배치(Batch)는 다음과 같이 정리할 수 있다.

구분	블록(Block)	배치(Batch)
적용	지상 · 전투기 및 미사일에 적용	함정에 적용
개념	성능개량을 목적으로 주요 형상 및 설계(HW 및 SW) 변경으로 기술 개발에 따른 성능개량	생산주기(Production Run) 및 사업순기를 목적으로 한 구분, 시간의 흐름에 따른 성능개량
정의	무기체계 성능개량을 목적으로 주요 설계 변경 시 이를 구분하기 위하여 사용	동일 무기체계가 획득 시기에 따라 설계가 변경되어 계약하는 단계

▲ **블록(Block) 및 배치(Batch)**[진화적 국방 R&D 어떻게 할 것인가? 2019년 8월 26일 김종대 국회의원 주최, 무기체계의 진화적 연구개발을 위한 개발 요구조건의 합리적 설정 방안(사례 중심), 국방과학연구소 3본부장 이범석]

□ 과제 성공률만 중요한가?

우리나라와 이스라엘의 핵심기술 과제 성공률에 관한 이야기를 과기정통부 고위공무원으로부터 전해 들은 적이 있다.

두 나라의 과제 성공 관련 내용을 정리하면 다음 표와 같다.

이스라엘	항목	대한민국
24 % 정도	**과제 성공률**	99.6 %
인정	**성실 실패 (성실 수행)**	일부 인정 단계
과제 실패 원인을 철저히 분석하여 규정이나 제도 개선, 과제 선정 기준에 반영 (차기 과제 수행에 반영, Feedback)	**과제 실패 시**	감사(감사원 감사 또는 기관 감사) 후 불이익 부과 등 처벌 위주
도전적, 창의적 과제 가능 (과제 성공률 낮음) 과제 성공 시 파급 효과 큼	**과제 성격**	실패에 대한 처벌(불이익)이 두려워 도전적, 창의적 과제 불가능 성공할 수 있는 과제만 연구

예를 들어 리튬전지의 Specific Energy(비에너지)가 250 Wh/kg 수준이라면, 우리나라는 개발 과제를 제안할 때 개발 실패에 따른 불이익이 두려워 비에너지 연구 목표를 도전적으로 높게 잡지 않는다는 것이다.

성실 실패 제도가 활성화되었다면 도전적인 목표(예: 400 Wh/kg)를 잡아 연구할 것이고, 만약 400 Wh/kg를 달성하지 못한다고 하더라도 300 Wh/kg 정도 달성할 수 있지 않을까 한다. 개발 실패를 두려워하여 연구 목표를 높게 잡지 않으면 개발이 성공적으로 완료된다 해도 자칫 예산 낭비만 가져올 수 있는 것이다.

전쟁에서 승리하기 위해서는 유비무환의 정신으로 연구개발을 계속해야만 한다.

연꽃의 변이

반가운 손님들

국방과학연구소

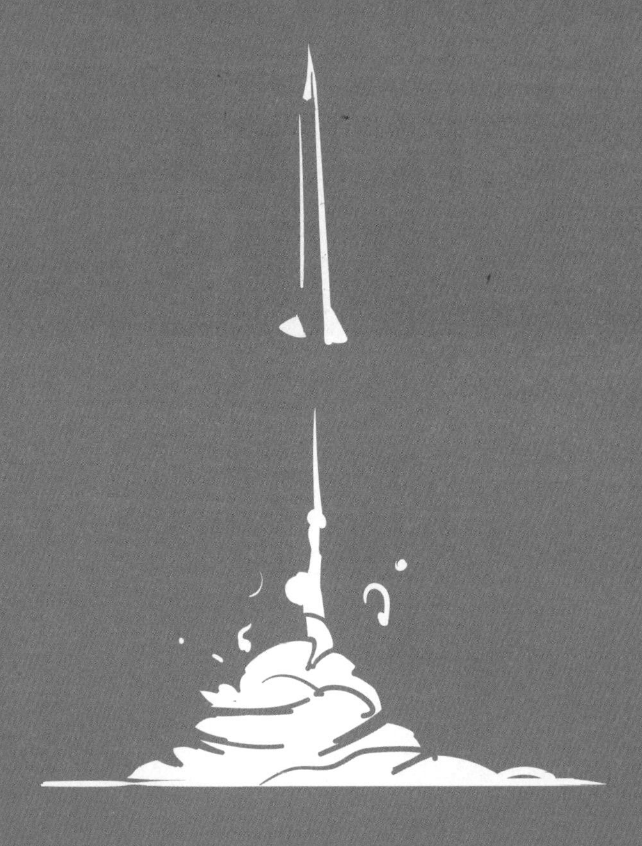

환상적인 야경

1 ADD 소개

창설의 사회적 배경 및 임무

국방과학연구소(國防科學研究所, ADD)[181]는 국방과학연구소법에 의하여 설립된 특수 법인으로 '자주국방의 초석'이라는 기치 아래 1970년 8월 6일 창설되었다. 창설 당시 국방과학연구소는 정부기관 성격을 가지되 예산회계 업무상 불필요한 제약을 배제하고자 특수법인체로 창설되었다.

ADD 설립 당시 사회적 배경, 창설 진행 현황을 살펴보면 다음과 같다.

- 1968년: 북한군 특수부대의 청와대 기습 사건(1·21 사태)
- 1968년 1월 23일: 미국 정보함 푸에블로호가 동해안에서 북한군에 나포된 사건
- 1968년 10월 30일: 울진, 삼척 지역 무장공비 침투 사건
- 1969년 4월 15일: 미군 정찰기가 북한 전투기에 의해 격추
- 1969년 7월 25일: 닉슨 독트린(남한에서 미군 철수 계획, 자주국방 필요성 부각)
- 1970년 1월 19일: 박정희 대통령 "방위산업의 육성과 국방과학기술의 연구가 시급"함을 강조
- 1970년 2월 2일: 박정희 대통령의 "방위산업 육성 전담부서 설치" 지시
- 1970년 4월 27일: 박정희 대통령의 "연구기관을 설치하고 민간인을 고용하여 KIST와 같은 수준으로 대우하는 방안 검토" 지시
- 1970년 6월 5일: 서해에서 우리 해군의 방송선이 북한 함정에 나포
- 1970년 6월 22일: 북한에서 내려온 무장공비 3명이 동작동 국립묘지 현충문 지붕에 폭탄을 설치하다 실수로 폭발 사고(6·25 기념식 때마다 현충원을 참배하는 박정희 대통령 암살 계획)
- 1970년 6월 27일: 청와대 회의에서 가칭 "국방과학기술연구소" 설립 결정
- 1970년 8월 6일: "국방과학연구소 직제령" 공포, 대통령령 제5267호

---

181) ADD: Agency for Defense Development

설립목적은 국방과학연구소법 제1조(목적)에 "국방과학연구소를 설립하여 국방에 필요한 병기·장비 및 물자에 관한 기술적 조사·연구·개발 및 시험과 이에 관련되는 과학기술의 조사·연구 및 시험 등을 담당하게 하여 국방력의 강화와 자주국방의 완수에 기여함을 목적으로 한다"고 기술되어 있다. [국방과학연구소법]

국방과학연구소는 1971년 말 방위산업을 촉진하고 예비군 무장화를 조기에 달성하기 위한 긴급병기 개발(번개 사업) 착수를 기점으로 소화기, 발칸포, 로켓, 탄약 등 기본적인 무기체계와 장비, 물자 등의 개발능력과 기술을 확보하였다.
1979년 12월 12일 정권을 잡은 전두환 대통령 임기 중(1982년)에는 국방과학연구소 인원의 약 1/3을 강제 해직(839명 감원)시켰으며 이에 따라 국방과학 기술이 10년 이상 퇴보하였다.
1983년 10월 9일 미얀마(당시 국명은 버마)를 방문 중이던 전두환 전 대통령 일행의 암살을 시도한 북한의 폭탄 테러(버마 아웅산 암살 폭발)에 다수의 정부 요원들이 사망하지만, 다행히 테러를 피한 전두환 대통령은 북한에 보복 공격하기 위해 강제 해직시킨 인원을 다시 불러들여 현무 미사일을 개발했다 한다. [위키, encykorea.aks.ac.kr 한국민족문화대백과사전, ADD 홈피 등]

연구개발 투자 효과

국방연구개발은 국가안보는 물론이고 국가경제에도 크게 기여하였다. 지난 45년간의 국방연구개발 투자효과를 과학기술정책연구원(STEPI)이 분석한 결과, 투자 대비 약 12배의 경제효과를 창출하여 국방연구개발이 매우 효율적으로 추진되고 있는 것으로 분석되었다.

필자는 ADD에 35년간 근무하는 동안 다양한 미사일 등 체계개발 사업에 참여했다.

운이 좋은지 개발에 참여한 모든 사업이 개발 기간 연장 없이 성공적으로 잘 끝나 모두 전력화하였으며, 함대함(해성) 등은 외국으로 수출했다.

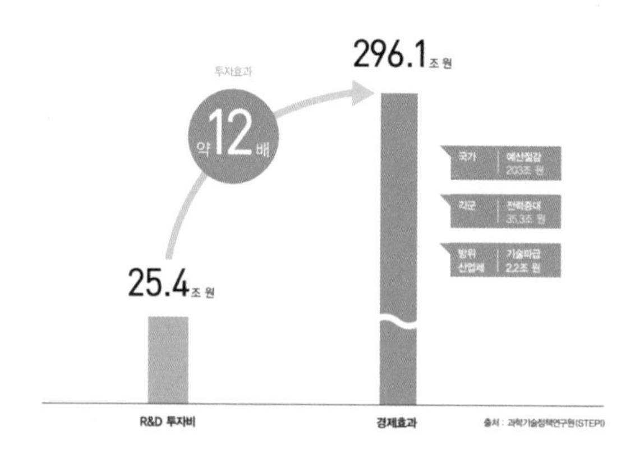

연구개발 투자 경제효과[국방과학연구소 홍보자료 'THE WAY']

2 국방과학연구소를 정년퇴직하면 어떤 훈장을 받을까?

국가 백년대계를 위해 헌신하신 선생님께는 정년퇴직 때 훈장을 수여한다고 한다. 그러나 ADD를 정년퇴직하면 공로 상장과 부상으로 전통시장용 온누리 상품권이 전부다.

탄두 같은 폭발 가능성이 있는 위험한 미사일 등을 개발할 때 목숨을 내놓고 수십 년 연구개발하는 것에 비하면 공로상 하나로 부족하다는 생각을 하는 것은 필자뿐만이 아닐 것이다.

교사 정년퇴직	구분	국방과학연구소 정년퇴직
대통령	수여자	국방과학연구소장
훈장	종류	표창(공로상)
제 23690 호 훈 장 증 과천한빛고등학교 교감 임 일 순 귀하는 [illegible] 함으로써 교육분야 [illegible] 그 공로로 대한민국 헌법의 [illegible] 을 수여함 2002년 10월 31일 대통령 김 대 중 국무총리 김 석 수 [illegible] 행정자치부장관 이 근	상장	제17-25호 표 창 장 공 로 상 제4기술연구본부 손 승 찬 귀하는 1990년 3월 우리 연구소 입소 이래 정년을 맞아 퇴임하는 오늘날까지 평소 투철한 사명감과 탁월한 능력으로 맡은바 직무 수행에 헌신노력하여 연구소 발전에 기여한 공이 크므로 이에 표창합니다. 2017년 5월 4일 국방과학연구소장 김 인
	훈장	-

▲ 표창 비교

후배들은 언제쯤 훈장을 받으며 정년퇴직할까? 기대해 본다.

현재 우리나라의 정년퇴직은 무조건 나이에 따라 결정되는 경우가 대부분이다. 해외 출장을 다녀 보면 일부 외국 전문 업체에서는 나이가 들어도 일을 계속한다. 자기가 건강하다면 좀 더 오래 일하는 것이다. 그러니 노하우가 쌓일 수밖에! 우리나라도 자기 건강을 판단해서 스스로 정년퇴직을 결정하는 제도를 도입해 보면 어떨까? 특수한 분야의 고경력을 더 오래, 더 많이 활용하고 해외로의 기술 유출을 방지하기 위해서라도.

3 문제 발생 시 대처와 ADD는 쉬운 연구만 하는가?

문제 발생 시 대처

1986년 1월 28일 미국 우주왕복선(Space Shuttle) 챌린저호가 발사 73초 후 폭발하는 사고가 일어나 승무원 7명 전원이 사망했다. 24회의 성공적인 임무에도 아무 문제가 없었으나 25번째 발사 시 사고가 발생한 것이다.

원인 분석 결과는 0℃ 이하의 추운 날씨로 인하여 오링(O Ring)의 탄력성이 떨어져 고체 로켓부스터의 기밀이 유지되지 못했기 때문이었다. 전문가가 추운 날씨 때문에 발사 연기를 요청했지만, 우주에서 선생님의 원격 강의가 예정되어 있어 더 이상 연기를 할 수 없어 NASA는 발사를 강행했다.

미국 정부는 사고의 원인을 연구원 개인들이 아니라 의사결정 프로세스의 문제로 규정하고 챌린저호 사고 사례를 교훈으로 삼았다. 연구개발 중 실수, 실패는 성공의 길을 다지는 자양분과 같다는 생각이다.

우리나라에서 챌린저호 사고가 일어났다면 이는 두말없이 방산 비리다. 검찰은 NASA를 압수수색 해서 구속영장을 무더기로 청구했고, 감사관과 검사로 구성된 방위사업 감독관실은 연구원들 개개인에게 수십~수백억 원 규모의 손해배상을 강요했을 거다. [김태훈 국방 전문 기자, news.sbs.co.kr, 내용 요약]

챌린저호 폭발 사고 장면
[위키], Public Domain, ⓒ, Kennedy Space Center]

발사 당일 고드름
[위키], Public Domain, ⓒ, NASA]

그러나 미국은 철저하게 원인을 분석하고 재현 실험을 통해서 분석된 원인이 확실한지 확인한다. 원인 분석이 맞는다면 이 원인에 대한 대책을 수립하고 이 대책이 문제없는지를 다시 검증한다.

즉 문제 발생 시 원인 분석을 통해 대책을 수립하고 재발을 방지하는 데 큰 의미를 둔다.

만약 비행 시험이나 연구개발 중 문제 발생 시 업무 담당자를 문책하려고 한다면 연구개발은 그만두어야 한다. 왜냐면 담당자를 문책한다면 문제를 분석하기 위해 나서야 할 전문가는 문책이 두려워 더 이상 원인 분석 결과를 내놓지 않는다. 결국 문제 발생에 대한 원인 분석도 불가능하고 대책도 세울 수 없어 더 이상 연구개발은 진행할 수가 없게 된다. 다시 한번 강조하자면 비리와 연구개발 중 시행착오는 구별해야 한다.

미국의 실리콘밸리 벤처기업에서 일하다 벤처기업이 망한 연구원들은 다른 연구원보다 몸값이 더 높다고 한다. 보통 사람들의 눈높이로 보면 몸값이 더 떨어져야 할 텐데 오히려 더 높다니 이해가 가지 않을 것이다. 이유는 간단하다. 실패를 한번 해 보았으니 다시는 실패하지 않을 거란 생각이다. 실패해 본 연구원을 모셔(?) 가면 실패를 피할 수 있으므로, 몸값을 높게 줘도 실패에 따른 개발비, 개발 소요 시간을 생각한다면 오히려 더 경제적이라는 것이다. 역시 미국 사람의 연구개발 실패 경험(교훈 사례)을 중요시하는 사고는 합리적이다.

개발 중 시행착오에 의한 문제 발생 시에는 문책이 아니라 원인 분석, 대책 수립이면 족하다고 해야 할 것이다.

ADD는 쉬운 연구만 하는가?

국정감사에서 국회의원의 질문. "최근 10년간 ADD에서 연구개발한 내역 중에 182개 연구 과제 중 181개 과제가 성공(성공률 99.9 %)했다. 아주 개발 가능성이 높은 것, 쉬운 것, 안전한 것, 당장 무기 획득에 필요한 기술 위주로 다시 말하면 안전빵 위주로 해 온 거 아니냐." [2015년 국정감사 국방위원 회의록, 2015. 9. 17. 국회사무처]

이 질문은 ADD의 연구개발 업무 특성에 대한 이해가 조금 부족한 데서 나오는 질문이 아닌가 한다. 왜냐하면 다른 정부 출연 연구소는 기초연구에서부터 적용연구까지 다양한 형태의 연구 과제를 수행한다. 기초연구 쪽에 가까운 새로운 원천기술을 개발하는 경우 연구에 실패할 가능성이 상대적으로 더 높아진다.

ADD의 과제는 검증된 기반 기술을 바탕으로 군이 필요한 무기체계 등을 개발하여 군이 필요한 시기에 사용할 수 있도록 전력화(양산 배치)하는 것이 큰 비중을 차지한다. 따라서 ADD는 100 % 연구개발에 성공해서 군이 필요한 무기체계 등을 적기에 공급해야만 한다.

ADD 연구개발 성공률이 100 %가 아니라면 군이 필요한 무기체계 등을 제때 완료(전력화)하지 못한 것이 있다는 것이기 때문에 성공률 100 %가 아닌 것을 문제 삼아야지, 반대로 100 %에 가깝다고 쉬운 연구만 하는 것 아니냐고 질문하는 것은 다시 생각해 봐야 할 것이다.

ADD의 연구개발 성공률 99.9 %는 "ADD가 제 역할을 다하고 있다"는 반증이다.

4 미사일 개발과 우리의 다짐

아무리 위험해도 우리에게 주어진 일은 다한다

연구개발을 위한 시험평가를 하다 보면 안전을 충분히 고려했다고 생각했는데도 불구하고 가끔 가슴이 철렁하는 일이 생긴다.

부스터 지상 연소 시험에서 부스터를 단단히 고정하고 부스터를 점화했는데 예기치 않은 문제로 부스터 화염이 엉뚱한 곳으로 향하게 되는 경우가 있었다.
카메라를 설치해 놓고 안전을 위하여 원격에서 무선으로 촬영했다. 정상적인 경우라면 부스터 화염 영향이 없지만, 부스터 고정이 문제가 되면서 높은 온도의 부스터 화염이 덮쳐 카메라 바디가 열 때문에 녹아내린 일도 있었다.
신관 시험 준비를 끝내고 벙커에서 대피 중인데 바로 앞에 박격포탄이 떨어져 혼비백산했던 예도 있었다.
탄두 시험 준비를 끝내고 벙커에서 대피하고 있었다. 탄두가 기폭 되면 파편이 사방으로 비산하는데 파편 일부가 주변의 바위에 충격하고 튀어 벙커 입구로 떨어지는 경우도 있었다. [국방과학연구소 서승민]

필자는 미사일 비행 시험 시 발사장 통제원으로도 일했으며 탄두, 부스터 등 위험물을 탑재한 미사일과 가장 가까이서 일했었다. 비행 시험 하면서 예기치 않은 문제가 발생하여 위험천만한 일도 있었다. 다행히 운이 좋았고 주변 모든 연구원의 적극적인 협조와 참여가 있었기에 수십 년 동안 안전사고 없이 근무하다가 무사히 정년퇴직하여 이 글을 쓰고 있다.

국방과학연구소의 임무는 국토방위를 하는 군에 필요한 무기체계 등을 개발하는 것이다. 즉 연구개발을 통하여 군에 무기체계를 공급하여 군이 국민의 생명과 재산을 보호할 수 있도록 하는 것이다.

따라서 국방과학연구소 연구원 모두는 아무리 위험하고 어렵고 힘든 일이 있어도 우리에게 주어진 일은 끝까지 다한다. 왜냐하면 우리는 책임을 다하는 프로니까! 또 대한민국 수호를 위하여.

현대 전쟁은 미사일 하나만 가지고 하는 전쟁이 아니다. 분야도 육해공에 이어 사이버(Cyber), 우주 공간까지 확장되어 가고 있으며 병력, 미사일, 항공기, 탱크, 함정 등 가용한 모든 군 전력을 총동원하고 C4I-SRT로 해야 하는 총력전이다. 이는 국방과학연구소에서 여러 분야에 끊임없는 기술 개발을 계속해야 한다는 이야기다.

또 전쟁은 소모전이라 국력(경제력, 기술력)과 전쟁 능력은 비례한다고 볼 수 있다. 전쟁에서 승리하기 위해서는 탄탄한 경제력을 바탕으로, 적보다 우월한 무기체계를 가지고 있어야 한다. 이는 더 좋은 무기체계를 끊임없이 계속 개발해 보유하고 있어야 한다는 이야기다. 그래야 전쟁 발발을 사전에 막을 수 있고, 최악의 경우 전쟁 발발 시 승리할 수 있기 때문이다.

자유는 거저 주어지는 것이 아니다. "평화를 원하거든 전쟁을 준비하라"는 말이 이해가 될 것이다.

미사일에 적용된 기술은 기초적인 이론부터 첨단 기술까지 모든 기술의 집합체다. 미사일 개발은 한 분야만의 산물이 아니고 전기/전자, 기계, 물리, 화학, 수학, 소프트웨어, 체계 공학, 인간공학 등 모든 공학 분야와 인문학의 종합적인 산물이다. 미사일 연구개발, 생산, 운용, 폐기(비군사화)까지로 범위를 확대한다면 국력의 척도라고 봐도 무방하다.

이 책이 독자들에게 미사일에 대한 올바른 지식 제공을 넘어, 우리나라의 부국강병(富國强兵)에 보탬이 되었으면 하는 작은 바람이다.

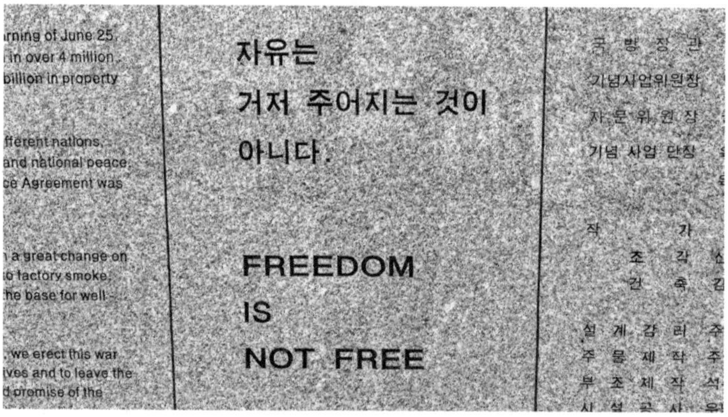

자유는 거저 주어지는 것이 아니다.[전쟁기념관]

라이트 페인팅(Light Painting)

구름이 지나간 흔적(장노출)

K 방산의 핵심

미사일 α부터 ω까지

초판 1쇄 발행 2023년 3월 1일

지은이 손승찬
펴낸이 이기봉
편집 좋은땅 편집팀
펴낸곳 도서출판 좋은땅
주소 서울특별시 마포구 양화로12길 26 지월드빌딩 (서교동 395-7)
전화 02)374-8616~7
팩스 02)374-8614
이메일 gworldbook@naver.com
홈페이지 www.g-world.co.kr

ISBN 979-11-388-1665-6 (93390)

- 가격은 뒤표지에 있습니다.

- 파본은 구입하신 서점에서 교환해 드립니다.